Jan-Peter Gehrke, Patrick Köberle, Christoph Tenten, Michael Baum
C-Programmieren in 10 Tagen
De Gruyter Studium

D1670957

Weitere empfehlenswerte Titel

Analog and Hybrid Computer Programming
Bernd Ulmann, 2020

ISBN 978-3-11-066207-8, e-ISBN (PDF) 978-3-11-066220-7,
e-ISBN (EPUB) 978-3-11-066224-5

Elementary Synchronous Programming
in C++ and Java via algorithms
Ali S. Janfada, 2019
ISBN 978-3-11-061549-4, e-ISBN (PDF) 978-3-11-061648-4
e-ISBN (EPUB) 978-3-11-061673-6

C++ Programming
Yuan Dong, Fang Yang, 2019
ISBN 978-3-11-046943-1, e-ISBN (PDF) 978-3-11-047197-7,
e-ISBN (EPUB) 978-3-11-047066-6

Moderne Physik
Von Kosmologie über Quantenmechanik zur Festkörperphysik
Jan Peter Gehrke, Patrick Köberle, 2018
ISBN 978-3-11-052622-6, e-ISBN (PDF) 978-3-11-052623-3,
e-ISBN (EPUB) 978-3-11-052633-2

Physik im Studium – Ein Brückenkurs
Für Physiker und Ingenieure, 2. Auflage
Jan Peter Gehrke, Patrick Köberle, 2016
ISBN 978-3-11-049566-9, e-ISBN 978-3-11-049567-6,
e-ISBN (EPUB) 978-3-11-049327-6

Jan-Peter Gehrke, Patrick Köberle,
Christoph Tenten, Michael Baum

C-Programmieren in 10 Tagen

Eine Einführung für Naturwissenschaftler und Ingenieure

Autoren
Jan Peter Gehrke
jan.gehrke@skt-stuttgart.de

Dr. Patrick Köberle
patrick.koeberle@gmx.de

Christoph Tenten
christoph.tenten@dhbw-stuttgart.de

Michael Baum
micbaum@gmx.de

ISBN 978-3-11-048512-7
e-ISBN (PDF) 978-3-11-048629-2
e-ISBN (EPUB) 978-3-11-049476-1

Library of Congress Control Number: 2020942053

Bibliografische Information der Deutschen Nationalbibliothek
Die Deutsche Nationalbibliothek verzeichnet diese Publikation in der Deutschen Nationalbibliografie;
detaillierte bibliografische Daten sind im Internet über http://dnb.dnb.de abrufbar.

© 2020 Walter de Gruyter GmbH, Berlin/Boston
Druck und Bindung: CPI books GmbH, Leck
Coverabbildung: ronstik/iStock/thinkstock

www.degruyter.com

Inhalt

Vorwort

Dieses Buch entstand aus Kursen, welche die Autoren an der Dualen Hochschule Baden-Württemberg gehalten haben. An 10 Tagen wird die Programmiersprache C Schritt für Schritt vorgestellt, sodass man nach dem Kurs in der Lage ist, selbstständig Programme zu entwickeln und insbesondere auch von Fehlern zu befreien (bzw. diese gar nicht erst entstehen zu lassen). Das Buch gliedert sich in 10 Kapitel, die sich unterschiedlichen Themen beim Programmieren widmen. In Kapitel 1 werden einige Problemstellungen gezeigt, die sich mit Hilfe eines Computers sehr gut lösen lassen und anhand derer man sich auch mit der Denkweise eines Programmierers vertraut machen kann, wie solche Probleme grundsätzlich zu lösen sind. Um einen ersten Einblick in die Programmiersprache C zu erhalten und eine Entwicklungsumgebung aufzusetzen, ist das Kapitel 2 gedacht. Nach dessen Lektüre sollte man „arbeitsfähig" sein und Programmcode schreiben und übersetzen können. In den dann folgenden Kapiteln wird das eigentliche Programmieren erklärt und die verschiedenen Sprachkonstrukte vorgestellt. Bis Kapitel 5 werden die Programme noch etwas kleiner sein, aber es ist bis dahin durchaus möglich, schon einige Algorithmen zu programmieren und somit reale Problemstellungen zu lösen. Der Leser wird ab Kapitel 6 einen gesteigerten Schwierigkeitsgrad bemerken. Das ist auch der Fall, da der Umgang mit Funktionen, Felder und insbesondere die Ein- und Ausgabe von Daten zu den anspruchsvolleren Themen gehören, mit denen man sich entsprechend ausführlich auseinandersetzen muss. Auch die Programme werden deutlich länger und erfordern mehr Zeit, um sich mit ihnen zu beschäftigen. Mit der Zeit wird man aber auch sehen, dass nicht mehr nur Neues hinzukommt, sondern viele schon bekannte Konzepte lediglich in einem neuen Kontext verwendet werden.

Es ist beim Lernen hilfreich, wenn man sich auch mit der Architektur eines Computers vertraut macht. Gerade ab Kapitel 6 wird immer wieder auf die Speicherstruktur verwiesen und wie ein Prozessor Befehle nacheinander abarbeitet. Dies mögen teilweise schon fortgeschrittene Themen sein, die man beim ersten Lesen des Buches auch weglassen kann. Da C jedoch eine Sprache ist, mit der man sehr nah an der Hardware eines Computers programmieren kann, wird man einige Sprachelemente sicher besser verstehen, wenn man sich die Funktionsweise eines Computers dazu vor Augen führt. Dies ist auch sehr nützlich, wenn der Computer nicht das tut, was man von ihm gerade erwartet, man also Fehlerbehebung betreiben muss. Und die Wahrscheinlichkeit ist hoch, dass dies nicht nur einmal der Fall sein wird. Somit bietet C sowohl einen sehr guten Einstieg in die Programmierung im Allgemeinen als auch eine Basis, um weitere Sprachen zu lernen. Viele Konzepte sind über die verschiedenen Sprachen hinweg gleich und man muss oft nur eine etwas veränderte Syntax lernen.

Um gerade Anfänger nicht mit zu viel Axiomatik aus dem C-Standard zu überladen, werden neue Sprachelemente immer mit Hilfe von Beispielen oder auch einiger Zeilen Programmcode erläutert, um sie gleich „in Aktion" zu sehen. Sämtliche Beispiele stellen vollständige C-Programme dar und sind in dieser Form schon lauffähig. Sie

https://doi.org/10.1515/9783110486292-001

eignen sich daher, um gleich starten zu können und eigene Erweiterungen zu testen, ohne zuerst noch Fehlersuche betreiben zu müssen. Aber nur das Entwickeln von eigenen Programmen wird einen dauerhaften Lernerfolg mit sich bringen. Man muss sehen, welche Fallen es gibt und wie man sie vermeiden kann. Daher werden in diesem Buch auch Übungsaufgaben angeboten, welche der Leser unbedingt bearbeiten sollte, um beim Programmieren Sicherheit zu gewinnen. Zu allen Übungsaufgaben finden sich am Ende des Buches Lösungsvorschläge. Je mehr man übt, umso mehr wird man auch feststellen, dass es sehr reizvoll ist, ein Problem zu analysieren, sich einen Lösungsalgorithmus zu überlegen und diesen dann in Quellcode umzusetzen. Wenn dieser dann auch noch korrekt läuft, ist das ein wunderbares Erfolgserlebnis, das Lust auf mehr macht!

Wir wünschen viel Freude bei der Lektüre dieses Buches und beim Programmieren der vorgestellten Beispiele!

Stuttgart, im Sommer 2020
Jan Peter Gehrke, Patrick Köberle, Christoph Tenten und Michael Baum

1 Algorithmen und mathematische Grundlagen

Um ausschließlich C zu lernen, bedarf es nur weniger mathematischer Grundlagen. Diese erschöpfen sich darin, dass man sich mit Logik sowie verschiedenen Zahlensystemen auskennt: Wir sind im Alltag das Dezimalsystem gewohnt, eine CPU verarbeitet aber binäre Zahlen, und Speicheradressen werden üblicherweise hexadezimal angegeben. Daher werden wir zunächst einen Überblick über diese Zahlensysteme geben. Aber auch in Hinblick auf Anwendungen soll der Leser in diesem Kapitel ein wenig Mathematik an die Hand bekommen, um beispielsweise Problemstellungen aus den Ingenieurswissenschaften mit Hilfe kleiner C-Programme zu lösen. Herleitungen und Beweise sind nicht Bestandteil dieses Buches, und wir formulieren die Lösungsverfahren daher mit dem Schwerpunkt auf Algorithmen.

1.1 Zahlensysteme

1.1.1 Zahlendarstellungen und der Euklid'sche Algorithmus

Wir wollen uns hier kurz mit der Darstellung von Zahlen auseinandersetzen und uns anschauen, wie wir aus dem Dezimalsystem in ein beliebiges anderes Zahlensystem wechseln können. Hierbei hilft uns der Euklid'sche Algorithmus weiter. Zuerst einmal sollten wir uns klar machen, dass wir in der Regel mit Stellenwertsystemen arbeiten. Das bedeutet, dass die Wertigkeit einer Ziffer von ihrer Position innerhalb einer Zahl abhängt. Es existieren natürlich auch Darstellungen von Zahlen, wo dies nicht so ist, z.B. bei den römischen Zahlen, dies ist aber nur eine Erwähnung am Rande. Wenn wir also beispielsweise die Zahl 123 in unserem gewohnten Zehnersystem (Basis 10) niederschreiben, dann meinen wir eigentlich

$$123 = (123)_{10} = 1 \cdot 100 + 2 \cdot 10 + 3 \cdot 1 = 1 \cdot 10^2 + 2 \cdot 10^1 + 3 \cdot 10^0. \tag{1.1}$$

Nun rechnen wir wohl bedingt durch die Anzahl unserer Finger eben gerne mit der Basis 10. Der Computer bevorzugt aber das Binärsystem (Basis 2) oder das Hexadezimalsystem (Basis 16). Wie wechseln wir in diese (oder auch beliebige andere) Zahlensysteme, d.h. wie sieht die Darstellung unserer Zahl (hier 123) eben bezüglich der neuen Basen aus? Hier hilft uns der Euklid'sche Algorithmus weiter, den wir beispielhaft für ein paar Zahlen demonstrieren wollen. Es handelt sich eigentlich nur um eine fortgesetzte Division mit Rest. Tätigen wir vorab ein paar Überlegungen, die uns gleich weiterhelfen werden. Nehmen wir die Zahl 123 und teilen sie durch 10, dann erhalten wir $123 = 12 \cdot 10 + 3$, also die für uns nicht sehr überraschende Erkenntnis, dass die 10 zwölfmal in die 123 passt und 3 als Rest übrig bleibt, also Rest $R_1 = 3$. Nehmen wir nun die 12 und dividieren diese durch 10, dann folgt $12 = 1 \cdot 10 + 2$, womit wir $R_2 = 2$ erhalten. Letztendlich stellen wir fest, dass $1 = 0 \cdot 10 + 1$ ist, also $R_3 = 1$ gilt. Betrachten

https://doi.org/10.1515/9783110486292-002

wir die Reste, so erkennen wir, dass $(R_3R_2R_1) = 123$ ist, womit wir in den Resten unsere Ziffern für die einzelnen Stellen der Zahl finden. Diese Erkenntnis lässt sich auf beliebige Zahlen übertragen, was bedeutet, dass wir nur den Divisor (hier war es die Zahl 10) auszutauschen haben und durch die neue Basis (z.B. 2 oder 16 oder ...) ersetzen. Beginnen wir mit der Basis $b = 2$, wandeln also unsere 123 aus der Darstellung im Zehnersystem in eine im Binärsystem um. Es folgt:

$$123 : 2 = 61 \qquad R_1 = 1$$
$$61 : 2 = 30 \qquad R_2 = 1$$
$$30 : 2 = 15 \qquad R_3 = 0$$
$$15 : 2 = 7 \qquad R_4 = 1$$
$$7 : 2 = 3 \qquad R_5 = 1$$
$$3 : 2 = 1 \qquad R_6 = 1$$
$$1 : 2 = 0 \qquad R_7 = 1$$

Der Algorithmus terminiert, wenn die Basis nicht mehr in die zuletzt zu teilende Zahl (Dividend) passt. Aus der Rechnung schließen wir, dass $(123)_{10} = (1111011)_2$ gilt, wobei wir die Reste, wie bereits demonstriert, von unten nach oben zu lesen haben. Die an der Stelle mit der höchsten Wertigkeit stehende Ziffer hält sich bei der Division am längsten. Auch bei der Basis $b = 16$ klappt unser Spielchen.

$$123 : 16 = 7 \qquad R_1 = 11$$
$$7 : 16 = 0 \qquad R_2 = 7$$

Hier kommen wir im Vergleich zur Basis 2 sehr schnell zu einem Ende und stellen fest, dass $(123)_{10} = (7(11))_{16}$ gilt. Die doppelte 1 bietet sich aber nicht sonderlich gut als Symbol für eine Ziffer an. Umfasst unser sogenannter Ziffernvorrat bei der Basis 2 nur die Ziffern 0 und 1, so haben wir bei der Basis 10 die Ziffern 0 bis 9 zur Verwendung freigegeben. Bei der Basis 16 müssen es daher 16 Ziffern sein, nämlich 0 bis 9 und noch sechs weitere, die die möglichen Reste (10) bis (15) bei der Division abdecken. Hierfür wählt man die Buchstaben A, B, C, D, E und F. Dadurch erhalten wir $(123)_{10} = (7B)_{16}$. Wir können leicht nachrechnen, dass

$$(7B)_{16} = 7 \cdot 16^1 + B \cdot 16^0 = 7 \cdot 16 + 11 \cdot 1 = 112 + 11 = 123,$$

wobei die 123 dann wieder im Zehnersystem zu verstehen ist. Durch die nahe Verwandtschaft der Basen 2 und 16 ($2^4 = 16$) lassen sich Zahlen aus der einen Darstellung auch recht schnell blockweise in die andere überführen, ohne den Euklid im Zehner- oder einem anderen Zahlensystem bemühen zu müssen. Man stellt leicht die Zusammenhänge in der Tabelle 1.1 fest. Damit lässt sich z.B. aus $(123)_{10} = (1111011)_2$ durch das Ergänzen einer führenden 0, die nichts am Wert ändert, die Hexadezimaldarstellung aus der Tabelle ablesen. Es ist

$$(123)_{10} = (1111011)_2 = (\mathbf{0}1111011)_2 = ((0111)(1011))_2 = (7B)_{16}.$$

Tab. 1.1: Die ersten 16 Zahlen, dargestellt in drei verschiedenen Zahlensystemen.

dezimal	binär	hexadezimal
0	0000	0
1	0001	1
2	0010	2
3	0011	3
4	0100	4
5	0101	5
6	0110	6
7	0111	7
8	1000	8
9	1001	9
10	1010	A
11	1011	B
12	1100	C
13	1101	D
14	1110	E
15	1111	F

Beim Programmieren kennzeichnet man hexadezimale Zahlen außerdem noch auf eine besondere Art. Man schreibt zu Beginn einer Zahl das Symbol 0x. Das ersetzt den bisher verwendeten Index am Ende einer Zahl. Damit können wir uns bei natürlichen Zahlen nun sicher zwischen den üblicherweise in Gebrauch befindlichen Zahlensystemen bewegen.

1.1.2 Ganze Zahlen und der Zahlenkreis

Ein Computer stellt Zahlen mit seiner Hardware immer binär dar, was technisch gesehen an nur zwei verwendeten Spannungsniveaus liegt. Wir abstrahieren die ganze Technik und verwenden daher die beiden Ziffern 0 und 1, wie wir es auch aus dem letzten Abschnitt gewohnt sind. Jede Ziffer stellt Information dar, und diese kleinste Informationseinheit nennt man Bit. Weiterhin muss man wissen, dass eine Zahl im Computer nicht beliebig lang sein kann. Heutzutage verwendet man Rechner mit einer 64-Bit-Architektur, das heißt, dass die Maschine Zahlen mit einer Länge von maximal 64 Stellen (gefüllt mit Nullen und Einsen) verarbeitet. Der Einfachheit halber schauen wir uns das Ganze aber einmal nur für einen 8-Bit-Rechner an, wobei wir auch nur ganze Zahlen darstellen wollen. Im letzten Abschnitt haben wir uns nur auf die positiven Zahlen konzentriert, doch wie kann man negative Zahlen darstellen? Das Vorzeichen ist entweder ein + oder ein −, also auch wieder eine binäre Information, sodass man diese mit einem einzigen Bit kodieren kann. Man führt nun die Konvention ein, dass das Vorzeichenbit an erster Stelle steht. Man nennt es daher Most Significant Bit, abgekürzt MSB. Das Bit an letzter Stelle heißt LSB (Least Significant Bit). Allerdings genügt es nicht, nur das MSB umzudrehen, um aus einer positiven Zahl eine negative zu machen. Vielmehr stellt man die Forderung auf, dass die Ziffernfolge 00000000 der Dezimalzahl 0 entspricht. Nun kann man bis einschließlich zur Dezimalzahl 127 zählen, was binär 01111111 entspricht. Und bei der nächsten Addition einer 1 muss man das Vorzeichenbit umdrehen, landet also bei 10000000. Man legt fest, dass dies dezimal die Zahl -128 ist. Denn dadurch funktioniert die Addition wie gewohnt, in beiden Darstellungen: 10000001 entspricht daher der Zahl -127. Wieder kann man die Addition fortsetzen und kommt bis 11111111, was dezimal der Zahl -1 entspricht.

Anders betrachtet bedeutet das MSB bei negativen Zahlen eine Subtraktion von 128. Besitzt das MSB den Wert 0, wird nichts subtrahiert, also 0 mal 128. Wie man sieht, hat man nicht den vollen Zahlenumfang für die positiven Zahlen zur Verfügung: Die positiven Zahlen erstrecken sich von 0 bis 127, die negativen Zahlen von -1 bis -128. Jetzt gibt es aber unter Umständen Probleme, bei denen man gerne den ganzen Zahlenraum zur Verfügung haben möchte. Dies geht natürlich nur im positiven Fall und wird in der C-Syntax später mit `unsigned int` deklariert. Jetzt ist auch das MSB positiv und der Zahlenraum erstreckt sich von 0 bis 255. Ein Bitmuster allein genügt also als Information nicht, sondern wird erst in Verbindung mit einer Interpretationsanweisung nutzbar. Und diese Interpretation wird später durch den Datentyp festgelegt.

Wir können uns die Menge der verfügbaren Zahlen auch noch graphisch vor Augen führen. Finden nur die Zahlen von 0 bis 255 Verwendung, so haben wir es mit keinem unbeschränkten Zahlensystem mehr zu tun. Rechnen wir mit den uns bekannten natürlichen oder ganzen Zahlen, dann ist die Addition einer 1 jederzeit möglich und führt uns zur nächstgrößeren Zahl. Daher bietet sich zur grafischen Darstellung hier eine Zahlengerade an. Jede Addition der 1 führt uns auf dieser einen Schritt weiter nach rechts, die Zahlen werden immer größer. Eine solche Darstellung eignet sich für ein beschränktes Zahlensystem aber nicht. Es lassen sich im Binärsystem zwar mit n Stellen 2^n Zahlen darstellen, z.B. für $n = 8$ die Zahlen 00000000 bis 11111111, und durch die fortlaufende Addition einer 1 wandern wir durch unsere darstellbaren Zahlen, von 00000000 über 00000001, 00000010, 00000011, ... bis zur 11111111, aber was passiert dann? Danach haben wir keine Stelle mehr, um den Übertrag unterzubringen und wir fallen zurück auf unsere erste darstellbare Zahl 00000000. Daher ist die Wahl eines Kreises zur Darstellung naheliegend, statt einer Zahlengerade spricht man daher vom Zahlenkreis. Man kappt die Zahlengerade am linken und rechten Ende der darstellbaren Zahlen und führt die Enden zusammen. Der Übergang wird mit einem Strich markiert (siehe Abbildung 1.1).

1.2 Algorithmen

Algorithmen sind Vorschriften, wie bestimmte Klassen von Problemen zu lösen sind. An einen Algorithmus werden verschiedene Bedingungen geknüpft, so muss er beispielsweise in endlicher Zeit zum Ziel kommen und er muss eine vollständige Beschreibung

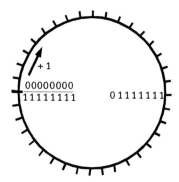

Abb. 1.1: Zahlenkreis für $n = 8$ Stellen im Binärsystem. Durch die Striche wird etwa jede siebte Zahl markiert, da sonst die Darstellung unübersichtlich wird.

des Lösungsvorgehens liefern. Das ist nötig, da ein Computer im Betrieb nur dieser Vorschrift folgen kann. Es ist ihm nicht möglich, auf unvorhergesehene Probleme zu reagieren. Liefert ein Algorithmus also nicht für alle denkbaren Möglichkeiten bei der Problemlösung eine Antwort, kann der Computer im Zweifelsfall nicht weiterarbeiten und das Programm, welches den Algorithmus umsetzt, stürzt ab.

Es werden nun zunächst verschiedene Arten von Algorithmen vorgestellt, bevor dann bestimmte Problemstellungen diskutiert und die passenden Lösungsalgorithmen vorgestellt werden. Die Probleme stammen hauptsächlich aus der Mathematik. Sie sind so beschaffen, dass man sie mit Hilfe von Algorithmen lösen kann, und nur diese wollen wir nachvollziehen. Eine detaillierte Herleitung ist nicht das Ziel, wir geben aber dennoch Einblicke, um zusätzliches Verständnis zu schaffen. Wer sich an der einen oder anderen Stelle noch unsicher fühlt, kann auch anfänglich darüber hinweg lesen.

1.2.1 Überblick über verschiedene Typen von Algorithmen

Algorithmen kann man generell in zwei Klassen einteilen: deterministische und nicht-deterministische Algorithmen, sie hierzu Abb. 1.2. Jeder deterministische Algorithmus wird bei unterschiedlichen Durchläufen mit gleichen Eingangsdaten immer das gleiche Ergebnis liefern. So betrachtet steht das Ergebnis also schon fest, der Algorithmus beschreitet nur noch den Weg dorthin, und er wird immer auf dem gleichen Weg laufen. Nicht-deterministische Algorithmen hingegen liefern mit jedem Durchlauf etwas anderes. Das klingt zunächst einmal etwas seltsam, hat ein Algorithmus doch die Aufgabe, die Lösung zu einem Problem zu ermitteln. Was fängt man also mit verschiedenen Lösungen zu ein und demselben Problem an? Bei genauerer Betrachtung ist das gar nicht so schlimm: In der realen Welt können Daten oft nur mit einer bestimmten Genauigkeit

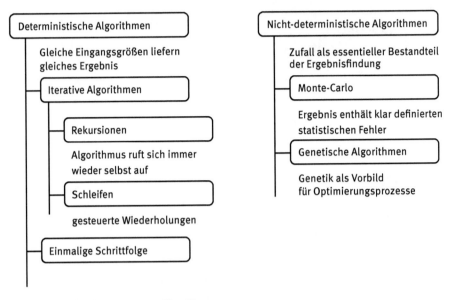

Abb. 1.2: Verschiedene Typen von Algorithmen.

gesammelt werden. Und wenn das Ergebnis sich in einem Bereich bewegt, dessen Größe man kennt, hat es eine statistisch klar definierte Bedeutung. Wir sprechen also nicht von völlig zufälligen Ergebnissen, sondern von einer Verteilung mehrerer Ergebnisse in einem bekannten Intervall. Und hierfür gibt es viele Anwendungen, sodass nicht-deterministische Algorithmen häufig zum Einsatz kommen. In diese Klasse fallen beispielsweise die Monte-Carlo-Algorithmen, aber auch genetische Algorithmen für die Optimierung.

Wir werden uns in diesem Buch hauptsächlich mit der ersten Gruppe, den deterministischen Algorithmen befassen. Insbesondere Schleifen und auch Rekursionen werden wir ausführlich untersuchen, da jeder Programmierer damit ständig zu tun hat.

1.2.2 Lösen quadratischer Gleichungen

Quadratische Gleichungen lassen sich mit einer einfachen Formel lösen. Um uns über die Bezeichnungen einig zu sein, definieren wir die Problemstellung wie folgt:

$$ax^2 + bx + c = 0. \tag{1.2}$$

Die Lösung dazu lautet:

$$x_{1,2} = \frac{-b \pm \sqrt{b^2 - 4ac}}{2a}. \tag{1.3}$$

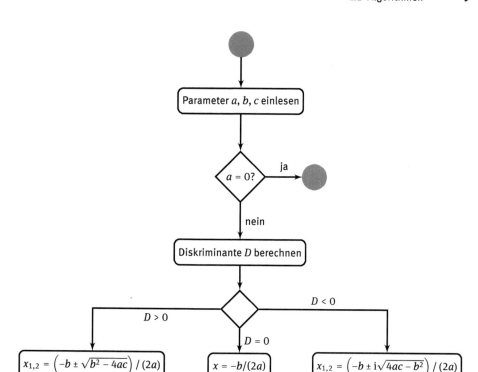

Abb. 1.3: Flussdiagramm zum Lösen einer quadratischen Gleichung. Es enthält mehrere Blöcke, in denen eine Aktion stattfindet (Berechnung, Ein- oder Ausgabe), sowie zwei Entscheidungspunkte (Rauten). Die Kreise sind Start- bzw. Endpunkte.

Die beiden Lösungen sind mit einem Taschenrechner schnell bestimmt, doch nehmen wir nun einmal an, das wir die Gleichung mit unterschiedlichen Koeffizienten sehr oft lösen müssen. Dann ist es sicher ratsam, einen Automatismus bei der Hand zu haben, also ein kleines Computerprogramm, das einem diese Arbeit abnimmt. Und nun beginnt die eigentliche Arbeit: Wir müssen dem Computer ganz genau mitteilen, wie er Gleichung (1.3) zu lösen hat. Wie man aus der Schule weiß, besitzt eine quadratische Gleichung entweder zwei reelle Lösungen, eine Lösung, oder keine reelle Lösung. Der letzte Fall wird in der Schule meist noch nicht genauer behandelt. Man muss auf komplexe Zahlen ausweichen, dann erhält man wieder zwei Lösungen. Wer sich damit noch nicht anfreunden will, kann den Algorithmus leicht abwandeln und als Ergebnis beispielsweise „keine Lösung" ausgeben lassen. Für den Unerschrockenen stellen wir die vollständige Lösung bereit. Das Kriterium für die Art der Lösung liefert die sogenannte Diskriminante, also der Term unter der Wurzel. Ist die Diskriminante positiv, gibt es zwei reelle Lösungen, ist sie Null, findet man nur eine reelle Lösung. Und im Fall einer negativen Diskriminante gibt es zwei komplexe Lösungen. Statt nun viel Text zu schreiben, eignet sich eine einfache graphische Darstellung dieses Vorgehens. In Abb. 1.3 ist ein Flussdiagramm abgebildet, in welchem die einzelnen

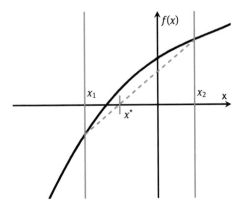

Abb. 1.4: Darstellung der Funktion $f(x) = e^x - x^2$ zusammen mit einer Sekante.

Schritte des Algorithmus' nacheinander aufgeführt sind. An zwei Stellen findet eine Entscheidung statt, hier verzweigt sich der Ablauf. Wir werden in Abschnitt 1.3 noch einmal genauer darauf eingehen. Wie man sieht, werden zuerst die drei Parameter a, b und c eingelesen. Daraus wird der Wert der Diskriminante bestimmt. In Abhängigkeit dieses Werts wird einer von drei möglichen Pfaden beschritten und schließlich das Ergebnis ausgegeben. Im Grunde ist das also noch sehr einfach, es kommen keine Schleifen und keine komplizierte Logik vor, nur zwei Abfragen. Die zweite davon haben wir schon besprochen, doch die erste sollte man auf keinen Fall vergessen: Sie sichert den Algorithmus ab für den Fall, dass der Parameter a den Wert Null besitzt. Das ist nicht ausgeschlossen, und man darf als Programmierer nicht davon ausgehen, dass so etwas nicht vorkommt. Nur weil unser Lösungsschema eine quadratische Gleichung behandelt, heißt das nicht, dass ein Anwender uns immer ein quadratisches Polynom zur Verfügung stellt. Und deshalb ist ganz am Anfang eine Abfrage nötig, ob a auch von Null verschieden ist. Ist das der Fall, greift die Lösungsformel für quadratische Gleichungen. Wenn aber a den Wert Null annimmt, so muss man als Programmierer entscheiden, wie man damit umgeht. Wir haben hier den Weg gewählt, dass der Benutzer eine Rückmeldung erhält und der Algorithmus dann endet. Eine andere Möglichkeit wäre gewesen, in der Lösungsformel umzuschalten auf eine lineare Gleichung und deren Lösung dann auszugeben. Welcher Weg nun der richtige ist, hängt davon ab, wer mit dem Algorithmus interagiert. Ist es ein Anwender, welcher die drei Parameter eingibt, oder wird unser Lösungsalgorithmus innerhalb eines größeren Programms automatisiert aufgerufen? Der Anwender wird sich vielleicht über einen Satz der Art „Das ist keine quadratische Gleichung, a darf nicht Null sein!" freuen, innerhalb eines Programms wählt man einen anderen Weg. Wir sehen also schon an einem so einfachen Beispiel, dass man sich über einige Dinge Gedanken machen muss, bevor man einen Algorithmus in den Computer bringt.

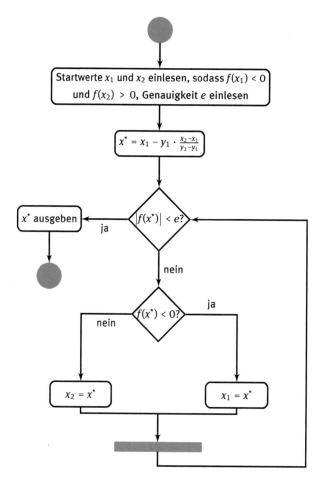

Abb. 1.5: Flussdiagramm zum Sekantenverfahren.

1.2.3 Das Sekantenverfahren

Das Thema des letzten Abschnitts lässt sich noch erweitern. Lineare oder quadratische Gleichungen sind nur zwei mögliche Fälle, die in der Anwendung vorkommen können. Oft hat man es jedoch mit Gleichungen zu tun, für die es gar keine Lösungsformel gibt. Allerdings gibt es für diesen Fall verschiedene Algorithmen, mit welchen man Nullstellen näherungsweise bestimmen kann. Betrachten wir folgendes Beispiel:

$$e^x - x^2 = 0. \tag{1.4}$$

Die Gleichung (1.4) wird man mit keiner Methode nach x auflösen können. Sie hat dennoch genau eine Nullstelle, wie man in Abb. 1.4 sieht. Ebenfalls in Abb. 1.4 sieht man eine Sekante zwischen zwei Punkten auf dem Graphen der Funktion. Die zugehörigen x-Werte x_1 und x_2 bilden ein Intervall, welches die Nullstelle der Funktion umschließt.

Die Idee zu einem Lösungsalgorithmus ist nun folgende (siehe auch Abb. 1.5): Zuerst stellt man die Geradengleichung der Sekante auf, was mit den beiden gegebenen Punkten möglich ist. Dann bestimmt man die Nullstelle x^* dieser Sekantengleichung, was ebenfalls keine Schwierigkeit darstellt. Nun fragt man, ob der Funktionswert an dieser näherungsweise berechneten Nullstelle positiv oder negativ ist. Abhängig davon wird nun eine der beiden Intervallgrenzen durch x^* ersetzt und das Verfahren wiederholt. Dies geschieht so lange, bis der Funktionswert an der Stelle x^* hinreichend nahe bei Null liegt. Dieses sogenannte Sekantenverfahren ist sicher leicht verständlich. Klar ist allerdings auch, dass der Anwender ein anfängliches Intervall vorgeben muss, in welchem sich genau eine Nullstelle befindet. Diese Arbeit kann man einem Computer nicht überlassen, zumindest nicht, ohne ihn mit weiterer Intelligenz auszustatten, um selbst ein vernünftiges Intervall zu raten. Befinden sich mehrere Nullstellen in diesem Intervall, wird nur eine davon ausgegeben. Weitere Nullstellen zu finden erfordert wieder etwas mehr Intelligenz seitens des Anwenders oder des Algorithmus'. Wir wollen es jedoch bei diesem einfachen Beispiel belassen und lösen das genannte Problem zunächst einmal ganz ohne Computer, um den Ablauf, der später noch implementiert werden soll, Zeile für Zeile durchzugehen.

Die Aufgabe lautet also: Finde eine Lösung der Gleichung $e^x - x^2 = 0$ mittels Sekantenverfahren. Die Startwerte seien $x_1 = -1$ und $x_2 = 0.5$, und die geforderte Genauigkeit sei $e = 0.001$. Die Ergebnisse des Algorithmus' sind in der Tabelle 1.2 dargestellt.

Tab. 1.2: Anwendung des Sekantenverfahrens auf die Funktion $e^x - x^2 = 0$.

Iterationsschritt n	x_1	x_2	x^*	$f(x^*)$
0	−1.0	0.5	−0.533109	0.302572
1	−1.0	−0.533109	−0.684248	0.0362743
2	−1.0	−0.684248	−0.701384	0.00395897
3	−1.0	−0.701384	−0.703243	0.000427527

Daraus liest man ab, dass die Nullstelle etwa bei $x^* = -0.703$ liegt. Wie man sieht, verbessert sich die Näherung mit jeder Iteration und wir können anhand des Funktionswerts die Anzahl der Iterationen steuern. Außerdem ist diese Trockenübung hilfreich, um das, was der Computer später automatisiert macht, Zeile für Zeile zu verstehen. Diese Herangehensweise eignet sich übrigens auch beim Debugging, also beim Auffinden von Fehlern, falls mal etwas nicht funktioniert (was besonders am Anfang häufig vorkommen wird).

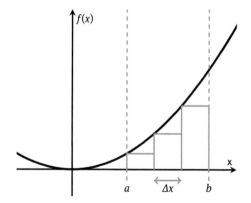

Abb. 1.6: Zur Definition des Integrals als Summe vieler kleiner Rechtecke.

1.2.4 Integrieren von Funktionen

Ein weiteres mathematisches Verfahren, was in der Anwendung noch häufig anzutreffen sein wird, ist das Lösen von bestimmten Integralen. Wie bei der Suche nach Nullstellen gibt es auch hier nur für einige spezielle Funktionen Lösungsformeln. Die überwiegende Mehrheit der Funktionen besitzt jedoch keine Stammfunktion, und man ist wieder gezwungen, eine Näherung zu akzeptieren. Das ist aber auch beim Integrieren keinesfalls schlimm, da in den Ingenieurswissenschaften ohnehin Dezimalzahlen als Ergebnis wichtiger sind als symbolische Ausdrücke. Schauen wir uns also die übliche geometrische Definition eines Integrals an: die Flächenberechnung.

Die mathematische Aufgabenstellung lautet: Berechne die Fläche unter der Kurve $f(x)$ in den Grenzen a und b, was man wie folgt aufschreibt:

$$A = \int_a^b f(x)\,\mathrm{d}x. \tag{1.5}$$

Eine Näherung an diese Fläche erhält man, indem beispielsweise schmale Rechtecke unter die Kurve gelegt werden, deren Höhe jeweils mit einem Funktionswert zusammenfällt (siehe Abb. 1.6). Die Fläche lässt sich dann als die Summe der einzelnen Rechtecke darstellen:

$$A \approx \sum_{i=1}^{N} f(x_i) \cdot \Delta x. \tag{1.6}$$

In Abb. 1.6 sind insgesamt $N = 3$ Stützstellen bzw. Rechtecke eingezeichnet. Die erste Stützstelle befindet sich bei $x_1 = a$, die letzte bei $b - \Delta x$. Bei einer gegebenen Funktion $f(x)$ lassen sich die Flächen der einzelnen Rechtecke, die jeweils die Breite Δx besitzen, berechnen und summieren. Der Algorithmus sieht zunächst ganz einfach aus, man übersieht vielleicht sogar, dass es sich auch bei diesem einfachen Beispiel um einen

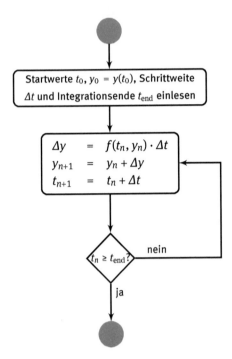

Abb. 1.7: Flussdiagramm zum Euler-Verfahren.

Algorithmus handelt. Das liegt daran, dass die Mathematik und die Informatik oft sehr eng beieinander liegen. Mathematisch schreiben wir eine Summe, zählen also viele Zahlenwerte zusammen. Algorithmisch betrachtet wird zu einer Zahl immer eine weitere Zahl addiert, was in einer Schleife geschieht. Wenn diese Schleife N mal durchlaufen wurde, steht das Ergebnis fest.

1.2.5 Lösen von Differentialgleichungen

Als nächstes schauen wir uns ein Verfahren an, mit dem man die in den Ingenieurs-wissenschaften häufig auftretenden Differentialgleichungen lösen kann. Diese Art von Gleichungen beschreibt den Zusammenhang zwischen dem Wert einer bestimmten Größe und ihrer momentanen Änderung. Es handelt sich hierbei schon um ein eher fortgeschrittenes Kapitel der Mathematik, und wer sich damit unsicher fühlt, kann diesen Abschnitt beim ersten Lesen auch getrost überspringen. Betrachten wir als Beispiel die Verzinsung eines Guthabens. Pro Jahr soll das Guthaben um 1% wachsen. Die Rate der Veränderung beträgt damit 1% · Guthaben/Jahr, ist also vom Guthaben ab-hängig. Nach einem Jahr wird das Guthaben um die anfallenden Zinsen erhöht, sodass im nächsten Jahr ein anderer Betrag in die Berechnung der Änderungsrate eingeht. Wieder wird dann diese Änderungsrate mit der Zeit von einem Jahr multipliziert und zum Guthaben addiert. Hier bahnt sich also schon wieder eine Schleife an: Berechnung der Änderungsrate auf Basis des aktuellen Bestands, Multiplikation der Änderungsrate mit einer Zeiteinheit, Erhöhen des Bestands um den Zuwachs (oder Verkleinern bei negativem Zuwachs).

In der Mathematik nennt man die Änderungsrate Ableitung. Der Bestand sei mit y bezeichnet, die Zeit mit t, und die Änderungsrate mit y'. Dann lautet der eben in Worten beschriebene Zusammenhang:

$$y'(t) = f(y(t), t). \tag{1.7}$$

Das bedeutet, dass sich die Änderungsrate allgemein nicht nur aus dem Bestand y ergibt, sondern auch noch von der Zeit t direkt abhängt. Beispielsweise könnten sich die Zinsen ja auch verändern. Dann muss man, um den Zuwachs zu berechnen, auch noch das Jahr angeben, nicht nur den Bestand. Diese Berechnung der Änderungsrate wird von der Funktion f übernommen.

Wie sind schließlich interessiert an der Bestandsfunktion $y(t)$. Um diese zu berechnen, greifen wir auf das gerade beschriebene Verfahren zurück, mit welchem man auch ein Guthaben verzinsen kann. Eine Skizze des Algorithmus' ist in Abb. (1.7) zu sehen. Man nennt dies das Euler-Verfahren. In Erweiterung der Berechnung einer Verzinsung, welche als Zeiteinheit mindestens einen Tag benötigt, kann man dieses Intervall Δt beliebig klein machen, mathematisch sogar unendlich klein. Um das ganze einmal in der Anwendung zu sehen, betrachten wir wieder ein konkretes Beispiel. Es soll die Differentialgleichung

$$y'(t) = f(y(t), t) = 0.01 \cdot y(t) \tag{1.8}$$

mit Hilfe des Euler-Verfahrens gelöst werden. Die Schrittweite sei $\Delta t = 0.1$, der Funktionswert zu Beginn sei $y(0) = 2.0$. Tabellarisch erhält man für die ersten Iterationen folgende Funktionswerte:

Tab. 1.3: Näherungsweise Lösung der Differentialgleichung $y'(t) = 0.01 \cdot y(t)$.

n	t_n	y_n	$f(y_n, t_n)$	Δy
0	0.0	2.0	0.02	0.002
1	0.1	2.002	0.02002	0.002002
2	0.2	2.004002	0.02004002	0.002004002
3	0.3	2.006006002	0.02006006002	0.002006006002

Auch diesen Algorithmus kann man sehr gut mit Hilfe eines Programms automatisieren und sich Differentialgleichungen damit lösen lassen.

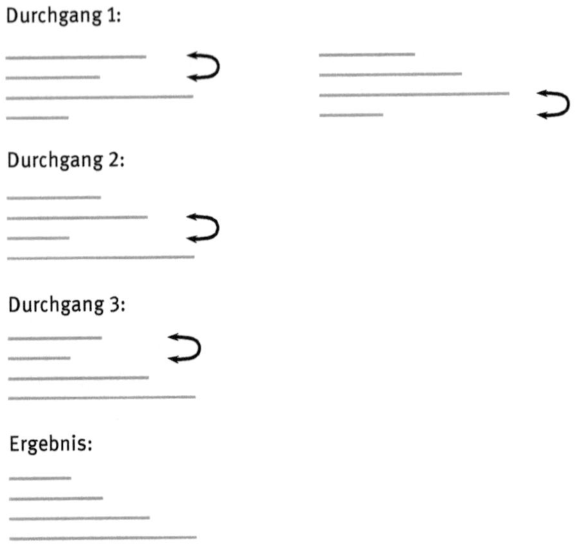

Durchgang 1:

Durchgang 2:

Durchgang 3:

Ergebnis:

Abb. 1.8: Die Schrittfolge von Bubble Sort beim Sortieren von Stäben unterschiedlicher Länge.

1.2.6 Sortieren von Daten

Daten in eine bestimmte Ordnung zu bringen, das ist ein Standardproblem der Informatik. Es gibt viele verschiedene Möglichkeiten, Zahlen der Größe nach zu ordnen, wir stellen hier ein einfaches Verfahren mit dem Namen Bubble Sort vor. Der Algorithmus benötigt als Eingangsdaten eine Menge von Zahlen, die wir hier beispielhaft in aufsteigender Reihenfolge anordnen wollen. Eine minimale Anpassung würde auch die andere Reihenfolge erlauben. Die Schrittfolge ist einfach:

1. Starte beim ersten Element des Feldes und vergleiche dieses mit dem nächsten. Ist das erste größer als das zweite, vertausche beide Elemente. Sonst werden die beiden Elemente an ihrer Position belassen.
2. Gehe dann ein Element weiter, vergleiche und vertausche gegebenenfalls wieder. Wiederhole diesen Schritt so oft, bis das Ende des Zahlenfeldes erreicht ist.
3. Nach dem Durchlauf der Schleife befindet sich an letzter Stelle des Feldes das größte Element. Starte nun einen neuen Durchlauf und ende mit dem Vergleichen beim vorletzten Element. Auf diese Art verkleinert sich nach jedem Durchlauf die Menge der noch zu sortierenden Elemente.
4. Das ganze wird so lange wiederholt, bis kein Element mehr unsortiert ist.

Den Namen erhält Bubble Sort durch seine Wirkungsweise: Kleinere Zahlen steigen bei jedem Durchlauf wie Blasen von unten nach oben auf. Zur besseren Verständlichkeit ist in Abb. 1.8 der Ablauf einiger Schritte nochmal dargestellt.

1.3 Graphische Notation

Wir haben Algorithmen bisher entweder in natürlicher Sprache formuliert, oder als Flussdiagramm dargestellt. Generell nutzt man solche graphischen Darstellungen unabhängig von der verwendeten Programmiersprache, um sich über den Ablauf eines noch zu schreibenden Programms klar zu werden. Ausgehend von einem Diagramm kann man den eigentlichen Quellcode schreiben. Bei größeren Programmierprojekten steht sinnvollerweise am Anfang eine Sammlung von Diagrammen. Hier muss auch ein großer Teil des Aufwands hinein fließen, denn schon der Ablauf und die Logik müssen stimmen, bevor man Befehle für den Rechner schreibt. Ein Logikfehler ist umso schwerer zu beheben, je später man ihn findet. Aber auch für kleinere Aufgabenstellungen ist es durchaus sinnvoll, zuerst einmal einen Programmablauf zu skizzieren, statt gleich mit dem Programmieren zu beginnen. Ein Ablaufplan stellt schon die eigentliche Lösung eines Problems dar, und das Programmieren befasst sich danach mit der Lösungsbeschreibung für den Computer.

Die einzelnen Bestandteile des Flussdiagramms seien in der folgenden Tabelle einmal samt ihrer Beschreibungen aufgelistet.

Tab. 1.4: Symbole für die graphische Notation und ihre Bedeutung.

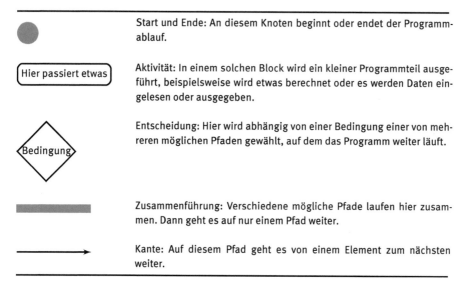

●	Start und Ende: An diesem Knoten beginnt oder endet der Programmablauf.
Hier passiert etwas	Aktivität: In einem solchen Block wird ein kleiner Programmteil ausgeführt, beispielsweise wird etwas berechnet oder es werden Daten eingelesen oder ausgegeben.
Bedingung	Entscheidung: Hier wird abhängig von einer Bedingung einer von mehreren möglichen Pfaden gewählt, auf dem das Programm weiter läuft.
▬	Zusammenführung: Verschiedene mögliche Pfade laufen hier zusammen. Dann geht es auf nur einem Pfad weiter.
→	Kante: Auf diesem Pfad geht es von einem Element zum nächsten weiter.

Mit den dargestellten Elementen lassen sich schon viele Algorithmen und sogar ganze Programme skizzieren. Die Notation ist selbst Teil einer Sprache, die man UML nennt (Unified Modeling Language). Mit dieser Sprache ist noch viel mehr möglich als hier gezeigt wurde. Insbesondere lassen sich damit sehr große Programme objektorientiert spezifizieren. Dies würde den Rahmen dieses Buches jedoch übersteigen und wir begnügen uns mit den hier gezeigten Sprachelementen.

 Aufgaben

Aufgabe 1.1. *Zahlen umrechnen*
Wie lautet die Zahl 528 im Binärsystem? Rechnen Sie die Binärzahl 1001011 ins Dezimalsystem um.

Aufgabe 1.2. *Sekantenverfahren*
Berechnen Sie mit Hilfe des Sekantenverfahrens die Nullstelle der Funktion $f(x) = x^3 + x + 13$. Diese befindet sich zwischen den x-Werten −3 und 0.

Aufgabe 1.3. *Integration*
Berechnen Sie eine Näherung des Integrals

$$A = \int_1^2 x^2 \, dx. \tag{1.9}$$

Verwenden Sie drei bzw. vier Stützstellen.

Aufgabe 1.4. *Differentialgleichung*
Gegeben sei die Differentialgleichung

$$y'(t) = y(t)^2 - t. \tag{1.10}$$

Als Schrittweite wählen Sie $\Delta t = 0.1$, der Startwert sei $y(0) = 1.0$ und führen damit 4 Iterationen durch.

2 Einführung in die Programmierung

In diesem Kapitel werden wir unsere ersten C-Programme schreiben, ohne tiefer in die Sprache einzusteigen. Das praktische Schreiben von Quellcode, das Übersetzen und Ausführen sowie die Fehlerbehandlung sollen im Vordergrund stehen. Die folgenden Kapitel stellen dann jeweils verschiedene Aspekte der Sprache vor und gehen dabei auch in die Tiefe.

2.1 Was man zum Programmieren benötigt

Kurz gesagt: Um ein Computerprogramm zu schreiben, benötigt man einen Texteditor, in welchem man das Programm schreibt, sowie ein weiteres Programm, genannt Compiler, das den Quellcode in Maschinenbefehle übersetzt. Da es verschiedene Betriebssysteme gibt (grob unterteilt sich das in Systeme von Apple, Microsoft, sowie die Familie der Linux-Systeme), können wir hier keine Installationsanleitung dieser Werkzeuge für jeden einzelnen Anwender schreiben. Man kann unter jedem Betriebssystem programmieren, und welches für einen nun das richtige ist, muss jeder selbst entscheiden. Wir geben dem Leser daher nur allgemeingültige Hinweise an die Hand, die unabhängig vom jeweils verwendeten Betriebssystem sind. Schauen wir uns die beiden Bestandteile einmal im einzelnen an, bevor wir einen komfortablen Überbau besprechen.

Hat man in einem Editor nun ein Programm geschrieben, muss man die Befehle in Maschinensprache übersetzen. Die CPU fängt nämlich mit einer Textzeile wie

```
int a = 1;
```

nichts an. Vielmehr verarbeitet sie Bitmuster, welche sie als Befehle interpretiert. Und diese Bitmuster muss man aus dem Quellcode erst einmal erzeugen. Diese Arbeit ist sehr mühsam und aufwändig, aber glücklicherweise muss man das nicht selbst tun. Dafür gibt es ein eigenes Programm, und dieses nennt man Compiler. Der Übersetzungsprozess besteht darin, dem Compiler zu sagen, welche Textdatei er übersetzen soll, wie die entstehende Binärdatei heißen soll und was er beim Übersetzen eventuell noch beachten muss. Ein häufig verwendeter Compiler ist gcc. Er ist dafür gemacht, C-Code zu übersetzen, andere Sprachen versteht er nicht. Es handelt sich nicht um ein Werkzeug mit einer graphischen Oberfläche! Der Compiler wird über die Kommandozeile aufgerufen. Das ist wieder ein kleines Programm, das Befehle in Textform entgegen nimmt und auch wieder Text ausgibt. Unter Windows heißt die Kommandozeile „Eingabeaufforderung", unter Linux „Terminal". Darin kann man sich innerhalb der Verzeichnisstruktur bewegen, Dateien umbenennen oder löschen, Verzeichnisse

https://doi.org/10.1515/9783110486292-003

anlegen und eben auch Quellcode übersetzen lassen. Der Befehl zum Übersetzen eines einfachen Programms, das unter dem Namen `hallo.c` gespeichert wurde, lautet:

```
gcc hallo.c -o hallo.exe
```

Navigiert man in der Kommandozeile in das Verzeichnis, in welchem sich die Quelldatei befindet und tippt man diesen Befehl dann ein, wird der Compiler die Datei `hallo.c` öffnen, den darin befindlichen Quellcode übersetzen und das Ergebnis in die Datei `hallo.exe` schreiben. Diese Datei ist ausführbar, wird also beim Öffnen von der CPU als eine Folge von Befehlen angesehen, die sie nacheinander abarbeiten muss.

Dieses gleich noch zu schreibende Programm `hallo.c` wird keine graphische Oberfläche besitzen. Sämtliche C-Programme in diesem Buch laufen nur in der Kommandozeile, werden also von dort gestartet, erlauben Eingaben und geben Text aus. Das ist die einfachste Form der Interaktion mit einem Programm. Sämtliche schönen Grafikanwendungen verbergen eine Menge Aktionen, die ausgeführt werden, ohne dass ein Programmierer sie aktiv in sein Programm geschrieben hätte. Außerdem sind die Mechanismen für graphische Darstellungen je nach Betriebssystem völlig verschieden, sodass wir darauf nicht eingehen könnten, ohne ein spezielles System zu wählen. Weiterhin gibt es für Grafikanwendungen besser geeignete Sprachen als C.

Wem das jetzt etwas umständlich oder gar rückständig erscheint: Es soll verdeutlichen, dass man im Grunde sehr wenig benötigt, um ein Programm entwickeln zu können. Was uns fehlt, ist nur etwas Komfort. Und diesen liefern mehr oder weniger aufwändige Programme, die man Entwicklungsumgebung nennt. Diese beinhalten den Texteditor und die Kommandozeile in einem, außerdem erfolgt der Aufruf des Compilers per Knopfdruck. Allerdings bieten Entwicklungsumgebungen (abgekürzt IDE) noch erheblich viel mehr als wir derzeit benötigen. Sie können gerade den Anfänger mit vielen Menüs und Bedienmöglichkeiten verwirren und vom eigentlichen Erlernen der Programmiersprache abhalten. Daher haben wir zuerst herausgestellt, was man im Kern benötigt. Alles weitere kann einem die Arbeit erleichtern, wenn man sich mit einer IDE auskennt. Eine vergleichsweise schlanke Entwicklungsumgebung ist beispielsweise das Tool Geany. Es ist frei erhältlich und für unsere Zwecke gut geeignet.[1] Andere IDEs wie beispielsweise Visual Studio von Microsoft sind ähnlich aufgebaut und unterscheiden sich im wesentlichen in der Menge an zusätzlichen Funktionen. Auch hier gilt: Für welche IDE man sich entscheidet, ist jedem selbst überlassen. Wir werden die grundsätzliche Bedienung am Beispiel von Geany zeigen.[2]

Öffnen wir nach erfolgreicher Installation zunächst einmal Geany und schauen uns die Benutzeroberfläche an. Diese ist in Abb. 2.1 dargestellt. Eine Datei `hallo.c` wurde schon angelegt (Das Erzeugen und Speichern von Dateien unterscheidet sich

---

1 Man erhält Geany hier: `https://www.geany.org`

2 Der Compiler ist bei Geany übrigens nicht dabei, man muss gcc separat installieren. Unter Linux wird man ihn in den Paketquellen finden, unter Windows eignet sich die Installation von MinGW.

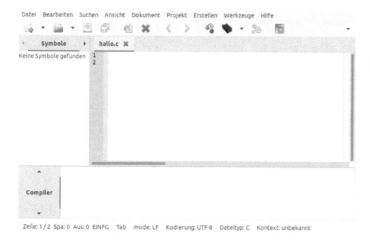

Abb. 2.1: Die Benutzeroberfläche von Geany mit einer leeren Datei `hallo.c`

nicht von dem in anderen Anwendungen, wir setzen daher auf die Intuition des Lesers). Bitte beachten Sie das Folgende:

Verwenden Sie in Dateinamen keine Leerzeichen, Umlaute oder gar Sonderzeichen. Am besten eignen sich kurze, sprechende Bezeichnungen, idealerweise englische, um die Gefahr von Umlauten zu umgehen.

Noch enthält die Datei `hallo.c` keinen Quellcode. Das Fenster gliedert sich in drei Bereiche: Der größte Teil wird von unserem Quellcode eingenommen, das ist also unser Texteditor, den wir am Anfang dieses Abschnitts besprochen haben. Hierin werden wir gleich anfangen, ein Programm zu schreiben. Links daneben werden die geschriebenen Funktionen aufgelistet. Noch braucht uns diese Navigation nicht weiter zu interessieren. Und im unteren Bereich wird uns der Compiler mitteilen, was er beim Übersetzen gemacht hat und ob er dabei Probleme hatte. In diesem Bereich holen wir uns dann die Information, welche Fehler sich noch in unserem Programm befinden. Doch zuerst konfigurieren wir Geany so, dass auch der Compiler gcc verwendet wird (dessen Installation wird jetzt vorausgesetzt). Dazu öffnen wir im Menü „Erstellen" den Menüpunkt „Kommandos zum Erstellen konfigurieren" , wodurch das in Abb. 2.2 gezeigte Fenster erscheint. Die beiden Kommandos `Compile` und `Build` sind für uns relevant. Die jeweils dahinter stehende Textzeile ist der Befehl, den wir oben bei der Diskussion der Kommandozeile in ähnlicher Form besprochen haben. Er besagt, dass beim Übersetzen der Compiler gcc aufgerufen wird (man kann auch einen anderen Compiler eintragen, für Geany ist das nur ein externes Programm). Außerdem sieht man unter `Build`, dass mit `-o` eine Ausgabedatei spezifiziert wird. Diese wird hier nicht mit einem konkreten Namen, sondern einem Platzhalter angegeben. Die Konfiguration gilt nämlich unverändert für jede C-Datei, die man übersetzen will. Der Unterschied

#	Label	Kommando	Arbeitsverzeichnis	Zurücksetzen
Kommandos für C				
1.	Compile	gcc -Wall -c "%f"		⟳
2.	Build	gcc -Wall -o "%e" "%f"		⟳
3.	Lint	cppcheck --language=c --enable=warning,s		⟳
Regulärer Ausdruck für Fehlermeldungen:				⟳
Dateitypunabhängige Befehle				
1.	Make	make		⟳
2.	Make (eigenes Target)...	make		⟳
3.	Make Objekt-Datei	make %e.o		⟳
4.				⟳
Regulärer Ausdruck für Fehlermeldungen:				⟳

Notiz: Element 2 öffnet ein Dialog und fügt das Ergebnis am Ende des Kommandos an

#	Label	Kommando		
Befehle zum Ausführen				
1.	Execute	"./%e"		⟳
2.				⟳

%d, %e, %f, %p, %l werden innerhalb der Kommando- und Verzeichnisfelder ersetzt - Details gibt es in der Dokumentation.

Abbrechen   OK

Abb. 2.2: Im Menü „Erstellen" findet man den Menüpunkt „Kommandos zum Erstellen konfigurieren". In diesem Fenster kann man angeben, welcher Compiler mit welchen Optionen verwendet wird, um den C-Code zu übersetzen.

Abb. 2.3: Der Button zum Bauen eines Programms.

zwischen `Compile` und `Build` besteht darin, dass der Befehl hinter dem ersten Begriff nur eine einzelne Datei übersetzt. Der Befehl hinter dem zweiten Begriff baut aus einer oder auch mehreren übersetzten Dateien zusätzlich noch die eigentliche ausführbare Binärdatei zusammen. Dieser Unterschied kann und muss jetzt noch nicht ganz klar werden, dazu muss man schon tiefer in die Struktur von Binärdateien eintauchen. Wichtig ist für uns: Wir werden gleich ein Programm „bauen", nicht nur Quellcode übersetzen. Und um dies zu tun, gibt es in Geany einen Button, dessen Betätigung die ganze Kette in Gang setzt. Eine Funktionalität, die auch andere IDEs genauso besitzen. Wo sich dieser Knopf befindet, ist in Abb. 2.3 zu sehen. Links daneben ist übrigens der Button zum reinen Übersetzen des Programms. Und nun wenden wir uns einem ersten Programm zu.

2.2 Unser erstes Programm

Es ist üblich, mit einem Programm zu starten, das unter dem Namen „Hallo Welt!" firmiert. Es tut nichts weiter, als genau diese Textzeile auf dem Bildschirm auszugeben.

Abb. 2.4: Unser erstes Programm nach dem Übersetzen: Der Compiler hat keinen Fehler gemeldet.

Der Quellcode dafür lautet wie folgt und muss in den Editor von Geany genau so eingegeben werden:

Beispiel 2.1

```
#include <stdio.h>

int main()
{
    printf("Hallo Welt!");
    return 0;
}
```

Wenn man dies gemacht hat, kann man das Programm übersetzen (also „bauen"). Der Compiler gibt uns danach eine Zusammenfassung seiner Arbeit. In Abb. 2.4 sieht man zuerst den Befehl, den er zum Übersetzen verwendet hat. Dieser weicht ein wenig von dem ab, was wir weiter oben gelernt haben. Zum einen ist da die Reihenfolge der Argumente: die zu übersetzende Datei steht am Schluss. Dies spielt keine Rolle, der Compiler ist tolerant, was diese Reihenfolge angeht. Zum anderen heißt die Ausgabedatei nur „hallo", das „.exe" fehlt. Hier zeigt sich ein Unterschied zwischen Windows und Linux: Während unter Windows eine ausführbare Datei diesen Zusatz benötigt, spielt dies unter Linux keine Rolle. Der letzte Unterschied zu oben ist die Option -Wall. Damit werden alle Warnungen angezeigt, die der Compiler während der Übersetzung ausgibt. Eine Warnung ist kein Fehler! Sie ist vielmehr ein Hinweis auf eine Unachtsamkeit des Programmierers, die aber immer noch ein funktionsfähiges Programm erlaubt. Der Compiler wird also eine ausführbare Datei erzeugen können. Allerdings könnte es sein, dass nicht alles auch so abläuft, wie es gedacht war. Daher sind auch Warnungen ernst zu nehmen und der Quellcode so zu schreiben, dass es keine Warnungen gibt. Die zweite Mitteilung, die uns der Compiler macht, ist eine Erfolgsmeldung! Er konnte das Programm übersetzen und eine Binärdatei erstellen. Jetzt können wir diese auch ausführen. Dazu drückt man in der Menüleiste auf den Button rechts neben „Build" (die Zahnräder), es öffnet sich ein Terminal, und in diesem steht die ganze Ausgabe unseres Programms. In diesem Fall lautet sie:

```
Hallo Welt!

------------------

(program exited with code: 0)
Press return to continue
```

Nach dieser Ausgabe wird das Programm beendet, was im Terminal darunter steht. Die Mitteilung bedeutet, dass unser Programm mit einem bestimmten Code beendet wurde, und zwar 0. In unserem Fall bedeutet das: Beim Ausführen des Programms gab es auch keinen Fehler.

Nun haben wir ein erstes kleines Programm geschrieben, erfolgreich kompiliert und ausgeführt. Wenn Sie bis hierher alles verfolgen konnten, wird es Zeit, den Quellcode und die Ausgabe etwas genauer zu beleuchten, kleine Veränderungen vorzunehmen und zu sehen, wie der Compiler auf Programmierfehler reagiert (bzw. wie Sie mit solchen Beschwerden richtig umgehen).

2.3 Analyse des Quellcodes

Gehen wir den Quellcode Zeile für Zeile durch. Ganz oben steht

```
#include <stdio.h>
```

Der erste Teil davon, die Include-Anweisung, wird mit einer Raute eingeleitet. Solche Anweisungen nennt man Makros. Der Compiler wird angewiesen, diese Zeile durch etwas anderes zu ersetzen, und zwar soll hier der Inhalt der Datei stdio.h eingefügt werden.[3] In dieser Datei befinden sich Deklarationen verschiedener Funktionen, und man nennt eine solche Datei einen Header (daher auch die Dateiendung). Was eine Deklaration ist, werden wir noch klären, auch Header werden am Ende des Buches besprochen. Eine Funktion aus dem Header stdio.h werden wir weiter unten verwenden. Es handelt sich hierbei um die Funktion zur Ausgabe von Text auf der Kommandozeile. Vielleicht klingt es etwas eigenartig, dass man einen Befehl für die bloße Ausgabe von

---

3 Machen Sie sich keine Gedanken über den Ablageort dieser Datei. Wenn Sie gcc korrekt installiert haben, liegt sie an einem ganz bestimmten Ort auf Ihrem Rechner, und der Compiler weiß auch, wo.

Text erst einmal beschreiben muss und der Computer das nicht einfach schon kann. Hinter dieser unscheinbaren Aktion verbirgt sich allerdings etwas mehr. Man muss den Rechner ganz genau anweisen, wie diese Ausgabe ablaufen soll. Und damit man diesen Ablauf nicht bei jeder einzelnen Ausgabe aufschreiben muss, greift man auf eine fertige Sammlung solcher Befehle zurück, die jemand anders für uns geschrieben hat. Somit wird für den Computer nur einmal aufgeschrieben, wie er Text ausgeben muss, und dann kann man dies mit einem einzigen Befehl anstoßen. Solche Sammlungen nennt man auch Bibliotheken (diese umfasst neben der Deklaration auch die Implementierung von Funktionen). Es gibt sie für ganz unterschiedliche Zwecke. Die Sammlung der Funktionen für die Ein- und Ausgabe ist nur eine Bibliothek von vielen. Doch warum muss man die Bibliothek erst in das Programm einbinden? Könnte der Compiler das nicht schon ohne Anweisung tun? Die Antwort lautet: Ja, das könnte er. So wie man auch alle anderen Bibliotheken, z.B. jene für mathematische Formeln, immer in das Programm einbauen könnte. Dann müsste der Programmierer nicht daran denken. Das hätte allerdings zur Folge, dass die Programme durch diesen zusätzlichen Code größer würden. Und C wurde von Anfang an als möglichst schlanke Sprache erschaffen, welche nur mit einem Minimum an Befehlen auskommt. Das hält die Programme klein. Das war insbesondere in der Frühzeit der Rechner nötig, da Arbeitsspeicher und Rechenzeit sehr begrenzt waren und man schnell an Grenzen gestoßen wäre, hätte man immer noch unnötigen Ballast mit übersetzt. Denn nicht jedes Programm braucht mathematische Formeln. Oder die Möglichkeit, Text auszugeben. Auch heute noch laufen C-Programme auf Geräten mit sehr begrenztem Speicher, wie Steuergeräte im Automobilbereich. Daher gibt es in C die Möglichkeit, die nötigen Bibliotheken bedarfsgerecht zu verwenden. Im Laufe der Zeit werden wir auch einige der häufig verwendeten Bibliotheken und natürlich die darin enthaltenen Funktionen kennen lernen.

Die im Programmcode nun folgende Leerzeile spielt für den Compiler keine Rolle, er entfernt sie vor dem eigentlichen Übersetzen. Der Code liest sich nur etwas leichter, wenn man nicht alles dicht gedrängt hintereinander schreibt. Doch dann kommt die in jedem C-Programm erforderliche Zeile

```
int main()
```

Diese wird gefolgt von einer geöffneten geschweiften Klammer. Damit wird eine sogenannte Funktion definiert, welche den Namen `main` trägt. Diese muss in jedem C-Programm genau einmal im gesamten Code definiert werden, denn hier beginnt der Ablauf unseres Programms. Man nennt es auch den Einsprungpunkt. Führt man nach dem Übersetzen die Binärdatei aus, so beginnt die Befehlsfolge für die CPU an genau dieser Stelle. Alles weitere wird innerhalb dieser Funktion ablaufen. Und nun kommt das, was die eigentliche Ausgabe zur Folge hat:

```
printf("Hallo Welt!");
```

Darin ist `printf` auch eine Funktion, die nun aufgerufen wird. Die runden Klammern umschließen das, was der Funktion „übergeben" wird. So wie auch in der Mathematik einer Funktion eine Zahl oder ein anderes mathematisches Objekt übergeben wird, um damit etwas auszurechnen, erhält `printf` ebenfalls etwas zum Verarbeiten, nämlich den Text `Hallo Welt!`, umschlossen von Anführungszeichen. Was nun genau mit diesem Text gemacht wird, steht in der Definition der Funktion `printf`. Wir verwenden diesen Befehl jetzt nur noch und dürfen uns glücklich schätzen, dass ein anderer Programmierer bereits eine so nützliche Funktion entwickelt hat. Abgeschlossen wird diese Befehlszeile mit einem Semikolon. Wir merken uns gleich, dass wir jede Befehlszeile auf diese Art beenden müssen. Das Semikolon ist für den Compiler ein Schlüsselzeichen, um eben das Ende eines Befehls erkennen zu können. Ein Zeilenumbruch ist einem C-Compiler egal! Das hat zwar den Nachteil, dass man nun ständig an das Semikolon denken muss, aber andererseits kann man längliche Befehle dadurch auf mehrere Zeilen verteilen und erhöht damit wieder die Lesbarkeit des Quellcodes. Die nächste Zeile lautet:

```
return 0;
```

Auch dies ist wieder ein Befehl, und die Zeile endet mit einem Semikolon. Der Befehl `return` bedeutet, dass die Funktion hier beendet wird. Es erfolgt ein „Rücksprung" dorthin, wo die Funktion aufgerufen wurde. Das ist in unserem Fall die Kommandozeile, denn dort wurde unser Programm ja gestartet. Allerdings wird die Funktion nicht einfach beendet, sondern es wird zusätzlich noch ein Wert zurückgegeben, in diesem Fall 0. Es spielt gerade keine Rolle, welchen Wert wir zurückgeben, es muss nur eine ganze Zahl sein. Mit diesem Wert können wir später eine Information an die aufrufende Funktion übermitteln, ob unsere Funktion alles korrekt umsetzen konnte oder ob es eventuell Probleme gab. Diese Möglichkeiten lassen sich in verschiedene Zahlen kodieren. Da wir die Hauptfunktion unseres Programms beendet haben, ist gleichsam der gesamte Programmablauf am Ende angekommen. Abgeschlossen wird unsere Funktion `main` mit einer geschlossenen geschweiften Klammer. Daran erkennt der Compiler, dass der eventuell nachfolgende Text nicht mehr zu `main` gehört und er ihn nun anders zu interpretieren hat. Nachdem wir nun den Quellcode unseres Programms einmal Zeile für Zeile analysiert haben, geben wir noch eine Regel an, die sowohl in C als auch in vielen anderen Sprachen (aber nicht in allen) gilt:

! Beim Programmieren muss man auf Groß- und Kleinschreibung achten. Man sagt auch, der Compiler arbeitet „case sensitive".

Wir sehen also, dass man schon einiges in Gang setzen muss, um nur eine einzelne Zeile ausgeben zu können. Das wird uns noch öfter so gehen, aber wenn man einmal den Teil des Programms verstanden hat, der nicht unmittelbar mit dem zu tun hat, was der Anwender mitbekommt, wird sich eine gewisse Routine einstellen. Positiv betrachtet: Wir erhalten viel Kontrolle über den Rechner und ebenso viel Verständnis über dessen Funktionsweise, da wir Programme in sehr kleinen Schritten entwickeln.

2.4 Kommentare im Quellcode

Ein Programm zu schreiben, das der Compiler versteht, ist die eine Sache. Das Programm aber auch noch so zu schreiben, dass man es selbst versteht, insbesondere nach längerer Zeit, ist eine ganz andere. Daher ist eine Dokumentation nötig, nicht nur für den Anwender, sondern auch für den Programmierer selbst. Besonders, wenn man nicht allein entwickelt, sondern im Team, wollen Kollegen sicherlich wissen, was bestimmte Programmteile tun, und wie man sie für die eigene Arbeit nutzen kann. Die einfachste Möglichkeit einer solchen Dokumentation ist das Hinzufügen von Kommentaren direkt im Quellcode. Alles, was hinter einem Doppelslash steht, wird vom Compiler vor dem Übersetzen entfernt. Daher kann man beispielsweise auf die folgende Art eine einzelne Zeile kommentieren:

```
// Hier steht ein Kommentar
```

Der Kommentar kann als einzelne Zeile im Code stehen, oder am Ende einer Befehlszeile. Soll sich ein Kommentar über mehrere Zeilen erstrecken, um beispielsweise eine Beschreibung eines Algorithmus einzubauen, ist auch Folgendes zulässig:

```
/* Hier folgt nun eine längere Beschreibung,
 * welche über mehrere Zeilen geht.
 */
```

Generell gilt bei Kommentaren: Sie sollen eine Hilfestellung sein, den Code schneller zu verstehen. Schwer verständlichen Code zu schreiben und danach mit Kommentaren versuchen, das Verständnis zu retten, zeugt von schlechtem Stil. Denn wenn man einmal Änderungen am Code vornehmen muss, bringen einen die Kommentare auch nicht weiter. Der Quellcode selbst muss schon qualitativ hochwertig geschrieben werden. Kommentare erleichtern nur das Verständnis, besonders für einen Außenstehenden, der nur an der Funktionalität, aber nicht an der genauen Implementierung interessiert ist. Es muss auch nicht alles kommentiert werden. Die folgende Zeile

```
printf("Hallo Welt!"); // Hier wird der Text ausgegeben
```

bedarf keines Kommentars. Es ist unmittelbar klar, was `printf` tut.

2.5 Ein Rechenprogramm

Unser erstes Programm kann noch nicht viel. Es gibt nur eine Textzeile aus. Wir konnten damit zwar verstehen, wie der Prozess des Programmierens abläuft. Aber nun wollen wir den Computer auch einmal das tun lassen, was er am besten kann: Rechnen. Dazu betrachten wir das folgende Programmbeispiel:

i **Beispiel 2.2**

```c
#include <stdio.h>

int main()
{
    double radius, circumference, area;
    const double PI = 3.141592654;

    printf("Bitte den Radius eingeben: ");
    scanf("%lf", &radius);

    circumference = 2 * PI * radius;
    area = PI * radius * radius;

    printf("Umfang: %lf", circumference);
    printf("\n");
    printf("Flächeninhalt: %lf", area);
    printf("\n");

    return 0;
}
```

In diesem Beispiel soll der Umfang und Flächeninhalt eines Kreises berechnet werden. Es soll in erster Linie dazu dienen, ein „richtiges" Programm schreiben zu können, das auch in Interaktion mit dem Benutzer tritt. Gerade diese Interaktion ist allerdings schon ein fortgeschrittenes Kapitel, sodass wir hier noch nicht genauer darauf eingehen können. Versuchen Sie, erst einmal dem Ablauf des Programms zu folgen. Die Details werden in späteren Kapiteln noch besprochen. Das Programm beginnt mit der schon bekannten Einbindung der Bibliothek stdio.h. Auch die Funktion main kennen wir schon, daher schauen wir uns nun deren Inhalt an. Für die Berechnungen brauchen wir Variablen, welche die Zahlenwerte für Radius, Umfang und Fläche speichern. Diese sind Fließkommazahlen, daher werden sie mit dem Schlüsselwort double deklariert. Die Variablen heißen circumference, area und radius. Wir verwenden in unseren Programmen englische Bezeichnungen für Variablen. Im Deutschen kommen öfter auch Umlaute in den Namen vor, und diese sind in C verboten. Die Zahl PI ist eine mathematische Konstante, und da ihr Wert sich im Programmablauf nicht ändern darf, wird bei der Deklaration zusätzlich das Schlüsselwort `const` verwendet. Nach der Deklaration aller Variablen wird der Radius von der Kommandozeile eingelesen. Mit dem Befehl `printf` gibt man eine Textzeile auf dem Bildschirm aus, sodass der Anwender weiß, was von ihm nun erwartet wird. Nun folgt der Befehl `scanf`, welcher eine lange Fließkommazahl (`%lf`) als Eingabe erwartet und den von der Kommandozeile erhaltenen Wert in die Variable `radius` speichert. Die beiden folgenden Berechnungen sind wie jede mathematische Formel zu lesen. Danach folgt die Ausgabe der Ergebnisse auf dem Bildschirm. Hier wird `printf` in einer erweiterten Form eingesetzt. Die Variable, deren Wert ausgegeben werden soll, steht in der Klammer nach dem Komma, und dieser Wert wird an die Stelle eines Platzhalters geschrieben, der hier `%lf` heißt. Das ist wieder eine Formatierungsangabe für lange Fließkommazahlen.[4] Der Ausdruck `\n` bedeutet einen Zeilenumbruch. Ohne diese Angabe würde alles in eine Zeile geschrieben.

Implementieren wir dieses Programm einmal, übersetzen es und lassen es laufen. Dann sieht ein beispielhafter Aufruf wie folgt aus:

```
Bitte den Radius eingeben: 43.98
Umfang: 276.334490
Flächeninhalt: 6076.595432



------------------

(program exited with code: 0)
Press return to continue
```

Auch ohne die Innereien von `scanf` und `printf` schon verstanden zu haben, sind Sie nun in der Lage, ähnliche Berechnungsprogramme zu schreiben. Dafür finden Sie am Ende des Kapitels eine Übungsaufgabe.

2.6 Über den Umgang mit Warnungen und Fehlermeldungen

Unsere ersten Programme werden anstandslos übersetzt und liefern genau das Ergebnis, das wir uns erwünscht hatten. Das wird nicht immer so sein. Daher wollen wir jetzt bewusst einen Fehler einbauen, um die Reaktion des Compilers zu testen. Ein häufig auftretender Fehler ist das Vergessen eines Semikolons am Ende einer Befehlszeile. Lassen wir in unserem Programm 2.1 das Semikolon hinter dem Befehl `printf` einmal weg und versuchen, das Programm zu übersetzen. Dann erhalten wir folgende Fehlermeldung in der Ausgabezeile:

---

4 Tatsächlich hätte hier auch nur `%f` genügt. Beim Einlesen von Daten mittels `scanf` müssen wir jedoch die Unterscheidung treffen, und da es bei der Ausgabe keine Rolle spielt, haben wir aus Gründen der Einfachheit in beiden Fällen die gleiche Formatangabe verwendet.

Abb. 2.5: Geany weist nach dem Übersetzen ebenfalls auf den vom Compiler gefundenen Fehler hin.

```
hallo.c: In function 'main':
hallo.c:5:23: error: expected ';' before 'return'
    5 |   printf("Hallo Welt!")
      |                         ^
      |                         ;
    6 |   return 0;
      |   ~~~~~~
```

Solche Fehlermeldungen sind immer von oben nach unten zu lesen. Sie können sehr länglich werden, was noch kein Grund zur Besorgnis sein muss. Auch hier zieht ein einzelnes fehlendes Semikolon schon eine recht stattliche Meldung nach sich. Behebt man den Fehler, verschwindet dieser ganze Fehlertext auch wieder. Wir müssen nur verstehen, was uns der Compiler mitteilen will. Zuerst weist er auf die Datei hallo.c hin, und dann auf die darin befindliche Funktion main. Die zweite Zeile der Fehlermeldung zeigt den genauen Fundort des Problems: Zeile 5, Spalte 23. Hier findet der Compiler einen Fehler (error). Er erwartet ein Semikolon, bevor die nächste Anweisung, nämlich return folgt. Danach listet er die beiden Zeilen 5 und 6 noch einmal auf und deutet (etwas umständlich mit Hilfe von ASCII-Zeichen) auf die Stelle hin, wo seiner Meinung nach das Semikolon fehlt. Fügen wir danach das Semikolon wieder ein, wie vom Compiler gefordert, verschwindet die Meldung natürlich. Unsere IDE zeigt uns nach dem Übersetzen den vom Compiler gefundenen Fehler übrigens auch an. In Abb. 2.5 sieht man, dass die fehlerhafte Zeile unterstrichen wird. Manche IDEs sind auch in der Lage, dies ohne die Mitwirkung des Compilers gleich beim Schreiben des Quellcodes zu erkennen.

Fehlermeldungen bedeuten, dass keine Binärdatei erzeugt werden konnte. Die zweite Art von Meldungen sind Warnungen. Der Compiler weist dann auf ein Problem hin, das er selbst in den Griff bekommen konnte. Es hindert ihn also nicht daran, das Programm zu übersetzen. Solche Warnungen sollte man aber nicht ignorieren. Manchmal findet der Compiler nämlich auch Lösungen, die der Programmierer so gar nicht haben wollte. Im Extremfall kann das bedeuten, dass ein Programm zwar läuft, aber falsche Ergebnisse liefert. Damit wird aus einer Warnung also im Sinne des Programmierers wieder ein Fehler, und zwar ein solcher, der besonders schwer zu finden ist. Denn falsche (oder etwas ungenaue) Berechnungsergebnisse fallen erst im

Betrieb auf und müssen meist mühsam reproduziert werden, bevor man die eigentliche Fehlerquelle isolieren kann. Daher gilt die Regel: Schreibt man ein Programm für den Produktivbetrieb, müssen alle im Übersetzungsprozess auftretenden Warnungen überprüft werden. Im Idealfall sind die Quellen der Warnungen so abzuändern, dass die Übersetzung ohne weitere Meldungen des Compilers ablaufen kann.

Um Fehlerquellen beim Programmieren möglichst schnell eingrenzen zu können, empfiehlt es sich, häufig zu übersetzen. Wenn man 100 Zeilen ohne zu übersetzen geschrieben hat, können darin schon sehr viele Fehler stecken. Daher ist häufiges Testen des eigenen Quellcodes sehr wichtig für dessen Qualität. Den gesamten Prozess der Fehlerentdeckung und -beseitigung nennt man Debugging. Dazu gehört noch viel mehr, beispielsweise das Auffinden von Speicherlecks. Hierzu mehr in Kapitel 7.

Aufgaben

Aufgabe 2.1. *Kegelvolumen*
Erweitern Sie das Programm 2.2 so, dass es den Radius und die Höhe eines Kegels einliest und dann dessen Volumen berechnet und ausgibt. Hinweis: Als Formel für das Volumen verwenden Sie bitte (noch)
$V = 0.3333333 \cdot h \cdot 3.141592654 \cdot r^2$.

Aufgabe 2.2. *Programmierfehler*
Welche Fehler verbergen sich im folgenden Programm?

```
#include <stdio.h>

int Main()
{
    printf("Hier war der Fehlerteufel am Werk...")
    return;
}
```

3 Variablen und Datentypen

Ein laufendes Programm muss ständig auf Daten im Arbeitsspeicher zugreifen, und dafür verwendet man in einem Programm Variablen. Verschiedene Arten von Daten werden im Speicher unterschiedlich gespeichert, sodass man einer Variable auch einen Datentyp zuordnen muss. Sonst lassen sich die Bitmuster im Speicher nicht interpretieren. In diesem Kapitel werden wir lernen, wie man mit Variablen umgeht und welche elementaren Typen existieren.

3.1 Deklaration von Variablen

Zuerst wollen wir uns mit Daten befassen, die sich während des Ablaufs eines Programms verändern können, es geht also um Variablen im eigentlichen Sinn. Daneben gibt es aber auch Daten, die sich nicht verändern dürfen, auf die man aber ebenfalls mit Hilfe von Platzhaltern zugreifen möchte. Wie man dem Compiler deutlich macht, wann Daten verändert werden können und wann nicht, werden wir daher ebenfalls klären müssen.

3.1.1 Variable im wörtlichen Sinn

Eine Variable dient also dazu, um auf die im Arbeitsspeicher liegenden Daten zugreifen zu können. Sie ist gewissermaßen ein Name für einen Ort, wo der Computer die Daten findet. Um eine Variable nutzen zu können, muss man dem Compiler zuerst einmal erklären, welche Variablen es gibt. Eine solche Erklärung nennt man Deklaration. Um beispielsweise zu deklarieren, dass die Variable radius eine Fließkommazahl repräsentiert, schreibt man:

```
float radius;
```

Das Schlüsselwort float steht vor dem Namen der Variable und legt den Typ der Zahl fest. In diesem Fall eine Fließkommazahl mit einer bestimmten Genauigkeit (wir listen die verschiedenen Möglichkeiten weiter unten auf). Das Semikolon am Ende dürfen wir nicht vergessen. Nachdem der Compiler nun also weiß, dass sich hinter der Abkürzung radius eine Fließkommazahl verbirgt, kann man damit arbeiten, beispielsweise einen Wert hinterlegen. Die Schreibweise ist die gleiche wie in der Mathematik:

```
radius = 7.2;
```

Auch diese Zeile muss natürlich mit einem Semikolon abgeschlossen werden. Fließkommazahlen dürfen entgegen der deutschen Namensgebung kein Komma beinhalten,

https://doi.org/10.1515/9783110486292-004

statt dessen wird ein Punkt verwendet (im Englischen heißt es daher floating point number). Ob man eine Variable groß oder klein deklariert, ist für den Compiler egal. Nach der Deklaration muss man dann nur die Schreibweise beibehalten.

Was geschieht aber hinter den Kulissen? Eine Deklaration weist den Compiler an, eine bestimmte Menge Speicher zu reservieren, denn irgendwo muss der Wert ja letztlich gespeichert werden. Wie viel das ist, hängt vom Typ der Variable ab. Nach der Deklaration gibt es im Arbeitsspeicher also einen mehr oder weniger großen Bereich, in dem die Daten liegen, auf die man über Platzhalter wie `radius` zugreift. Die Verwendung von Namen ist also eine sehr praktische Möglichkeit, den Speicher zu organisieren. Die gesamte komplizierte Verwaltung der einzelnen Speicherstellen bleibt für uns verborgen[5] und wir können statt dessen mit sprechenden Bezeichnungen die Lesbarkeit deutlich erhöhen. Nun drängt sich die Frage auf, was denn eigentlich im Speicher liegt, wenn eine Variable nur deklariert wurde, also ohne eine nachfolgende Wertzuweisung. Das können wir mit dem folgenden Programm ganz einfach testen.

Beispiel 3.1

```
#include <stdio.h>

int main()
{
    float radius;
    printf("Der Radius hat den Wert %f\n", radius);
    return 0;
}
```

Beim Übersetzen werden wir vom Compiler gewarnt, dass die Variable `radius` nicht initialisiert, also kein Wert festgelegt wurde:

```
declarationOnly.c: In function 'main':
declarationOnly.c:6:4: warning: 'radius' is used uninitialized
in this function [-Wuninitialized]
    6 |    printf("Der Radius hat den Wert %f", radius);
      |    ^~~~~~~~~~~~~~~~~~~~~~~~~~~~~~~~~~~~~~~~~~~~~~~
```

Der Compiler erkennt also das Problem: Wenn eine Variable nur deklariert wurde, existiert im Speicher zwar eine Stelle, an der die Daten liegen (in diesem Fall also ein Zahlenwert). Da an einer Speicherstelle aber immer irgend eine Folge von 0 und 1 vorhanden ist, sind also auf jeden Fall Daten vorhanden. Diese können von einem anderen Programm dort hinterlegt worden sein, oder der Speicherplatz wurde beim

---

5 Wir haben aber in C immer noch die Möglichkeit, ganz nah an der Hardware mit Speicheradressen zu arbeiten, wenn wir das denn wollen, siehe hierzu das Kapitel 6.

Hochfahren des Computers mit zufälligen Bits initialisiert. Auf jeden Fall kann dort nicht „nichts" stehen. Und diese uns unbekannten und von uns nicht definierten Daten wollen wir nun auslesen. Völlig zurecht warnt uns also der Compiler, dass wir unter Umständen mit Daten hantieren, welche völlig zufällige Ergebnisse zur Folge haben können. Achtung: Der Compiler kann das Programm übersetzen und es ist lauffähig. Die Ausgabe lautet:

```
Der Radius hat den Wert 0.000000
```

Für den Compiler ist es nicht entscheidbar, ob der Programmierer dieses Resultat als sinnvoll erachtet. Daher bricht er den Übersetzungsprozess auch nicht mit einem Fehler ab, sondern erstellt ein lauffähiges Programm, das je nach Betrachtung Unsinn ausgibt. Die Warnung ist aber auf jeden Fall hilfreich. Denn wir können nun bewusst einen Wert für die Variable radius festlegen. Natürlich ist 0.0 eine Möglichkeit. Je nach Programmablauf könnte aber auch jeder andere Standardwert sinnvoll sein. Und hierin liegt der Unterschied zwischen einer Deklaration und einer Initialisierung: Beim Deklarieren wird nur die Erklärung abgegeben, dass es von nun an eine Variable mit einem bestimmten Namen geben soll. Der Compiler wird daraufhin den nötigen Speicher reservieren. Beim Initialisieren wird zusätzlich aktiv ein bestimmter Wert an diesen Speicherplatz geschrieben. Je nach Geschmack kann man dies in einer oder in zwei Zeilen machen:

```
float a;  // Jetzt ist die Variable a dem Compiler
          // als Fließkommazahl bekannt
a = 1.67; // Und hier wird dieser Variable ein Wert zugewiesen.

float b = 9.2; // Deklaration und Initialisierung in einer Zeile
```

Um unerwartetes Verhalten des Programms zu vermeiden, sollte man sich also an folgende Regel halten:

! Jede Variable sollte nach dem Deklarieren mit einem Standardwert initialisiert werden.

Neben der schon besprochenen Möglichkeit, Variablen zu deklarieren oder zu initialisieren, gibt es auch noch folgende Schreibweisen:

```
float x = 2.5, y = 7.1; // Das Komma besagt, dass noch eine
                        // weitere Fließkommazahl
                        // initialisiert wird
float z = x; // noch eine Fließkommazahl z,
             // welche den Wert von x besitzt
```

Zur ersten dieser beiden Schreibweisen sei noch ergänzt, dass die folgende Deklaration vom Compiler mit einer Fehlermeldung quittiert wird:

```
float x, float y; // Hier wird sich der Compiler beschweren
```

3.1.2 Konstanten

Der Inhalt einer Variablen kann während des Programmablaufs beliebig oft verändert werden. Es kann aber sinnvoll sein, so etwas nicht zuzulassen. Beispielsweise gibt es Zahlenwerte, die immer gleich sind, wie etwa die Zahl π. Deren Wert darf nur einmal definiert werden, danach soll es im Programm nicht mehr möglich sein, den Wert zu verändern. Um sicher zu gehen, dass ein Programmierer dies auch nicht ungewollt tut, kann man bei der Deklaration das Schlüsselwort const vor den Datentyp schreiben:

```
const float PI = 3.1415926;
```

Nun weiß der Compiler, dass die Variable PI einen festen Wert haben wird. Dieser muss bei der Deklaration gleich angegeben werden. Eine reine Deklaration und anschließende Initialisierung in einer neuen Zeile widerspräche dem Konzept einer Konstante. Folgende Zeilen werden beim Übersetzen einen Fehler erzeugen:

```
const float E = 2.7182818; // E ist jetzt als unveränderlich
                           // initialisiert
E = 2.7182818; // Fehler: Veränderung einer initialisierten
               // Konstante

const float G; // Deklaration ohne Wertzuweisung
G = 9.81;      // G ist konstant, Zuweisung nicht mehr möglich
```

Das Konzept von Konstanten wird also als ein Hilfsmittel für den Programmierer eingeführt, um Fehler zu vermeiden. Es ist nicht nötig, eine Variable mit dem Schlüsselwort const zu versehen. Dies führt nur dazu, dass der Compiler beim Übersetzen aufpasst, ob der Variable an irgend einer Stelle nochmal ein Wert zugewiesen wird. Allerdings ist es doch sehr hilfreich, eine solche Möglichkeit auch zu nutzen, gerade bei der Arbeit in Teams.

3.1.3 Literale

Die im letzten Abschnitt vorgestellten Konstanten sind im eigentlichen Sinne Variablen, denen man jedoch nur einmal einen Wert zuweisen darf. Sie stellen Platzhalter dar, also Bezeichnungen, hinter denen sich ein Wert verbirgt. Dies nennt man auch symbolische

Konstante. Daneben existieren aber auch noch Konstante im eigentlichen Sinne, also die reinen Werte ohne Platzhalter. Beispielsweise ist 3.14 eine solche Konstante. Sie besitzt immer den gleichen Wert, ist also im eigentlichen Sinne konstant. Man nennt diese Art von Konstante ein Literal. Für den Compiler bedeutet das auch, dass er ein Literal schon bei der Übersetzung auswerten kann (der Wert steht ja schon da). Eine symbolische Konstante hingegen muss er erst auflösen.

Nun könnte der Fall eintreten, dass ein bestimmtes Literal öfter im Programm verwendet wird, sagen wir das Literal 3. Weiterhin soll dieses Literal an bestimmten Stellen im Programm eine Dimension beschreiben. An anderen Stellen soll 3 jedoch etwas anderes bedeuten. Um nun aber als Programmierer einen Unterschied ausmachen zu können, wäre es wünschenswert, wenn statt der einen 3 doch ein Symbol stehen könnte. Will (oder kann) man keine symbolische Konstante verwenden, so besteht noch die Möglichkeit, mit Hilfe der Anweisung #define ein Literal zu definieren, welches dennoch ein Symbol erhält. Wie ist das möglich? Zunächst einmal schauen wir uns die Syntax an. Noch vor der Funktion main schreibt man:

```
#define DIMENSION 3
```

Der Compiler liest eine solche Anweisung nicht als Zuweisung des Wertes 3 zur Konstante DIMENSION, vielmehr ersetzt er vor dem eigentlichen Übersetzungsprozess überall im Programm das Symbol DIMENSION durch das Literal 3. Das ist genau was wir erreichen wollten. Während wir programmieren, können wir ein Symbol verwenden, was das Programm leichter verständlich hält. Gleichzeitig wird der Compiler beim Übersetzen mit einem Literal und nicht mit einem Symbol konfrontiert. Sollte sich die Dimension einmal ändern, kann man das durch Austausch eines Wertes an einer einzigen Stelle im Programm auch leicht bewerkstelligen. Und es gibt Fälle, in denen eine symbolische Konstante nicht zulässig ist. Wir werden uns solche Beispiele in Kapitel 5 und 7 ansehen.

Zu beachten ist bei der Verwendung von #define außerdem, dass kein Datentyp angegeben wird. Das ist logisch, da der Compiler ja nur jedes Auftreten des Symbols durch das Literal ersetzt. Der Datentyp kommt also erst an der Stelle zum Einsatz, wo das Literal benötigt wird, und um die korrekte Verwendung des jeweiligen Typs muss sich der Programmierer kümmern, dazu mehr im Abschnitt 3.2. Da #define vor der eigentlichen Übersetzung ausgewertet wird, nennt man dies auch eine Präprozessoranweisung. Auch #include gehört in diese Kategorie. Eine weitere Diskussion verschieben wir aber auf später.

3.1.4 Namen von Variablen

Der Programmierer ist in C sehr frei, was die Benennung von Variablen angeht. Ein Variablenname kann aus Zahlen, Buchstaben und Unterstrichen bestehen. Sonderzei-

chen und Umlaute sind hingegen nicht erlaubt. Außerdem darf ein Name nicht mit
einer Zahl beginnen und auch keine Leerzeichen enthalten. Groß- und Kleinschreibung
wird unterschieden, die Länge eines Namens ist nicht begrenzt.

Allerdings gibt es Konventionen, wie man Variablen auch sinnvoll benennt. In
diesem Buch werden Namen aus englischen Begriffen zusammengesetzt, um insbesondere das Problem mit Umlauten zu umgehen. Man kann zwar „ä" durch „ae" ersetzen,
darunter leidet jedoch die Lesbarkeit. Namen sollten sprechend sein, sodass man beim
Lesen den Zweck einer Variable leicht erkennen kann. Außerdem sollten Namen mit
einem Kleinbuchstaben beginnen. Eine Ausnahme bilden die Konstanten, die üblicherweise vollständig in Großbuchstaben geschrieben werden. Damit erkennt man beim
Lesen auch abseits der Deklaration, ob man den Wert der Variable ändern darf, oder
nicht. Ein paar Beispiele für richtige und falsche Namen zeigt die folgende Tabelle:

Tab. 3.1: Gute, weniger gute und falsche Namen für Variablen.

Name	Bewertung
numberOfCustomers	Syntaktisch richtig und Bedeutung unmittelbar klar
i	Syntaktisch richtig, Bedeutung nicht unmittelbar klar, meist Zählvariable
my Variable	Syntaktisch falsch, da Leerzeichen im Namen
PI	Syntaktisch richtig, Großbuchstaben lassen auf Konstante schließen
_width	Syntaktisch richtig, Namen sollen aber nicht mit Unterstrichen beginnen
bit-count	Syntaktisch falsch wegen Minuszeichen

Regeln für Variablennamen sind nicht unumstößlich und es mag abweichend von dieser
Auflistung projektspezifisch andere Konventionen geben. Wichtig ist vor allem, sich in
einem Team an solche gemeinsamen Regeln zu halten, weil dies die Verständlichkeit
des Quellcodes und damit seine Qualität wesentlich erhöht.

3.2 Datentypen

In der Mathematik gibt es verschiedene Zahlenmengen. Die erste solcher Mengen,
die man kennenlernt, ist die Menge der natürlichen Zahlen. Das sind ganze Zahlen,
die auch noch größer als Null sind. Danach wird man die negativen Zahlen hinzufügen und schließlich die rationalen und die reellen Zahlen. Letztere schließen alle
anderen erwähnten Zahlen mit ein. Jede ganze Zahl ist also automatisch auch eine
reelle Zahl. Dennoch unterteilt man die auf dem Zahlenstrahl vorkommenden Zahlen in verschiedene Typen und spricht nicht nur von reellen Zahlen. Und genauso,
wie es in der Mathematik unterschiedliche Zahlentypen gibt, hat man auch in C die
Möglichkeit, Zahlen zu kategorisieren. Einen Typ haben wir schon kennengelernt:
Fließkommazahlen. Daneben gibt es auch in C Typen für natürliche und für ganze Zah-

len. Eine Unterscheidung zwischen rationalen und irrationalen Zahlen ist allerdings nicht möglich. Erinnern wir uns an die Zahlendarstellungen aus Abschnitt 1.1. Der Computer speichert Zahlen binär ab, wobei ihm Register einer bestimmten Länge zur Verfügung stehen. Um ein Register der Länge 32 Bit mit Nullen und Einsen zu füllen, hat man insgesamt 2^{32} = 4294967296 Möglichkeiten. Damit ist die Anzahl der Zahlen, die sich mit 32 Bit darstellen lassen, begrenzt. Auf dem Zahlenstrahl gibt es aber unendlich viele Zahlen (sowohl rationale als auch irrationale). Im Speicher des Computers kann man also nur einen endlichen Teil aller möglichen Zahlen abbilden. Beim Typ Fließkommazahl äußert sich das ganz praktisch darin, dass nur eine bestimmte Anzahl von Nachkommastellen gespeichert werden kann. Sowohl die rationale Zahl 1/3 als auch die irrationale Zahl $\sqrt{2}$ besitzen in der Dezimaldarstellung unendlich viele Nachkommastellen, und mit der zur Verfügung stehenden endlichen Zahl von Nachkommastellen werden beide Zahlentypen reduziert auf einen, welchen wir bisher float genannt haben.

Bei den natürlichen und ganzen Zahlen haben wir ebenfalls das Problem, nicht alle möglichen Zahlen aus diesen Mengen im Speicher darstellen zu können. Es gibt in C aber einen Typ für ganze Zahlen, welcher positive und negative Zahlen umfasst, und auch einen Typ für positive Zahlen einschließlich Null. Eine ganze Zahl (ein Integer) wird wie folgt deklariert:

```
int a;
```

Mit der Deklaration werden im Speicher 32 Bit reserviert, also 4 Byte.[6] Die insgesamt möglichen 4294967296 Werte teilen sich fast hälftig auf den negativen und positiven Bereich auf. Der Zahlenbereich von int erstreckt sich von −2147483648 bis +2147483647. Damit hat man sicher sehr viele Zahlen zum Rechnen zur Verfügung, sollte sich aber der Grenzen bewusst sein.

Eine positive ganze Zahl der Länge 32 Bit kann genauso viele Werte annehmen wie eine ganze Zahl, da aber das Vorzeichen entfällt, erstreckt sich der Zahlenbereich von 0 bis 4294967295. Die Deklaration dafür lautet:

```
unsigned int a;
```

Syntaktisch wird durch den Zusatz unsigned festgelegt, dass die Zahl kein Vorzeichen enthält. Möchte man den Zahlenbereich über die bisher möglichen Zahlen hinaus erweitern, muss die Registergröße im Speicher angepasst werden. Das geschieht mit einem anderen Zusatz:

---

6 Die genaue Größe hängt von der Rechnerarchitektur ab. Die hier vorgestellten Zahlen treffen auf die heute üblichen 64-Bit-Architekturen im Desktop-Bereich zu. Wie man den auf einem gegebenen Rechner genutzten Speicher bestimmt, wird weiter unten besprochen.

```
long int a;
```

Die Speichergröße einer solchen Variablen beträgt 64 Bit, und die möglichen Zahlen erstrecken sich folglich von -2^{63} bis $2^{63} - 1$. Doch nicht immer ist ein möglichst großer Zahlenbereich erwünscht. Es sind Anwendungen denkbar, welche nur einen sehr kleinen Zahlenbereich benötigen. Beispielsweise sind Audiodaten in CD-Qualität nur mit 16 Bit großen Zahlen abgespeichert. Und warum mehr Speicher reservieren, als man benötigt? Eine derart kleine ganze Zahl wird wie folgt deklariert:

```
short int a;
```

Der Zahlenbereich erstreckt sich von -32768 bis 32767. Setzt man noch das Schlüsselwort `unsigned` davor (gilt sowohl bei `short int` als auch bei `long int`), erhält man wie oben nur positive Zahlen.

Möchte man sichergehen, einen Datentyp für ganze Zahlen ohne Vorzeichen zu verwenden, der sicher auch die größte mögliche Zahl auf einer bestimmten Architektur darstellen kann, nutzt man den Typ `size_t`. Dieser ist mindestens 16 Bit groß, und da er sich der Architektur anpasst, kann damit beispielsweise ein Überlauf bei größeren Schleifen vermieden werden. Um diesen Datentyp zu verwenden, muss man aber den Header `stdlib.h` einbinden.

Neben den ganzen Zahlen (ob mit oder ohne Vorzeichen) haben wir anfangs schon die Fließkommazahlen kennengelernt. Wie erwähnt, werden damit reelle Zahlen mit einer bestimmten Genauigkeit, das heißt mit einer bestimmten Anzahl von Ziffern, dargestellt. Beim Typ `float` sind das insgesamt 8 gültige Ziffern, eine Zahl dieses Typs belegt 32 Bit im Speicher. Eine doppelt so große Genauigkeit erreicht man mit folgender Deklaration:

```
double x;
```

Die Zahl der Ziffern beträgt 16, und die Variable belegt 64 Bit im Speicher. Während ein `float` Zahlen im Bereich $\pm 3.4 \cdot 10^{38}$ erfasst, geht es bei `double` um $\pm 1.7 \cdot 10^{308}$.

Doch wann verwendet man nun welchen Typ? Ein `double` bietet einen riesigen Zahlenbereich an, man könnte doch nun für jede Art von Rechnung Variablen von diesem einen Typ verwenden. Doch das ist keine gute Praxis, es kann sogar zu unerwarteten Schwierigkeiten kommen. Eine allgemeingültige Regel können wir hier nicht angeben, man kann sich aber ein wenig an der Mathematik orientieren: Die Operationen Addition, Subtraktion und Multiplikation sind innerhalb der ganzen Zahlen möglich, die Division hingegen erfordert den Übergang auf rationale Zahlen. Verrechnet man also nur ganze Zahlen mit einer der ersten drei Operationen, so kann man die Variablen vom Typ `int` deklarieren. Eine Division erfordert unter Umständen `float` oder `double`. Und beim Vergleich zweier Zahlen werden wir noch sehen, dass die ganzen Zahlen unkritisch sind, bei Fließkommazahlen aber Überraschungen auftreten

Tab. 3.2: Zusammenstellung verschiedener Datentypen für die Darstellung von Zahlen und Zeichen.

Datentyp:	Speichergröße	Wertebereich
short int	16 Bit	$-32768\ldots32767$
unsigned short int	16 Bit	$0\ldots65535$
int	32 Bit	$-2147483648\cdots-2147483647$
unsigned int	32 Bit	$0\ldots4294967295$
long int	64 Bit	$-2^{63}\ldots2^{63}-1$
unsigned long int	64 Bit	$0\ldots2^{64}-1$
size_t	≥16 Bit	$0\ldots$
char, unsigned char	8 Bit	$0\ldots255$
signed char	8 Bit	$-128\ldots127$
float	32 Bit	$\pm3.4\cdot10^{38}$
double	64 Bit	$\pm1.7\cdot10^{308}$
bool	8 Bit	true oder false

können. Für welche Genauigkeit man sich entscheidet, hängt von der Problemstellung ab, die mit dem Programm gelöst werden soll. Man kann sicherheitshalber immer den größtmöglichen Zahlenbereich wählen, unter Umständen muss man sich aber um die Speicherauslastung Gedanken machen.

Einen Datentyp, der ebenfalls für Zahlen verwendet werden kann, haben wir noch nicht kennengelernt: char. Dieser Typ belegt im Speicher 1 Byte und kann daher insgesamt 256 Werte darstellen. Wie der Name (Character) impliziert, werden damit Variablen deklariert, die nicht Zahlen, sondern Zeichen speichern, also Buchstaben, die 10 Ziffern und Sonderzeichen. In der sogenannten ASCII-Tabelle stehen genau 256 solcher Zeichen, und jedes ist mit einer Nummer versehen. Vor diesem Hintergrund ist es also nur eine Frage, was man mit dem Zahlenwert anfängt. Rechnet man damit wie mit anderen Zahlen auch oder interpretiert man die Zahl als ein Zeichen, das man auf dem Bildschirm darstellen will? Beides ist möglich, und dieses „Interpretieren" des Speicherinhalts soll im Abschnitt 3.3 besprochen werden. Um einen Character zu definieren, nutzt man Hochkommata, keine Anführungszeichen:

```
char c = 'a';
```

Übrigens lässt sich natürlich auch eine Variable des Typs char als Konstante deklarieren. Der Ausdruck 'a' selbst ist, wie oben beschrieben, ein Literal.

Zuletzt stellen wir noch den Typ bool vor, der nicht für die Verarbeitung von Zahlenwerten genutzt wird, sondern für logische Operationen. Variablen dieses Typs können nur zwei Werte annehmen, wahr oder falsch. Man nennt sie auch Wahrheitswerte, und in C heißen sie true und false. Damit der Compiler den Typ bool kennt, muss man aber den Header stdbool.h einbinden.

Der Datentyp `bool` kann als einziger elementarer Typ erst verwendet werden, wenn die Header-Datei `stdbool.h` eingebunden wird. Das gilt damit auch für die beiden Werte `true` und `false`.

Die bisher besprochenen Datentypen sind in Tabelle 3.2 zusammengestellt. Der jeweils nötige Speicher ist nicht auf jedem System gleich. Um eine definitive Aussage zu erhalten, kann man den Speicherbedarf innerhalb eines Programms abfragen. Dazu gibt es in C eine Funktionalität mit dem Namen `sizeof`. Sie liefert als Ergebnis die Speichergröße einer Variablen oder eines Datentyps in Byte zurück. Schauen wir uns die Verwendung im folgenden Programm an.

Beispiel 3.2

```c
#include <stdio.h>
#include <stdbool.h>
#include <stdlib.h>

int main()
{
    printf("short int: %ld\n", sizeof(short int));
    printf("      int: %ld\n", sizeof(int));
    printf(" long int: %ld\n", sizeof(long int));
    printf("   size_t: %ld\n", sizeof(size_t));
    printf("     char: %ld\n", sizeof(char));
    printf("    float: %ld\n", sizeof(float));
    printf("   double: %ld\n", sizeof(double));
    printf("     bool: %ld\n", sizeof(bool));

    return 0;
}
```

Wie bisher üblich benötigen wir den Header `stdio.h` für die Deklaration unserer Ausgabefunktion `printf`. Außerdem wurde `stdbool.h` wegen der Datentyps `bool` verwendet. In der Funktion `main` wird nun der Operator `sizeof` auf die verschiedenen Datentypen angewendet, wobei er jeweils die nötige Speichergröße in Byte als Ergebnis zurückgibt. Dieses Ergebnis wird mittels `printf` auf dem Bildschirm ausgegeben. Das Formatierungszeichen `%ld` bedeutet, dass eine lange Ganzzahl auf der Konsole ausgegeben werden soll. Näheres folgt in Kapitel 8. Die Ausgabe dieses Programms sieht wie folgt aus:

```
short int: 2
      int: 4
 long int: 8
   size_t: 8
```

```
  char: 1
 float: 4
double: 8
  bool: 1
```

Der Rückgabewert von `sizeof` besitzt übrigens den Typ `size_t`, und wir haben in unserem Beispiel sogar die Größe von `size_t` selbst (auf einem 64 Bit-System) in Erfahrung gebracht. Statt eines Datentyps kann man auch eine Variable an `sizeof` übergeben. Insbesondere bei selbst definierten Datentypen und Feldern wird die Verwendung dieses Operators noch von Nutzen sein, da die Größe solcher Daten vor dem Programmstart unter Umständen noch nicht bekannt ist.

3.3 Typumwandlungen

Im Folgenden wird es darum gehen, wie der Computer Daten an einer bestimmten Stelle im Arbeitsspeicher interpretiert. Nehmen wir als Beispiel folgendes Bitmuster im Speicher: 1010100011101001. Es handelt sich um Daten von 16 Bit. Man kann dies als eine positive ganze Zahl ansehen, also als Typ `unsigned short int`. Ebenso ist aber auch eine vorzeichenbehaftete Zahl möglich, `short int`. Die Ergebnisse sind vollkommen unterschiedlich, da das MSB 1 ist; als `short int` gedeutet ergibt sich also eine negative Zahl, als `unsigned short int` eine positive Zahl oberhalb von 32767. Wandelt man das genannte Bitmuster etwas ab, indem man das MSB umdreht, so wird daraus 0010100011101001. Ob man dies nun als `short int` oder `unsigned short int` betrachtet, läuft auf das gleiche Ergebnis hinaus. Wir bewegen uns in einem Bereich, den beide Datentypen abdecken. Als Programmcode geschrieben sind also folgende Zeilen gleichbedeutend:

```
unsigned short int a = 10473;
short int b = 10473;
```

Sowohl an der Speicherstelle von `a` als auch bei `b` steht jetzt dasselbe Bitmuster 0010100011101001. In C ist es nun möglich, den Wert einer Variablen einer anderen Variablen zuzuweisen, auch wenn deren Typen nicht die gleichen sind. Folgendes ist also für den Compiler eine gültige Anweisung:

```
unsigned short int a = 10473;
short int b = a;
```

Obwohl die beiden Datentypen nicht gleich sind, gelingt die Zuweisung. Man nennt einen solchen Vorgang eine implizite Typumwandlung. Das bedeutet, dass der Compiler ohne explizite Anweisung Daten des einen Typs nach Möglichkeit passend in das

Datenformat des anderen Typs verwandelt. Dabei bedeutet „nach Möglichkeit", dass man nicht immer Erfolg haben wird, wie das folgende Beispiel zeigt:

```
unsigned short int = 43241;
short int b = a;
```

Die Zahl 43241 liegt außerhalb des Darstellungsbereichs von `short int`. Der Compiler wird keinen Fehler und auch keine Warnung werfen. Stillschweigend erhält die Variable b nun den Wert -22295. Das ist vollkommen richtig, auch wenn es vielleicht nicht den Erwartungen entspricht. Es zeigt uns zwei Dinge: Zum einen müssen wir grundsätzlich darauf achten, nicht über den zulässigen Bereich eines Typs hinauszulaufen. Ein solcher Überlauf würde sonst erst im Programmbetrieb auffallen, wenn überhaupt. Zum anderen können unterschiedliche Typen auch unterschiedliche Wertebereiche abbilden, und somit sind auch hier Überläufe oder Ungenauigkeiten möglich. Am folgenden Beispiel kann man das ebenfalls gut nachvollziehen:

```
float a = 3.14;
int b = a;
```

Die Zahl a enthält keinen ganzzahligen Wert, b kann aber nur ganze Zahlen speichern. Daher muss der Compiler nun den ganzzahligen Anteil von a herausschneiden und b zuweisen. Die Nachkommastellen gehen bei dieser Typumwandlung zwangsweise verloren, die Datentypen sind inkompatibel. Aber auch der umgekehrte Fall ist möglich, von int nach `float`:

```
int x = 7;
float y = x;
```

In diesem Fall geht keine Genauigkeit verloren, da `float` auch die Werte von int abdeckt. Die Typen sind in dieser Richtung der Umwandlung kompatibel. Der Programmierer kann den Compiler aber auch explizit anweisen, eine Umwandlung vorzunehmen. Dies geschieht mit Hilfe der folgenden Syntax:

```
int x = 7;
float y = (float) x;
```

Der in Klammern vorangestellte Datentyp weist den Compiler an, die Daten bei x vom Typ int zum Typ `float` umzudeuten.

Wir werden mit Typumwandlungen insbesondere bei der dynamischen Speicherverwaltung in Kontakt kommen, siehe dazu Kapitel 7.

3.3.1 Enumerations

Eine Enumeration ist eine Aufzählung. Sie dient in C dazu, statt der Nennung einer ganzen Zahl ein Wort zu schreiben, hinter dem sich dieser Zahlenwert verbirgt. Das klingt zunächst nach den uns schon bekannten Konstanten. Eine Enumeration geht jedoch über das Konzept von Konstanten hinaus, da sie selbst einen Datentyp darstellt. Schauen wir uns die Definition einer Enumeration an einem Beispiel an:

```
enum {SUCCESS, MAX_ITERATIONS_REACHED,
     INITIALISATION_FAILED};
```

Mit dieser Zeile werden drei Konstanten definiert. In der angegebenen Reihenfolge haben sie die Werte 0, 1 und 2. Die Namen der Konstanten wurden so gewählt, dass sie beispielsweise den Zustand eines Lösungsalgorithmus für ein bestimmtes mathematisches Problem beschreiben, wenn dieser mit seiner Arbeit fertig ist. Der Vorteil liegt auf der Hand: Statt verschiedene Werte interpretieren zu müssen, hat man sprechende Namen vor sich, die für jeden Programmierer aus diesem Feld eine klare Bedeutung besitzen. Soweit hätte man das aber auch noch mit Konstanten umsetzen können. Die Aufzählung ist jedoch, wie erwähnt, selbst ein Datentyp, und von einem Datentyp lassen sich Variablen ableiten:

```
enum SolverStatus {SUCCESS, MAX_ITERATIONS_REACHED,
                   INITIALISATION_FAILED};
enum SolverStatus status = SUCCESS;
```

In der ersten Zeile wird der Datentyp `SolverStatus` samt seiner möglichen Werte definiert. Im Gegensatz zur Deklaration von Variablen der schon bekannten Typen muss bei der Deklaration einer Aufzählungsvariable das Schlüsselwort `enum` in C immer noch mitgeführt werden.[7] Die Variable `status` hat damit nun einen Typ und einen Wert aus dem Bereich des davor definierten Datentyps. Bedenken wir aber, dass sich hinter SUCCESS eigentlich nur der Zahlenwert 0 verbirgt. Fließkommazahlen sind bei Aufzählungen nicht zulässig. Man hat aber die Möglichkeit, konkrete ganze Zahlenwerte vorzugeben:

```
enum Month {JAN = 1, FEB, MAR = 3};
```

Hinter JAN verbirgt sich nun die ganze Zahl 1, danach wird in der Aufzählung aufsteigend weiter nummeriert, sodass FEB den Wert 2 erhält. MAR wurde wieder explizit mit einem Wert versehen. Da es sich hinter den Werten eines Aufzählungstyps letztlich nur um ganze Zahlen handelt, ist leider auch folgende Konstruktion möglich:

---

7 In C++ wird dieser Umstand beseitigt. Hier könnte auf das Schlüsselwort enum verzichtet werden.

```
enum SolverStatus {SUCCESS, MAX_ITERATIONS_REACHED,
                   INITIALISATION_FAILED};
enum Month {JAN = 1, FEB, MAR = 3};
enum SolverStatus status = FEB; // korrekt, aber schlechter Stil
```

Der Wert FEB hat nichts mit der Bedeutung der Variable status zu tun. Die Zuweisung ist nur möglich, weil SolverStatus ein Alias für ganze Zahlen ist[8] und sich hinter FEB auch nur eine ganze Zahl versteckt. Man sollte als Programmierer aber darauf achten, solche Kollisionen hinsichtlich der Bedeutung zu vermeiden.

3.4 Gültigkeitsbereiche

3.4.1 Scopes

In einem C-Programm können an verschiedenen Stellen Variablen definiert werden. Das bedeutet aber nicht, dass deren Werte auch von überall im Programm abrufbar wären. Man sagt, dass jede Variable einen Gültigkeitsbereich besitzt. Im Englischen heißt dieser Bereich auch Scope. Ein solcher Bereich wird mit geschweiften Klammern abgetrennt. Alles, was innerhalb eines Gültigkeitsbereichs definiert wird, befindet sich nur so lange im Speicher, wie das Programm die Anweisungen aus diesem Bereich durchläuft. Wird der Gültigkeitsbereich nach dieser Bearbeitung verlassen, gibt es die darin definierten Variablen nicht mehr.

Wir hatten bis jetzt nur mit einem solchen Bereich zu tun: Die Funktion main umschließt einen Bereich durch geschweifte Klammern. Darin werden wir nun (zunächst noch etwas künstlich) einen weiteren Gültigkeitsbereich anlegen, um die Auswirkung auf den Variablenzugriff zu demonstrieren. Als Demonstrationsobjekt dient das folgende Programm:

Beispiel 3.3

```
#include <stdio.h>

int main()
{
    int a = 1;
    printf("a = %d\n", a); // a = 1
    {
        int b = 2;
        a = 3;
        printf("b = %d\n", b); // b = 2
```

---

8 Genauer gesagt für eine Teilmenge der ganzen Zahlen, nämlich 1, 2 und 3.

```
        printf("a = %d\n", a); // a = 3
    }
    printf("b = %d\n", b); // Fehler: b ist nicht mehr gültig
    return 0;
}
```

In der Funktion main wird eine Variable a definiert. Sie besitzt den Wert 1. Nach der Ausgabe auf dem Bildschirm wird mit einer geschweiften Klammer ein Gültigkeitsbereich geöffnet, in dem eine weitere Variable b definiert wird. Die schon vor diesem Bereich existente Variable a erhält dann einen neuen Wert und die Werte beider Variablen werden auf dem Bildschirm ausgegeben. Dann endet der eben begonnene Scope. Und jetzt passiert der Fehler: Die Anweisung, b „erneut" auf dem Bildschirm auszugeben, kann vom Compiler nicht übersetzt werden, was er mit folgender Meldung quittiert:

```
scope.c: In function 'main':
scope.c:14:21: error: 'b' undeclared (first use in this function)
   14 |   printf("b = %d\n", b); // Fehler: b ist nicht mehr gültig
      |                      ^
```

Offensichtlich ist die Variable b dem Compiler an dieser Stelle nicht bekannt (undeclared), aber sie wurde ja auch innerhalb der geschweiften Klammern definiert. Für den Compiler bedeutet das Betreten dieses Bereichs, dass er jede Variable im Gedächtnis behält, die davor definiert wurde, und neue Variable nur für die Verweildauer innerhalb des Bereichs im Speicher anlegt. Alles, was innerhalb eines Gültigkeitsbereichs definiert wurde, vergisst der Compiler, wenn er den Bereich wieder verlässt. Folglich muss er die gezeigte Fehlermeldung liefern. Kommentieren wir die fehlerhafte Zeile aus, kann das Programm übersetzt werden. Die Variable a wird innerhalb unseres künstlich erzeugten Gültigkeitsbereichs verändert und besitzt diesen Wert auch über das Ende dieses Bereichs hinaus. Diese Bereiche lassen sich auch schachteln, wie die folgende Skizze eines Programms zeigt:

Beispiel 3.4

```
int a = 1;
// Anweisungen
{
    int b = 2;
    // Anweisungen
    {
        int c = 3;
        // Anweisungen
    }
}
```

Insgesamt werden in `main` nun zwei Gültigkeitsbereiche ineinander erstellt. Hierarchisch gesehen hat man auf die Variable a überall Zugriff. Auf b kann man nur innerhalb der beiden zusätzlich definierten Bereich zugreifen und c existiert nur innerhalb des innersten Bereichs.

Was fängt man mit dieser Abtrennung an? Wie wir bei der Diskussion von Algorithmen gesehen haben, läuft ein Programm nicht immer in genau einer Linie, sondern kann sich auch verzweigen. Ebenso können Programmteile wiederholt ablaufen. Diese Blöcke im Algorithmus finden ihre Realisierung in Gültigkeitsbereichen. Verzweigungen und Schleifen werden wir in Kapitel 5 noch genauer kennenlernen, ebenso die Unterteilung eines Programms in verschiedene Funktionen (Kapitel 6). An all diesen Stellen kommen Gültigkeitsbereiche zum Einsatz. Das Konzept der hierarchischen Unterteilung des Speichers ist für uns auch dahingehend nützlich, als dass wir nicht alle jemals im Programm vorkommenden Variablen an einer Stelle definieren müssen. Wenn eine Variable nur kurzzeitig benötigt wird, danach aber nicht mehr, ist es sinnvoll, sie auch nur innerhalb eines Bereichs zu definieren. Das erhöht wesentlich die Übersichtlichkeit des Quellcodes, da Variablen durch die unmittelbare Verwendung auch gleichzeitig mit einem Kontext verknüpft werden.

Hinsichtlich der Deklaration von Variablen haben Scopes noch einen weiteren Effekt. Während innerhalb eines Scopes eine Variable nur ein einziges Mal deklariert werden darf (der Compiler achtet natürlich darauf), kann man eine in einem übergeordneten Bereich deklarierte Variable in einem untergeordneten Bereich noch einmal deklarieren. Folgendes Programm ist also lauffähig:

Beispiel 3.5

```
#include <stdio.h>
int main()
{
    int x = 1;
    { // Anfang Unterblock
        printf("x aus dem übergeordneten Block: %d\n", x);
        int x = 2; // neue Definition
        printf("x aus dem untergeordneten Block: %d\n", x);
        { // Anfang Unter-Unterblock
            printf("x aus dem unter-untergeordneten Block: %d\n", x);
        } // Ende Unter-Unterblock
    } // Ende Unterblock
    printf("x aus dem übergeordneten Block: %d\n", x);
    return 0;
}
```

Zu Beginn wird die Variable x deklariert und mit dem Wert 1 initialisiert. Danach beginnt ein Scope, in dem der Wert von x auf dem Bildschirm ausgegeben wird. Und nun wird noch einmal eine Variable x initialisiert, diesmal mit dem Wert 2. Zuerst ist wichtig, dass dies überhaupt möglich ist. Das liegt daran, dass innerhalb des Scopes zwar eine Variable mit dem gleichen Namen wie im Block darüber ins Leben gerufen wird, es sich aber dennoch um zwei unterschiedliche Variable handelt. Technisch gesehen sind also zwei Speicherplätze im Spiel. Und nun lesen wir den Wert von x aus. Der Compiler nimmt dazu den zweiten Speicherplatz, greift also auf das im untergeordneten Scope definierte x zu. In unserem Programm wird nun noch ein weiterer Unterblock eröffnet und wieder x ausgegeben. Auch hier wird die zuletzt definierte Variable gelesen. Nachdem beide Unterblöcke geschlossen wurden, wird ein letztes Mal der Wert von x ausgegeben. Die Variablen in den Unterblöcken existieren nun nicht mehr im Speicher, also wird auf dem Bildschirm wieder eine 1 stehen. Schauen wir uns die Ausgabe noch einmal an:

```
x aus dem übergeordneten Block: 1
x aus dem untergeordneten Block: 2
x aus dem unter-untergeordneten Block: 2
x aus dem übergeordneten Block: 1
```

Angesichts der Schwierigkeit, den Code nachzuvollziehen, sollte man von solchen Konstruktionen die Finger lassen.

3.4.2 Globale Variablen

Die oberste Ebene von Gültigkeitsbereichen haben wir noch gar nicht betrachtet: Alle Scopes befanden sich bisher in der Funktion main, welche ja ebenfalls einen Gültigkeitsbereich absteckt (geschweifte Klammern). Kann man auch außerhalb von main Variablen definieren? Man kann, und alle auf diese Ebene definierten Variablen sind überall im Programm, also global gültig. Sie heißen daher globale Variable. Die Hauptfunktion main und alle darin befindlichen Scopes bilden Gültigkeitsbereiche unterhalb der globalen Ebene. Variablen, die nicht global definiert sind, nennt man lokal. Schauen wir uns das wieder an einem Programmbeispiel an:

_i_ Beispiel 3.6

```
#include <stdio.h>

const double PI = 3.141592654;

int main()
{
    // Anweisungen
}
```

Dieses Beispiel zeigt die Definition einer globalen Variable `PI`, welche einen konstanten Wert besitzt. Die globale Variable wird vor der Funktion `main` definiert. Wenn wir später noch weitere Funktionen hinzufügen, muss berücksichtigt werden, dass eine globale Variable vor jeder Funktionsdefinition stehen muss. So wird gewährleistet, dass globale Variable auch in jeder Funktion gültig sind. Ob die Definition vor oder nach den `include`-Anweisungen steht, spielt keine Rolle. Es ist jedoch üblich, zuerst die Bibliotheken einzubinden und dann die globalen Variablen zu definieren.

Wann verwendet man globale Variable? In unserem Beispiel ist der Grund ganz einfach die Eigenschaft von π, eine so wichtige Rolle in der ganzen Mathematik einzunehmen. An vielen Stellen wird π verwendet, und der Wert ist immer der gleiche. Die Definition als globale Variable erleichtert uns die Arbeit, denn so kann in jeder beliebigen Funktion auf die Konstante zugegriffen werden und man muss sie nicht mehrmals definieren (womöglich noch versehentlich unterschiedlich). Doch derart wichtige Konstanten bilden eine seltene Ausnahme für die Verwendung von Variablen auf globaler Ebene. Die allermeisten Variablen haben einen mehr oder weniger eng gehaltenen (thematischen) Gültigkeitsbereich. Und warum sollte man Variable an Stellen im Programm sehen können, wenn man sie dort gar nicht braucht? Schon allein die Antwort auf diese Frage sollte den Gebrauch von globalen Variablen stark einschränken. Was nicht notwendig ist, sollte man beim Programmieren auch nicht machen. Doch während diese Richtlinie vielleicht noch eher auf die Eleganz des Quellcodes abzielt, kann die Verwendung von globalen Variablen auch ganz praktische Probleme verursachen. Auch wenn wir noch keine Funktionen kennengelernt haben, so ist doch klar, dass auf globale Variable von überall aus zugegriffen werden kann. Gerade bei großen Programmen verliert man schnell den Überblick, welchen Wert eine globale Variable im Programmfluss gerade besitzt. Hat vielleicht ein Kollege (oder auch man selbst) den Wert an irgend einer Stelle verändert und sich nicht abgesprochen? Das ist in der Praxis nicht mit vertretbarem Aufwand herauszufinden. Die einzige Möglichkeit, dies zu vermeiden, ist daher der Verzicht auf globale Variable. Nun haben wir aber in unserem Beispiel eine globale Konstante definiert, und deren Wert kann natürlich niemand mehr verändern. Dies würde dem Compiler schon auffallen. Halten wir also fest:

Globale Konstanten sind unkritisch und bieten sich in vielen Fällen an, aber globale Variable sollten nach Möglichkeit vermieden werden. Die meisten Variablen besitzen nur innerhalb eines bestimmten Teils im Programm eine Bedeutung, und nur dort sollten diese Variablen auch gültig sein. **!**

Globale Variable weisen noch einen Unterschied zu lokal deklarierten Variablen auf. Sie werden auch bei einer reinen Deklaration, also ohne Initialisierung mit einem konkreten Wert, vom Compiler mit dem Wert 0 versehen. Lokale Variable hingegen besitzen den Wert, der an ihrer Speicherstelle gerade steht. Er wird vom Compiler nicht mit 0 überschrieben. Daher sollte man lokale Variable auch mit einem Standardwert versehen.

 Aufgaben

Aufgabe 3.1. *Datentypen abhängig vom Verwendungszweck*
Welche Datentypen sind für folgende Angaben sinnvoll?

1.   *Monatliche Kosten für Lebensmittel in Euro*
2.   *Anzahl der täglich verkauften Exemplare einer Zeitung*
3.   *Anzahl der Mitglieder in einem weltweiten sozialen Netzwerk*
4.   *Wert der Gravitationskonstante $G = 6.67 \cdot 10^{-11} \, \text{m}^3\text{kg}^{-1}\text{s}^{-2}$*
5.   *Farbwerte aus einer begrenzten Menge (bspw. rot, indigo, magenta …)*

4 Ausdrücke und Operatoren

In einem Programm werden natürlich nicht nur Variablen deklariert, sondern die Rechenmaschine soll mit den Werten auch etwas machen. Die möglichen Operationen, die man auf den unterschiedlichen Datentypen durchführen kann und welche Arten von Ausdrücken damit gebildet werden, sollen in diesem Kapitel besprochen werden.

4.1 Zuweisungen

Wir beginnen mit einer Art Ausdruck, die wir schon öfter verwendet haben: Zuweisungen. Rechenzeichen besprechen wir im nächsten Abschnitt ausführlich, hier werden wir nur vereinzelt davon Gebrauch machen. Schauen wir uns einmal ein kleines Beispiel an:

```
double x = 4.5;
double y;
y = x + 7.1;
```

In der ersten sowie in der dritten Zeile findet eine Zuweisung statt. Das bedeutet, dass links und rechts eines Gleichheitszeichens jeweils ein Ausdruck steht, und der Wert auf der rechten Seite der linken Seite zugewiesen wird. Die linke Seite hat nun also den Wert der rechten Seite angenommen. Das Gleichheitszeichen tut etwas mit den links und rechts stehenden Ausdrücken, operiert auf ihnen. Man nennt die Zuweisung daher einen Operator. Die beiden verarbeiteten Ausdrücke heißen Operanden. Operatoren, welche zwei Operanden verarbeiten, nennt man binär. Damit dies möglich ist, muss auf der linken Seite des Zuweisungsoperators (also des Gleichheitszeichens) eine Variable stehen, welche den Wert auch annehmen kann. Der Compiler nennt diese Variablen in den Fehlermeldungen `lvalue`. Wenn eine solche Meldung beim Übersetzen auftritt, sollte man die betreffende Zeile auf den korrekten Typ links des Gleichheitszeichens überprüfen. Die folgende Zeilen sind Beispiele für falsche Zuweisungen:

```
int a, b;
b = 1;
a + 2 = b; // falsch, linke Seite ist kein lvalue
2 = 2; // ebenfalls falsch, da kein lvalue auf der linken Seite
```

Dies zeigt einen Unterschied zwischen Mathematik und C-Programmierung. Das Gleichheitszeichen dient in der Mathematik dazu, eine Gleichheit zwischen zwei Ausdrücken zu fordern. Eine solche Gleichung kann man dann lösen, indem man die darin enthaltenen Variablen entsprechen mit Werten versieht. In C wird keine Gleichung definiert, sondern lediglich der Wert auf der rechten Seite der Variablen auf der linken Seite

https://doi.org/10.1515/9783110486292-005

zugewiesen. Auf der rechten Seite ist man allerdings in der Bildung eines Ausdrucks sehr frei. Die Berechnungen dürfen beliebig kompliziert werden. Solange sie syntaktisch korrekt sind, gibt es keine Beschränkung hinsichtlich der Länge eines Ausdrucks. Allerdings empfiehlt es sich, keine zu langen Ausdrücke zu bilden, da man sonst als Mensch Fehler einbaut und der Code schwieriger zu lesen ist.

Weiterhin muss bei der Zuweisung darauf geachtet werden, dass die Datentypen auf beiden Seiten kompatibel sind. Wie wir in Abschnitt 3.3 gesehen haben, kann der Compiler unter Umständen verschiedene Datentypen ineinander umwandeln. Bei einer Zuweisung wird er das nach Möglichkeit implizit auch tun. Besser ist es jedoch, bei Zuweisungen auf gleiche Datentypen links und rechts zu achten. Schauen wir uns dazu wieder ein Beispiel an.

```
int a, b;
double x = 7.2;
double y;
char c;

y = x; // korrekt, Datentypen links und rechts gleich
a = y; // auch korrekt, implizite Typumwandlung vor Zuweisung
b = (int) y; // korrekt, explizite Typumwandlung vor Zuweisung
c = b; // korrekt, aber nicht schön
c = x; // korrekt, aber sehr unschön
```

Der Zuweisungsoperator ist also ein Stück weit tolerant hinsichtlich unterschiedlicher Datentypen. Man sieht hier auch wieder, dass eine Variable vom Typ char lediglich eine ganze Zahl enthält, die als ASCII-Zeichen dargestellt werden kann. Die in den letzten beiden Zeilen gezeigten Zuweisungen sind möglich, weil letztlich alle im Beispiel vorhandenen Variablen nur Zahlen mit unterschiedlicher Genauigkeit enthalten. Dennoch sollte man solche Zuweisungen vermeiden. In ihrer Bedeutung liegen die Datentypen zu weit auseinander.

Nun erweitern wir das Spektrum von Zuweisungsausdrücken. Mit Hilfe von Klammern kann man den Compiler anweisen, Teile eines Ausdrucks zu priorisieren und vor allen anderen Teilen auszuwerten. Hier kann man sich an der Mathematik orientieren, wo Klammern ja auch vor allen anderen Ausdrücken ausgewertet werden. Am folgenden Beispiel lässt sich das diskutieren:

```
v3 = v1 + (v2 = 5);
```

Zuerst wird die zweite Zuweisung ausgewertet, also der Term in der Klammer. Danach steht statt der Klammer an dieser Stelle der Wert 5. Der verbleibende Ausdruck ist dann wie gehabt auszuwerten. Und auch mehrfache Zuweisungen in einer Zeile sind erlaubt:

```
x1 = x2 = x3 = 2.2; // x3 = 2.2; x2 = x3; x1 = x2;
```

Wie im Kommentar dargestellt, wird der Ausdruck von rechts nach links ausgewertet, da eine Zuweisung immer in dieser Richtung abläuft. Und da hier mehrere Zuweisungen nacheinander in einer Zeile stehen, muss der Compiler folglich ganz rechts mit der Auswertung beginnen. Man nennt diese Richtung der Verknüpfung mit einem Operanden auch Assoziativität. Der Zuweisungsoperator ist rechts-assoziativ.

Die Auswertung von Zuweisungen in einer Zeile ist auch noch auf eine andere Art möglich. Einzelne Ausdrücke lassen sich durch Kommata abtrennen und werden dann nacheinander von links nach rechts ausgewertet. Das kann man beispielsweise nutzen, um in einer Zeile mehrere Variable vom gleichen Typ zu initialisieren:

```
int a = 1, b = 3, c = 5;
```

Das Komma ist ebenfalls ein Operator und links-assoziativ. Die Ausdrücke werden also von links nach rechts ausgewertet.

4.2 Arithmetische Operatoren

Um Berechnungen durchzuführen, gibt es eine ganze Reihe weiterer Operatoren. Am einfachsten sind sicherlich jene für die Grundrechenarten, also für Addition, Subtraktion, Multiplikation und Division. Diese und weitere Operatoren sollen in diesem Abschnitt besprochen werden.

4.2.1 Grundrechenarten und Modulo

Wie in der Mathematik priorisiert C die Anwendung der verschiedenen arithmetischen Operatoren. So ist beispielsweise die Zeile

```
x = a + b * c - d / e;
```

gleichbedeutend mit

```
x = a + (b * c) - (d / e);
```

Neben diesen schon bekannten arithmetischen Operatoren gibt es in C noch einen weiteren Operator, welcher die gleiche Priorität besitzt wie die Multiplikation und die Division: Der Modulo-Operator, %. Dieser gibt den Rest bei einer Division zweier ganzer Zahlen an:

```
int a = 5;
int b = 3;
int c = a % b; // c = 2
```

Dies ist nur mit ganzen Zahlen möglich, die Verwendung von Fließkommazahlen mit dem Modulo-Operator führt zu einem Übersetzungsfehler des Compilers. Da `char` intern ebenfalls eine ganze Zahl repräsentiert, ist die Modulo-Operation mit Zeichen jedoch wieder zulässig. Auch negative Zahlen sind zugelassen, das Ergebnis hängt aber vom Compiler ab. Mit gcc trägt das Ergebnis das Vorzeichen des ersten Operanden. Hinsichtlich der Priorisierung können wir uns also merken:

! Wie in der Mathematik gibt es auch in C eine Reihenfolge, in der arithmetische Ausdrücke verarbeitet werden:
Priorität 1: Ausdrücke in Klammern
Priorität 2: Multiplikation, Division und Modulo (∗, / und %)
Priorität 3: Addition und Subtraktion (+ und −)
Priorität 4: Zuweisung (=)

Arithmetische Operatoren sind links-assoziativ:

```
double a = 2.0, b = 5.0, c = -6.0;
a / b / c;
```

Die zweite Zeile ist gleichbedeutend mit

```
(a / b) / c;
```

Manchmal muss man die Operanden auch geschickt anordnen, um eine fehlerhafte Auswertung zu vermeiden. Testen wir das an folgendem Programm:

ℹ **Beispiel 4.1**

```
#include <stdio.h>

int main()
{
    float x = 1.0, y = 1.0e10;
    printf("%f\n", x + y - y); // ergibt exakt 0
    printf("%f\n", x + (y - y)); // ergibt 1.0

    return 0;
}
```

Die Fließkommarechnungen liefern unterschiedliche Ergebnisse, da der Ausdruck x + y bei einfacher Genauigkeit (`float`) genau zu `1.0e10` ausgewertet wird. Hingegen ist y - y genau 0, sodass je nach gewählter Reihenfolge zwei verschiedene Zahlen heraus kommen. Abhilfe kann man schaffen, wenn statt `float` der Datentyp `double` verwendet wird. Aber auch dieser Typ wird bei hinreichend unterschiedlichen Zahlen ausgereizt, sodass es keine letztgültige Lösung für dieses Problem gibt.

Bis auf das Plus- und das Minuszeichen sind alle bisher verwendeten arithmetischen Operatoren binär. Plus und Minus dürfen aber auch mit nur einem einzigen (rechtsseitigen) Operanden verwendet werden. Man nennt diese Operatoren daher unär:

```
int a = 1, b, c;
b = -a;
c = +b;
```

Ein unäres Plus kann man auch weglassen, es kann unter Umständen aber die Bedeutung klarer hervorheben.

Die Division weist noch zwei Besonderheiten auf. Zum einen ist es mathematisch nicht erlaubt, durch 0 zu teilen. Der Compiler achtet beim Übersetzen aber nicht darauf, ob eine Division möglich ist. Daher kann man das folgende Programm übersetzen und bis zu einem bestimmten Punkt auch ausführen:

Beispiel 4.2

```
#include <stdio.h>

int main()
{
    float x = 1.0, y = 0.0;
    int a = 1, b = 0;
    printf("%f\n", x / y); // inf
    printf("%d\n", a / b); // Programmabbruch

    return 0;
}
```

Fließkommazahlen können insofern durch 0 dividiert werden, als dass das Programm dabei nicht abstürzt. Das Ergebnis ist `inf`, was für infinity, also unendlich, steht. Teilt man hingegen zwei ganze Zahlen durcheinander, führt das zu einem Programmabsturz. Doch was ist `inf` eigentlich genau? Auch hinter diesem Literal verbirgt sich eine bestimmte binäre Darstellung wie bei jeder anderen Zahl auch, wobei die Darstellung von `inf` außerhalb der üblicherweise verwendeten Zahlen liegt. Streng genommen stehen uns also gar nicht alle möglichen Zahlen zur Verfügung, sondern im Bereich extrem großer Zahlen wird ein Teil der Binärdarstellungen genutzt, um eine ebensolche Ausnahme wie `inf` sinnvoll darstellen zu können. Nun merken wir uns also zur Division:

! Beim Dividieren muss der Programmierer dafür sorgen, dass nicht durch 0 geteilt wird. Das gilt sowohl bei der Verwendung des Divisionsoperators als auch für den Modulo-Operator.

Die zweite Besonderheit beim Dividieren hängt wieder mit der unterschiedlichen Behandlung von ganzen und Fließkommazahlen zusammen. Teilt man zwei ganze Zahlen durcheinander, ist das Ergebnis wieder eine ganze Zahl, auch wenn mathematisch etwas anderes heraus käme. Die Nachkommastellen werden in diesem Fall abgeschnitten. Ist einer der Operanden der Division hingegen eine Fließkommazahl, wird der andere Operand vor der Division ebenfalls in eine Fließkommazahl umgewandelt und erst dann geteilt. Somit ergeben die folgenden Programmzeilen verschiedene Ergebnisse:

```
9 / 5; // wird zu 1 ausgewertet
9.0 / 5; // wird zu 1.8 ausgewertet
9 / 5.0; // ebenfalls 1.8
```

4.2.2 Inkrement und Dekrement

Oft ist es erforderlich, eine ganze Zahl genau um 1 zu vergrößern oder zu verkleinern. Das könnte man beispielsweise mit den folgenden Zeilen bewerkstelligen:

```
int a = 2, b = 5;
a = a + 1; // a hat jetzt den Wert 3
b = b - 1; // b hat jetzt den Wert 4
```

Es gibt jedoch eine kürzere und daher gebräuchlichere Möglichkeit. Dafür verwendet man zwei Operatoren, die als Inkrement bzw. Dekrement bekannt sind. Die Zeilen aus dem letzten Beispiel lauten damit:

```
int a = 2, b = 5;
a++; // a hat jetzt den Wert 3
b--; // b hat jetzt den Wert 4
```

Sowohl Inkrement als auch Dekrement benötigen nur einen einzigen Operanden. Sie sind also unär. Allerdings gibt es sowohl die Möglichkeit, die Operatoren hinter eine Variable zu schreiben, als auch davor. Der Unterschied besteht in der Reihenfolge der Auswertung des Wertes der Variable und der Anwendung des Operators. Auch dies wird am einfachsten an einem Beispiel klar:

```
int a = 1, b, c;
b = ++a; // b hat den Wert 2
c = a++; // c hat den Wert 1
```

Als Präfixoperator verwendet, also vor der Variable, wird der Wert der Variable erst erhöht (verringert) und anschließend die Zuweisung vorgenommen. Als Postfixoperator geschieht erst die Zuweisung, und anschließend wird der Wert der Variable erhöht (verringert). Die Verwendung eines Präfixoperators ist unter Umständen also intuitiver und daher weniger fehleranfällig.

4.2.3 Arithmetische Zuweisungen

Inkrement und Dekrement sind unäre Operatoren, welche den Wert einer Variable genau um 1 verändern. Möchte man zu einer Variable einen anderen Wert als 1 addieren, von ihr abziehen oder die Variable auch mit einem Wert multiplizieren oder durch ihn dividieren, gibt es ebenfalls eine verkürzende Schreibweise:

```
double x = 5.0;
x += 3; // x = x + 3
x -= 7; // x = x - 7
x *= 9; // x = x * 9
x /= 4; // x = x / 4
x %= 2; // x = x % 2
```

Auch diese Kurzschreibweise ist beim Programmieren üblich und sollte durchgängig verwendet werden.

4.3 Vergleichsausdrücke

Das Gleichheitszeichen kennen wir als Zuweisungsoperator. Wenn wir aber zwei Ausdrücke auf ihre Gleichheit prüfen wollen, kommen wir mit diesem Operator nicht weiter. In C wird der Vergleich mit einem doppelten Gleichheitszeichen (==) realisiert. Weiterhin kann man fragen, ob ein Ausdruck größer (>), kleiner (<) oder ungleich (!=) einem anderen Ausdruck ist. Alle Vergleichsoperatoren liefern ein Ergebnis zurück. Diese kann man beispielsweise einer Variable zuweisen und dort speichern. Jeder Vergleichsoperator liefert entweder wahr (true) oder falsch (false) zurück, der Datentyp ist also bool. Schauen wir uns das am folgenden Beispiel an:

---

i **Beispiel 4.3**

```
#include <stdio.h>

int main()
{
    printf("5 == 3: %d\n", 5 == 3);
    printf("5 > 3 : %d\n", 5 > 3);
    printf("5 < 3 : %d\n", 5 < 3);
    printf("5 >= 3: %d\n", 5 >= 3);
    printf("5 <= 3: %d\n", 5 <= 3);
    printf("5 != 3: %d\n", 5 != 3);

    return 0;
}
```

Als Ausgabe erhalten wir entweder 1 für wahr oder 0 für falsch. Man kann alle Ausdrücke miteinander vergleichen, deren Datentypen kompatibel sind. Gegebenenfalls findet vor dem Vergleich eine implizite Typumwandlung statt. Beim Vergleich von Fließkommazahlen ist allerdings Vorsicht geboten. Erweitern wir das Beispiel von eben um folgende Zeile:

```
float x = 5.1, y = 4.9;
printf("x - 0.1 == y + 0.1: %d\n", x - 0.1 == y + 0.1);
```

Mathematisch gesehen sind beide Seiten identisch, der Vergleich sollte also `true` liefern. Die Zahlendarstellung verfälscht dieses erwartete Ergebnis jedoch. Die Werte 5.1 und 4.9 können als `float` nicht exakt dargestellt werden. Die Rechnungen links und rechts des Vergleichsoperators liefern dadurch Ergebnisse, welche sich in einer weit hinten liegenden Nachkommastelle unterscheiden. Dieser winzige Unterschied sorgt jedoch dafür, dass der Vergleich `false` liefert. Fast gleich ist eben etwas anderes als identisch. Daher kann man Fließkommazahlen nur innerhalb eines bestimmten Toleranzbereichs sinnvoll miteinander vergleichen. Diesen zu definieren ist die Sache des Programmierers und hängt von der genauen Aufgabenstellung ab. Wenn möglich sollte man jedoch nur ganze Zahlen miteinander vergleichen, dies ist unkritisch. Manche IDEs weisen den Programmierer auch darauf hin, falls im Quellcode Fließkommazahlen miteinander verglichen werden sollen.

Am vorangegangenen Beispiel kann man auch sehen, dass Ausdrücke mit arithmetischen Operatoren vor Vergleichsausdrücken ausgewertet werden. Anders gesprochen: Vergleiche haben eine niedrigere Priorität als arithmetische Operatoren.

4.4 Logische Operatoren

Vergleichsoperatoren liefern Wahrheitswerte zurück. Diese lassen sich logisch mitein-ander verknüpfen, in der Mathematik nennt man das Aussagenlogik. Folgende logische Verknüpfungen sind möglich: das logische UND, das logische ODER, sowie die Negati-on (NICHT). Die Operatoren dafür lauten `&&`, `||` und `!`. Die Operatoren für UND sowie ODER sind binär, die Negation ist unär. Alle Operatoren nehmen Operanden vom Typ `bool` entgegen und liefern einen ebensolchen Typ zurück. Üblicherweise schreibt man die Wirkung von logischen Operatoren in sogenannte Wahrheitstabellen. Darin stehen die möglichen Kombinationen der Werte der Operanden in der ersten Spalte bzw. in der ersten Zeile und das Ergebnis der logischen Verknüpfung an den Kreuzungspunkten der jeweiligen Zeile und Spalte. Für das logische UND sieht die Wahrheitstabelle wie folgt aus (1 steht hier für `true` und 0 für `false`):

Tab. 4.1: Wahrheitstabelle für das logische UND.

	0	1
0	0	0
1	0	1

Für das logische ODER lautet die Tabelle:

Tab. 4.2: Wahrheitstabelle für das logische ODER.

	0	1
0	0	1
1	1	1

Die Negation wandelt `true` in `false` um und umgekehrt. Beispielsweise kann man mit logischen Operatoren herausfinden, ob sich ein Punkt mit den Koordinaten `x` und `y` innerhalb eines Rechtecks der Breite 30 und Höhe 10 befindet (Die linke untere Ecke des Rechtecks liege auf dem Koordinatenursprung). Der Ausdruck soll also den Wert `true` erhalten, wenn `x` größer oder gleich 0 und gleichzeitig kleiner oder gleich 30 ist, und `y` größer oder gleich 0 und gleichzeitig kleiner oder gleich 10 ist. Der Quellcode dazu lautet:

```
x >= 0 && x <= 30 && y >= 0 && y <= 10;
```

Die logischen Operatoren `&&` und `||` sind nach den Vergleichsoperatoren priorisiert. Daher kann man im letzten Beispiel auf Klammern verzichten. Das ODER besitzt außerdem eine geringere Priorität als das UND. Somit ergibt der folgende logische Ausdruck true:

```
double x = 5.4;
x > 3 && x < 7 || x == 100;
```

Die Negation wird allerdings höher priorisiert als die Vergleiche. Wir können das im folgenden Beispiel nachvollziehen, wobei wir ebenfalls die Wirkung der Negation auf andere Datentypen als `bool` sehen:

```
int a = 4, b = 2;
! b < a; // ergibt true
!(b < a); // ergibt false
```

Im ersten logischen Ausdruck wird die Negation vor dem Vergleich ausgewertet, also wird erst `!b` gebildet. Die Variable b besitzt den Wert 2, was für den Compiler zusammen mit dem Ausrufezeichen nicht `true` bedeutet, also `false` (jeder Wert ungleich 0 wird vom Compiler hierbei als `true` gewertet). Implizit wird also sogar noch eine Typumwandlung vor der Negation durchgeführt. Nach der Negation folgt eine weitere Typumwandlung von `bool` nach `int`, sodass links und rechts des Vergleichsoperators je eine ganze Zahl steht. Links steht nach der Negation 0, rechts 4, und der Vergleichsoperator liefert damit `true`. Im zweiten Fall wird aufgrund der Klammern erst b mit a verglichen, was `true` ergibt. Die Negation macht daraus schließlich `false`.

An diesem Beispiel sieht man, dass logische Operatoren zwar auch Operanden entgegen nehmen, die nicht vom Typ `bool` sind. Das ist allerdings kein schöner Programmierstil. Logische Operatoren sollen auch nur mit logischen Werten gefüttert werden.

Eine logische Operation haben wir noch nicht besprochen: das ausschließliche ODER, auch mit XOR abgekürzt (für „exclusive or"). Dafür gibt es in C keinen eigenen Operator, man muss ihn sich aus den vorhandenen Operatoren bauen. Doch schauen wir uns zunächst einmal die Wahrheitstabelle dazu an:

Tab. 4.3: Wahrheitstabelle für das logische ausschließliche ODER.

	0	1
0	0	1
1	1	0

Immer wenn genau einer der Operanden wahr ist, wird auch der gesamte Ausdruck wahr (entweder oder). Anders ausgedrückt: Wenn beide Operanden verschiedene Werte besitzen, soll der Ausdruck `true` ergeben. Das lässt sich mit einem Test auf Ungleichheit realisieren:

```
bool a, b;
a != b; // ergibt true, wenn entweder a oder b wahr sind
```

Ebenso lässt sich eine ganze Kette von Wahrheitswerten mit XOR verknüpfen:

```
bool a, b, c, d;
a != b != c != d; // a XOR b XOR c XOR d
```

Diese Verknüpfung ergibt aber nur Sinn, wenn alle Operanden auch vom Typ `bool` sind. Der Compiler wird zwar keine Warnung liefern, wenn andere Typen verwendet werden (weil wir einen Vergleichsoperator verwenden). Das Ergebnis wird aber ein anderes sein als wir erwarten, da der Compiler jeden Wert außer 0 als `true` interpretiert. Beispielsweise würde 4 `!=` 3 zu `true` ausgewertet. Für sich genommen würde der Compiler aber beide Werte als `true` interpretieren, und damit müsste der Ausdruck laut Wahrheitstabelle `false` ergeben. Daher bleiben wir bei der oben schon erwähnten Regel, im Zusammenhang mit logischen Operatoren auch nur logische Werte zu verwenden.

4.5 Bitoperatoren

Sämtliche Daten im Speicher eines Computers werden als eine Folge von einzelnen Bits hinterlegt. Deren Wertebereich umfasst jeweils nur 1 und 0, was wir im letzten Abschnitt auch abkürzend für `true` und `false` geschrieben haben. Mit dieser Interpretation könnte man also auch das Bitmuster einer Variable als Operand in einen logischen Ausdruck geben. Das ist tatsächlich möglich, und es stehen folgende logische Operatoren zur Verfügung, welche auf jedes Bit einzeln wirken:

Tab. 4.4: Zusammenstellung der bitweisen logischen Operatoren.

Operation	Operator
UND	&
ODER	|
XOR	^
Negation	~

Zu beachten ist allerdings, dass die bitweisen logischen Verknüpfungen nur mit ganzen Zahlen definiert sind. Werden Fließkommazahlen als Operanden verwendet, liefert der Compiler beim Übersetzen einen Fehler. Schauen wir uns für jeden dieser Operatoren ein Beispiel an. Das bitweise UND, das bitweise ODER und das ausschließliche bitweise

ODER sind binäre Operatoren, die Negation ist unär. Wir verarbeiten der Einfachheit halber zwei 4-Bit-Muster.

Tab. 4.5: Verarbeitung von Bitmustern mittels logischer Operatoren.

Variable v1:	1	0	1	0
Variable v2:	0	1	1	0
v1 & v2:	0	0	1	0
v1 | v2:	1	1	1	0
v1 ^ v2:	1	1	0	0
∼v1:	0	1	0	1

Der Operator für das ausschließliche ODER wird in manchen Programmiersprachen auch als Potenzierer verwendet. Das ist in C nicht der Fall. Wenn wir zwei Zahlen potenzieren wollen, müssen wir auf ein anderes Konzept ausweichen. Dieses stellen wir in Abschnitt 4.7 vor.

Wenn wir nun diese Operatoren im Quellcode verwenden, müssen wir keine Daten erst in Bitmuster verwandeln, das machen die Operatoren von allein. Das folgende Beispiel illustriert die Wirkung der bitweisen logischen Operatoren und auch den Unterschied zwischen der Datenstruktur von int und unsigned int:

i **Beispiel 4.4**

```c
#include <stdio.h>

int main()
{
    unsigned int a = 1;
    unsigned int b = 2;
    int c = 1;
    int d = 2;
    printf("a & b = %d\n", a & b);
    printf("a | b = %d\n", a | b);
    printf("   ~b = %d\n", ~b);
    printf("c & d = %d\n", c & d);
    printf("c | d = %d\n", c | d);
    printf("   ~c = %d\n", ~c);

    return 0;
}
```

Die Ausgabe zu diesem Programm sieht wie folgt aus:

```
a & b = 0
a | b = 3
   ~b = -3
c & d = 0
c | d = 3
   ~c = -2
```

Das wollen wir jetzt versuchen zu verstehen. Die beiden Variablen a und b sind jeweils vom Typ unsigned int. Sie besitzen also kein Vorzeichen und das erste Bit, das MSB, ist bei den verwendeten Werten 0. Die anderen beiden Variablen besitzen ein Vorzeichen. Da sie aber ebenfalls mit positiven Werten initialisiert werden, ist das MSB auch hier jeweils 0. Die vereinfachten Darstellungen von a, b, c und d (auf 4 Bit reduziert wegen der vielen Nullen) sehen daher wie folgt aus:

Tab. 4.6: Binäre Darstellungen der Variablen aus dem letzten Beispiel.

a:	0	0	0	1
b:	0	0	1	0
c:	0	0	0	1
d:	0	0	1	0

Die Operation a & b muss gemäß dieser Darstellung 0 ergeben, a | b ergibt binär 0011, also dezimal 3. Die Negation von b wird insbesondere das MSB umdrehen. Das Ergebnis lautet binär also 1101. Dieses Bitmuster wird nun in der Anweisung printf aber als Typ int interpretiert, was am gewählten Formatierungszeichen liegt. Wir werden das detailliert in Kapitel 8 besprechen, hier müssen wir nur verstehen, dass dieses Bitmuster eine negative Zahl repräsentiert, weil das MSB 1 ist. Wie wir in Abschnitt 1.1 gelernt haben, erhalten wir den Betrag der Zahl (also die Stellen ohne das MSB), indem wir erst eine binäre 1 addieren und dann die Bits umdrehen. Die letzten drei Bits lauten dann 011, was vom Betrag 3 ist. Zusammen mit dem MSB ist das Ergebnis also -3 wie in der Ausgabe unseres Programms. Diese Argumentation läuft für die verbleibenden Operationen entsprechend.

Im Zusammenhang mit logischen Bitoperatoren werden auch gerne Hexadezimaldarstellungen von Zahlen verwendet. Der Ausdruck

```
0x5 & 0x1;
```

bedeutet, dass 0x5 und 0x1 jeweils hexadezimale Zahlen sind (und in Dezimaldarstellung 5 und 1 lauten), und das Ergebnis damit 0x1, also dezimal 1 ist. Dazu muss man wieder die Binärdarstellung von 5 und 1 betrachten und beide Bitmuster mit dem bitweisen UND verknüpfen. Neben diesen bitweisen logischen Operationen kann man noch etwas anderes mit Bitmustern machen: Man kann sie nach links und rechts verschieben. Dafür gibt es die beiden Operatoren » und « für das Verschieben nach rechts bzw. links. Diese sogenannten Bitshift-Operatoren sind binär, da sie neben dem Bitmuster auch noch die Anzahl der Stellen benötigen, um die verschoben werden soll. Zuerst schauen wir uns das wieder in einer tabellarischen Aufstellung an:

Tab. 4.7: Zur Wirkung der Bitshift-Operatoren.

Variable v:	0	1	0	1
v » 1:	0	0	1	0
v « 1:	1	0	1	0

Die grundsätzliche Wirkung ist schnell ersichtlich. Je nach Richtung der Verschiebung werden Nullen von links oder rechts eingefügt, was über den Rand hinaus geschoben wird, verschwindet. Untersucht man dies einmal mathematisch, stellt man fest, dass eine Verschiebung um n Stellen nach links einer Multiplikation mit n Faktoren 2 entspricht, jedenfalls bis zum Überlauf bzw. nur im Bereich positiver Zahlen. Die Verschiebung nach rechts wirkt im positiven Zahlenbereich entsprechend wie eine Division durch 2.

Die beiden Verschiebungsoperatoren gibt es wie arithmetische Operatoren auch in Kombination mit einer Zuweisung, also »= und «=, sodass sich der Wert einer Zahl beim Verschieben auch verändert und nicht nur vom Operator zurück gegeben wird.

4.6 Der ternäre Operator

Jetzt wollen wir noch einen Operator besprechen, den man für kleinere Abfragen verwenden kann. Er ist der einzige Operator, welcher drei Operanden verarbeitet und heißt daher ternärer Operator. Seine Syntax sieht wie folgt aus:

```
condition ? expression1 : expression2;
```

Wenn der Ausdruck `condition` wahr ist, wird der Ausdruck `expression1` ausgewertet, sonst `expression2`. Da dies alles in einer Zeile abläuft, eignet sich der ternäre Operator nur für kleine Abfragen mit kurzen Ausdrücken und Anweisungen. Sonst wird der Code unübersichtlich. Eine einfache Anwendung ist die Berechnung des Betrags einer Zahl:

```
double x, y;
...
y = (x >= 0 ? x : -x);
```

Tab. 4.8: Verschiedene mathematische Funktionen und Konstanten aus der Bibliothek `math.h`.

Funktion	Bedeutung	Datentypen
`sqrt(x)`	$\sqrt{x}$ mit $x \geq 0$	`double x`
`pow(x, y)`	x^y	`double x, y`
`exp(x)`	e^x	`double x`
`log(x)`	$\ln x$ mit $x > 0$	`double x`
`log10(x)`	$\log x$ mit $x > 0$	`double x`
`sin(x)`	$\sin x$	`double x`
`cos(x)`	$\cos x$	`double x`
`tan(x)`	$\tan x$	`double x`
`atan(x)`	$\arctan x$	`double x`
`acos(x)`	$\arccos x$ mit $|x| \leq 1$	`double x`
`asin(x)`	$\arcsin x$ mit $|x| \leq 1$	`double x`
`abs(x)`	$|x|$	`int x`
`fabs(x)`	$|x|$	`double x`
`M_PI`	Kreiszahl π	`const double M_PI`
`M_E`	Euler'sche Zahl e	`const double M_E`

4.7 Mathematische Ausdrücke

In diesem Abschnitt stellen wir tabellarisch eine Reihe von mathematischen Operationen vor, welche beim Programmieren häufig eine Rolle spielen. Diese Operationen werden in C allerdings nicht über Operatoren umgesetzt, sondern mit Hilfe von Funktionen, welche wir erst in Kapitel 6 genauer kennenlernen werden. Da viele der in den nächsten Kapiteln folgenden Beispiele aber mathematische Operationen benötigen, sollen die entsprechenden C-Funktionen schon an dieser Stelle aufgeführt werden.

Eine Auswahl der wichtigsten Funktionen ist in Tabelle 4.8 zu finden. Die Schreibweise ist intuitiv. Zu beachten ist zunächst einmal die Funktion für das Potenzieren, `pow(x, y)`. Häufig wird der Fehler gemacht, statt dieser Funktion den Operator ˆ zu verwenden. Dieser hat aber in C eine völlig andere Bedeutung, daher müssen wir zum Potenzieren auf die genannte Funktion zurückgreifen. Weiterhin müssen wir beachten, dass für den Betrag einer Zahl zwei verschiedene Funktionen zur Verfügung stehen, die sich im Typ der eingegebenen Zahl unterscheiden. Den Betrag einer ganzen Zahl erhält man über die Funktion `abs`, während man den Betrag einer reellen Zahl (Typ `double`) über `fabs` erhält. Woher diese Unterscheidung kommt, wird in Kapitel 6 besprochen. Neben den Funktionen sind noch zwei (globale) Konstanten zu finden: die Kreiszahl π und die Euler'sche Zahl e. Diese können bei Bedarf also an jeder Stelle im Programm verwendet werden. Die trigonometrischen Funktionen verstehen die Eingabezahl übrigens als einen Wert im Bogenmaß, nicht im Gradmaß.

Doch bevor wir diese Funktionen und Konstanten nutzen können, müssen wir sie dem Compiler erst bekannt machen. Schon bei der Verwendung von `printf` haben wir gesehen, dass wir eine Bibliothek einbinden müssen, in welcher diese Ausgabefunktion

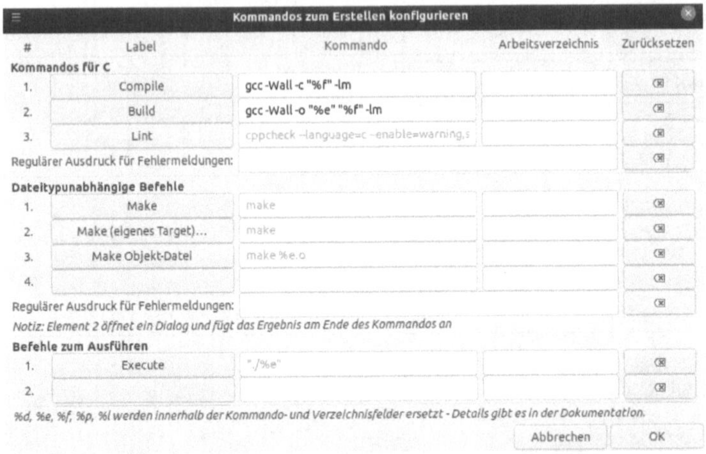

Abb. 4.1: Ergänzung zum Übersetzungsprozess, um die Mathematikbibliothek einbinden zu können.

deklariert wird. Das gleiche gilt auch für die mathematischen Funktionen. Ohne eine Deklaration kennt der Compiler die Funktionen nicht. Jedes Programm, welches die genannten Funktionen nutzt, muss die Datei math.h einbinden, was über die Zeile

```
#include <math.h>
```

geschieht. Leider ist es damit noch nicht getan. Die Funktionen sind in math.h nur deklariert, was dem Compiler lediglich den Namen und damit die Existenz der Funktionen beschreibt. Wie die Funktionen ihre Arbeit machen, also wie sie aus den Eingabedaten einen Funktionswert berechnen, ist damit noch nicht geklärt. Diese Implementierungen stehen in der eigentlichen Bibliothek, welche schlicht den Namen libm trägt. Diese Bibliothek liegt schon in einem binären Dateiformat vor und muss daher nicht mehr übersetzt werden. Sie wird statt dessen nur noch mit dem Programm, welches mathematische Funktionen nutzt, zu einer einzigen binären Datei verbunden. Für uns sind die Details im Moment nicht wichtig. Wir müssen uns nur merken, dass wir dem Compiler mitteilen müssen, welche Bibliothek er mit unseren Programmen verbinden soll. Und dazu müssen wir eine Einstellung in Geany vornehmen. Im Menü „Erstellen" gehen wir zum Menüpunkt „Kommandos zum Erstellen konfigurieren" . Dann öffnet sich das Fenster, welches in Abb. 4.1 gezeigt ist. Wir kennen dieses Menü schon von der ursprünglichen Konfiguration von Geany. Die einzige Änderung ist das Kommando -lm am Ende der Zeilen „Compile" und „Build" . Mit diesem Kommando wird der Compiler angewiesen, die schon vorhandene Bibliothek libm in die fertige Binärdatei einzubinden. Damit ist die Konfiguration fertig und wir können nun Programme schreiben, welche alle Funktionen aus math.h nutzen können.

Betrachten wir als Beispiel das folgende Programm, welches die Quadratwurzel einer vom Nutzer einzugebenden Zahl berechnet:

Beispiel 4.5

```c
#include <stdio.h>
#include <math.h>

int main()
{
    double x = 0.0;

    printf("Bitte geben Sie eine Zahl ein: ");
    scanf("%lf", &x);
    x >= 0 ? printf("sqrt(%lf) = %lf\n", x, sqrt(x)) :
            printf("x darf nicht negativ sein!\n");

    return 0;
}
```

Wir haben hier wieder vom ternären Operator Gebrauch gemacht, da die Wurzelfunktion nicht für negative Werte berechnet werden kann. Mit den Funktionen aus der Mathematikbibliothek lassen sich beliebig komplexe Ausdrücke bilden. Wie mit dem letzten Beispiel aber klar geworden ist, müssen wir sicherstellen, dass die Ausdrücke auch ausgewertet werden können. Das kann umfangreichere Abfragen und Fallunterscheidungen erfordern, was wir im nächsten Kapitel lernen.

Aufgaben

Aufgabe 4.1. *Aussagenlogik*
Welche Werte ergeben jeweils die folgenden Ausdrücke?

```c
(true || false) ? 't' : 'f';
1024 >> 8;
3 << 6;
0x3 & 0x1;
0x4 | 0x1;
7 > 9 && false;
true || 3 > 8;
```

Aufgabe 4.2. *Ganzzahldivision*
Welchen Wert besitzt y und warum?

```c
int a = 7, b = 2;
double x = 5.0;
double y =  7 / 2 * 5.0;
```

Aufgabe 4.3. *Außenbereich eines Rechtecks*
Ein Punkt in der Ebene wird durch die Koordinaten x und y beschrieben. Wie lautet ein Ausdruck, der true ergibt, wenn sich der Punkt außerhalb eines Rechtecks der Breite 20 und der Höhe 7 befindet? Die linke untere Ecke des Rechtecks sei am Ursprung lokalisiert.

Aufgabe 4.4. *Ternärer Operator*
Erstellen Sie mit Hilfe des ternären Operators einen Ausdruck, welcher das Vorzeichen einer Zahl (+1 oder -1) ausgibt. Die Zahl 0 soll definitionsgemäß das Vorzeichen +1 besitzen.

Aufgabe 4.5. *Logarithmus*
Schreiben Sie ein Programm, welches eine Zahl vom Benutzer abfragt und daraus anschließend $\ln |x|$ *berechnet. Beachten Sie, dass der Benutzer bei Eingabe einer 0 die Rückmeldung erhalten soll, dass damit kein Logarithmus berechnet werden kann.*

Aufgabe 4.6. *Lineare Gleichung*
Schreiben Sie ein Programm, welches die Koeffizienten a und c der linearen Gleichung

$$ax + c = 0$$

vom Benutzer abfragt und dann die Nullstelle ausgibt. Hier ist zu beachten, dass die Gleichung im Fall a = 0 keine Lösung besitzt. Dies kann mit Hilfe des ternären Operators abgefangen werden.

5 Programmverzweigungen und Schleifen

Die Flussdiagramme zu den Algorithmen aus Kapitel 1 haben uns gezeigt, dass in Programmen Entscheidungen getroffen und manche Teile im Code mehrfach ausgeführt werden müssen. Unsere bisherigen Programme waren in ihrer Ausführung geradlinig. Zeile für Zeile wurde das gesamte Programm ausgeführt, und jede Zeile wurde nur einmal durchlaufen. In diesem Kapitel wollen wir die bekannte Struktur aufbrechen und die dazu nötigen Erweiterungen kennenlernen.

5.1 Abfragen

In diesem ersten Teil beschäftigen wir uns mit der Möglichkeit, das Programm nach einer Entscheidung unterschiedliche Anweisungsblöcke durchlaufen zu lassen. In C existieren zwei verschiedene Typen von Abfragen, denen wir uns jetzt zuwenden wollen.

5.1.1 Die if-Anweisung

Die einfachste Form der `if`-Anweisung ist die folgende: Wenn eine bestimmte Bedingung `condition` wahr ist, dann führe die Anweisung `statement` aus. Die Syntax dafür lautet:

```
if (condition)
    statement;
```

Die Bedingung muss immer in runden Klammern stehen. Sie kann sowohl eine Variable vom Typ `bool` sein, als auch ein Ausdruck, der zu `bool` ausgewertet wird. Daher kann man sich einen Vergleichsoperator in der Form `condition == true` sparen. Im Falle eines Ausdrucks würden ohnehin entsprechende Operatoren zum Einsatz kommen. Die auszuführende Anweisung `statement` darf im gegebenen Beispiel nur eine einzige Zeile umfassen, jede weitere Zeile ordnet der Compiler nicht mehr der Abfrage zu. Wie im folgenden Beispiel gezeigt, würde die Anweisung `statement2` daher auch dann ausgeführt, wenn die Bedingung `condition` nicht erfüllt wäre:

```
if (condition)
    statement1; // wird nur bedingt ausgeführt
    statement2; // wird immer ausgeführt
```

Auch durch Einrücken würde das Programm die Anweisung `statement2` immer ausführen. Daher ist es nötig, die Anweisungen zu einem Block, also einem zusammen-

https://doi.org/10.1515/9783110486292-006

hängenden Gültigkeitsbereich, zu bündeln, welcher dann als ganzes ausgeführt wird. Solche Blöcke haben wir in Abschnitt 3.4 kennengelernt, jetzt kommen sie aber das erste Mal zwingend zum Einsatz. Wir wollen also das letzte Beispiel abwandeln und beide Anweisungen `statement1` und `statement2` ausführen, wenn die Bedingung `condition` erfüllt ist. Unter Verwendung eines Blocks sieht das so aus:

```
if (condition)
{
    statement1;
    statement2;
}
```

Nun ist nicht nur dem Compiler klar, dass die beiden Anweisungen immer im Bündel ausgeführt werden, auch für den Programmierer ist dies jetzt optisch hervorgehoben. Wir können uns also merken:

> **!** Nach einer `if`-Anweisung müssen Ausdrücke, die im Falle einer wahren Bedingung ausgeführt werden sollen, in einen Block gebündelt werden. Die Klammern sind auch bei einer einzelnen Anweisung eine optische Hervorhebung und damit eine Hilfe für den Programmierer, was die Fehleranfälligkeit reduziert.

Wird im Falle einer wahren Bedingung nur eine einzelne Anweisung ausgeführt, so kann man sie (aus rein optischen Gründen) auch mit der `if`-Anweisung in einer Zeile schreiben:

```
if (condition) statement;
```

Für den Fall, dass die Bedingung nicht wahr ist, wird der Anweisungsblock übersprungen. Meist wird man aber statt dessen eine andere Anweisung ausführen wollen. Was sonst noch geschehen kann, wird entsprechend in einen separaten Anweisungsblock gebündelt:

```
if (condition)
{
    statement1;
}
else
{
    statement2;
}
```

Unabhängig vom Wert der Bedingung wird nun auf jeden Fall ein Anweisungsblock ausgeführt. Dies ist auch die Intention von `else`. Kein Fall bleibt unberücksichtigt und man kann damit verhindern, dass der Computer einmal nicht wissen sollte, wie er nun das Programm weiter ausführen soll. Beispielsweise könnte das Programm die Aufgabe haben, den Logarithmus einer vom Anwender einzugebenden Zahl auszurechnen. Das Programm dazu könnte nun wie folgt aussehen:

Beispiel 5.1

```c
#include <math.h>
#include <stdio.h>

int main()
{
    double x;
    printf("Bitte geben Sie eine positive Zahl ein: ");
    scanf("%lf", &x);
    if (x > 0)
    {
        printf("ln(%lf) = %lf\n", x, log(x));
    }
    else
    {
        printf("Nur positive Zahlen können logarithmiert werden!");
    }
    return 0;
}
```

Der Anwender kann nun also auch unzulässige Zahlen eingeben, das Programm wird in jedem Fall ein für den Anwender sinnvolles (und sogar hilfreiches) Ergebnis liefern.[9] Es besteht aber auch die Möglichkeit, dass eine Entscheidung nicht nur auf Basis von zwei möglichen Werten oder Wertebereichen gefällt wird. Die Aufgabe könnte auch lauten, die Lösungsmenge einer quadratischen Gleichung auszurechnen. Hier können drei verschiedene Fälle auftreten, abhängig von der Diskriminante (s. noch einmal Abb. 1.3). Man muss diese Fälle nacheinander abfragen, was über eine else if-Anweisung geschieht. Diese wird wie folgt verwendet:

```c
if (condition1)
{
    statement1;
}
else if (condition2)
```

---

9 Man darf sich als Programmierer nicht damit herausreden, dass die Anweisung, eine positive Zahl einzugeben, doch klar genug war. Letztlich muss das Programm auch mit Fehlern des Anwenders umgehen und darf ihn nicht mit einem Absturz bestrafen.

```
{
    statement2;
}
else if (condition3)
{
    statement3;
}
else
{
    statement4;
}
```

Wird die Bedingung `condition1` nicht erfüllt, springt das Programm zur nächsten `else if`-Anweisung und prüft `condition2`. Wird diese nicht erfüllt, geht die Kette weiter zum nächsten `else if` und nötigenfalls bis zum `else`. Wird hingegen eine Bedingung erfüllt, so wird auch der folgende Block ausgeführt. Nach der Ausführung dieses Blocks springt das Programm über alle folgenden `else if`-Anweisungen und auch das `else` hinweg und führt die dann folgende Anweisung aus. Es besteht also ein wichtiger Unterschied zwischen aufeinander folgenden reinen `if`-Anweisungen und `else if`-Anweisungen: Jede Bedingung in aufeinander folgenden `if`-Anweisungen wird geprüft, unabhängig davon, ob eine Bedingung in einer vorherigen `if`-Anweisung wahr ist. Beim `else if` wird die Prüfung weiterer Bedingungen übersprungen, sobald in einer Abfrage eine Bedingung einmal wahr ist. Im folgenden Beispiel werden also die Bedingungen `condition1` und `condition2` in beiden `if`-Abfragen immer geprüft:

```
if (condition1)
{
    statement1;
}
if (condition2) // wird immer geprüft
{
    statement2;
}
else if (condition3) // Prüfung, falls condition2 == false
{
    statement3;
}
else // falls condition3 == false
{
    statement4;
}
```

Die erste `if`-Anweisung stellt eine vollständige Abfrage dar. Wird die erste Bedingung `condition1` nicht erfüllt, folgt kein `else if` und kein `else`, sodass nicht alle möglichen Fälle berücksichtigt werden. Unabhängig von der Auswertung von `condition1` wird aber auf jeden Fall auch `condition2` geprüft. Abhängig von diesem Ergebnis wird die dann folgende weitere Bedingung (`condition3`) noch geprüft.

Weiterhin lassen sich Abfragen auch ineinander schachteln. In diesem Fall steht im Anweisungsblock nach einer Abfrage noch eine weitere Abfrage. Die zweite Abfrage wird also erst durchgeführt, wenn die erste Abfrage ein wahres Ergebnis hervorgebracht hat. Alle diese Möglichkeiten betrachten wir jetzt an dem schon erwähnten Beispiel einer quadratischen Gleichung. Zuerst wird der Anwender gebeten, die Koeffizienten des Polynoms einzugeben. Dabei können verschiedene Fälle auftreten. Erwartet wird ein quadratisches Polynom. Stellt der Anwender aber nur ein lineares Polynom zur Verfügung, kann man trotzdem ein Ergebnis berechnen. Im Beispiel wird zusätzlich ein Hinweis ausgegeben, dass es sich dann nicht mehr um eine quadratische Gleichung handelt. Die Abfragen werden mit Hilfe von Vergleichsoperatoren bzw. logischen Operatoren gebildet, welche immer einen Wahrheitswert zurückgeben und daher für Abfragen geeignet sind. Im Falle eines quadratischen Polynoms sind weitere Abfragen nötig, um die Lösungsmenge bestimmen zu können.

Beispiel 5.2

```c
#include <math.h>
#include <stdio.h>

int main()
{
    double a, b, c;
    printf("Lösen einer quadratischen Gleichung ax^2 + bx + c = 0\n");
    printf("Bitte die drei Koeffizienten eingeben:\n");
    printf("a = ");
    scanf("%lf", &a);
    printf("b = ");
    scanf("%lf", &b);
    printf("c = ");
    scanf("%lf", &c);

    if (a == 0)
    {
        if (b != 0)
        {
            printf("Keine quadratische Gleichung!\n");
            printf("Lösung der Gleichung %lf * x + %lf: x = %lf\n", b, c, -c/b);
        }
        if (b == 0 && c != 0)
        {
```

```
        printf("Keine quadratische Gleichung!\n");
        printf("Lösung der Gleichung %lf = 0 nicht möglich!\n", c);
    }
    if (b == 0 && c == 0)
    {
        printf("Keine quadratische Gleichung!\n");
        printf("Die Aussage 0 = 0 ist für jedes x wahr.");
    }
}
else
{
    double discriminant = b*b - 4.0*a*c;
    if (discriminant > 0)
    {
        printf("Lösungen reell:\n");
        printf("x1 = %lf\n", (-b + sqrt(discriminant)) / (2.0*a));
        printf("x2 = %lf\n", (-b - sqrt(discriminant)) / (2.0*a));
    }
    else if (discriminant < 0)
    {
        printf("Lösungen komplex:\n");
        printf("x1 = %lf + i * %lf\n",
                -b/(2.0*a), sqrt(-discriminant) / (2.0*a));
        printf("x2 = %lf - i * %lf\n",
                -b/(2.0*a), sqrt(-discriminant) / (2.0*a));
    }
    else
    {
        printf("Eine reelle Lösung:\n");
        printf("x = %lf\n", -b/(2.0*a));
    }
}
return 0;
}
```

Die einzige Abfrage, die noch fehlt, ist die nach dem richtigen Datentyp. Zur Berechnung der Lösungen werden Zahlen benötigt, keine Buchstaben oder Sonderzeichen. Da wir die Verarbeitung von Zeichenketten aber erst später besprechen, lassen wir diesen Fall bewusst noch aus.

5.1.2 Die switch-Anweisung

Oft kommt es vor, dass eine Variable oder ein Ausdruck nur ganz bestimmte diskrete Werte annehmen kann und abhängig von diesen Werten verschiedene Aktionen ausgeführt werden sollen. Das lässt sich mit aufeinander folgenden else if-Anweisungen implementieren. In C existiert speziell für diesen Fall aber noch eine weitere Abfrage-möglichkeit, die `switch`-Anweisung. Die Syntax dafür lautet:

```
switch (expression)
{
    case CONST1:
        statement1;
        break;
    case CONST2:
        statement2;
        break;
    default:
        statement3;
}
```

Der Ausdruck `expression` besitzt einen bestimmten ganzzahligen Wert. Danach kommt die Fallunterscheidung. Hier werden nach jedem `case` die möglichen Werte des Ausdrucks als Konstanten geschrieben, und abhängig vom tatsächlichen Wert des Ausdrucks wird die passende Anweisung ausgeführt. Auch mehrere Anweisungen nacheinander sind zulässig, und im Unterschied zu `if`-Anweisungen ist eine Bünde-lung in einen Block nicht nötig. Ein weiterer Unterschied zur `else if`-Anweisung ist das Verhalten nach einer positiven Prüfung der Bedingung. Die Abfrage endet in einer `switch`-Anweisung nicht, wenn ein passender `case` gefunden wurde. Die Anweisungen unter den anderen Fällen werden eigentlich auch ausgeführt. Hier kommt ein weiterer Bestandteil ins Spiel: `break`. Hiermit wird nach der Ausführung einer Anweisung die Fallunterscheidung beendet. Der Programmierer darf die `break`-Anweisung verwen-den, muss es aber nicht. Es hängt von der konkreten Problemstellung ab, ob diese Anweisung benutzt wird oder nicht. Nur vergessen sollte man sie nicht.

Eine Fallunterscheidung wird beendet, wenn einer der folgenden Bedingungen zutrifft:
Das Ende des `switch`-Block ist erreicht.
Das Programm kommt an einem `break` vorbei.
Andere Abbruchbedingungen wie `return` oder `goto` führen aus der Fallunterscheidung heraus (s. Ende dieses Kapitels).

!

Sollte keiner der aufgelisteten Fälle zutreffen, steht am Ende optional `default`. Dieser Fall tritt ein, wenn sonst keine Bedingung zutrifft. Er entspricht also dem `else`. Gibt der Programmierer keine Behandlung dieses `default`-Falls an, läuft das Programm nach dem `switch` weiter, sofern es das kann. Man sollte sich also auch darüber Gedanken machen, wie das Programm standardmäßig reagiert.

Betrachten wir ein kleines Programmbeispiel, welches auf Basis der Note eines Bewerbers (wie auch immer diese zustande kommt) darüber entscheidet, was mit dem Kandidaten passiert.

Beispiel 5.3

```c
#include <stdio.h>

int main()
{
    int zensur = 0;

    printf("Bitte Note eingeben: ");
    scanf("%d", &zensur);

    switch (zensur)
    {
        case 1: ; // Semikolon ist hier eine Leeranweisung
        case 2:
            printf("Einstellen\n");
            break;
        case 3:
            printf("Gespräch\n");
            break;
        case 4:
            printf("Zusatzprüfung\n");
            break;
        case 5: // Programm wird nach nächstem Label fortgesetzt.
        case 6:
            printf("Nicht einstellen\n");
            break;
        default: printf("Falsche Note\n");
    }

    return 0;
}
```

Gehen wir die Fälle einmal durch. Besitzt `zensur` den Wert 1, so folgt eine Leeranweisung, es passiert also erst einmal nichts. Doch da kein `break` oder etwas anderes die Fallunterscheidung beendet, springt das Programm nun zu den Anweisungen unter dem nächsten Fall, also zur Note 2. Nach einer Ausgabe auf dem Bildschirm folgt ein `break`, sodass die Fallunterscheidung nun beendet wird. Besitzt `zensur` den Wert 3 oder 4, wird ebenfalls etwas auf dem Bildschirm ausgegeben und `switch` endet. Interessant ist wieder der Fall 5. Nach dieser Abfrage folgt keine Anweisung, nicht einmal eine leere. Daher wird das Programm nach den Anweisungen in Fall 6 fortgesetzt.

Für die Konstanten, welche die einzelnen Fälle beschreiben, ist in C zu beachten, dass es sich hierbei nur um Literale handeln darf, nicht um symbolische Konstanten. Zur Wiederholung: Werte wie 2, 'C' oder auch die Werte eines enum-Typs sind zulässig. Ein Symbol wie DIMENSION nicht, auch wenn es sich um eine Konstante handelt, die beispielsweise mit const int DIMENSION = 4 definiert wurde. Mit Hilfe von #define lassen sich aber wiederum literale Konstanten definieren, wie das folgende Beispiel zeigt:

```
#define VALUE 5

int main()
{
    const int value = 6; // VALUE und value sind
                         // verschiedene Konstanten

    switch (...)
    {
        case VALUE: ... // erlaubt
        case value: ... // nicht erlaubt
    }
}
```

Wie wir bereits wissen (und falls nicht mehr: siehe Abschnitt 3.1.3), besteht der Unterschied zwischen den beiden Konstanten darin, dass der Compiler vor dem Übersetzen überall dort, wo im Quellcode VALUE steht, 5 schreibt und das Symbol damit ersetzt. Somit sieht der Compiler beim Übersetzen also nur noch ein Literal, und das ist in einer switch-Anweisung zulässig.

Wir sehen also, dass die Verwendung von switch eine praktische Möglichkeit ist, um in einer einfachen Weise verschiedene Fälle abfragen zu können. In Kombination mit break lassen sich aber sehr trickreiche Ausführungspfade konstruieren. Daher sollte man Programme wie im letzten Beispiel gründlich testen, um keinen Fehler einzubauen.

5.2 Schleifen

Im zweiten Teil des Kapitels soll es um die wiederholte Ausführung von Anweisungen gehen. Solche Wiederholungen nennt man Schleifen, und C kennt drei verschiedene Typen von Schleifen. Diese Typen sowie verschiedene Sprungmöglichkeiten in den Schleifen (bzw. im ganzen Programm) werden wir nun genauer untersuchen.

5.2.1 Die for-Schleife

Als erstes schauen wir uns die `for`-Schleife an. Man kann sie immer dann verwenden, wenn man weiß, wie oft man einen Anweisungsblock ausführen will. Die Syntax lautet allgemein:

```
for (Initialisierung; Abbruch; Veränderung)
{
    statement;
}
```

Eingeleitet wird die Schleife mit dem Schlüsselwort `for`, danach folgen in der Klammer drei Bestandteile. Zuerst muss die Schleife initialisiert werden. Das bedeutet, dass man eine Zählvariable definiert, welche man benötigt, um eine feste Anzahl von Schleifendurchläufen abzählen zu können. Danach folgt (abgetrennt durch ein Semikolon) eine Abbruchbedingung. Diese wird festlegen, wie weit die Zählvariable laufen darf, bevor die Schleife beendet wird. Vor jedem Durchlauf wird die Abbruchbedingung kontrolliert. Ist sie erfüllt, wird der Anweisungsblock ausgeführt, ist sie nicht erfüllt, springt das Programm zur nächsten Anweisung nach der Schleife. Damit die Abbruchbedingung auch erfüllt werden kann, muss sich die Zählvariable verändern, also größer oder kleiner werden. Dieses Inkrement oder Dekrement steht am Schluss des Schleifenkopfs. Nun folgt wie bei der `if`-Anweisung auch ein Block von Anweisungen, umschlossen von geschweiften Klammern. Um das etwas konkreter untersuchen zu können, lassen wir uns auf der Konsole einmal die Zahlen von 0 bis 9 ausgeben. Das ist keine besonders anspruchsvolle Aufgabe, zu Beginn wollen wir aber nur eine `for`-Schleife in Aktion sehen und noch kein größeres Problem damit lösen.

Beispiel 5.4

```c
#include <stdio.h>

int main()
{
    for (int i=0; i<10; ++i)
    {
        printf("%d\n", i);
    }
    return 0;
}
```

In der Initialisierung unserer Schleife wird eine Variable `i` vom Typ `int` definiert und mit dem Startwert 0 versehen. Diese Initialisierung wird genau einmal ausgewertet, vor jeder anderen Anweisung. Danach wird gleich geprüft, ob `i` kleiner ist als 10. Wenn das der Fall ist (und nach unserer Initialisierung auf 0 können wir davon ausgehen), wird der Schleifenkörper das erste Mal durchlaufen. Konkret wird hier der aktuelle Indexwert i auf die Konsole geschrieben. Danach springt das Programm wieder in den Schleifenkopf und verändert die Schleifenvariable. Hier wird sie also um 1 erhöht (nach Konvention mit dem Präfix-Inkrement, dann wird i auf jeden Fall erst nach der Inkrementierung ausgewertet). Dann folgt wieder die Prüfung der Bedingung (jetzt hat i den Wert 1, ist also noch kleiner als 10), und der Schleifenkörper wird ein weiteres Mal durchlaufen. Das geht so lange, bis die Bedingung nicht mehr erfüllt ist. Dann springt das Programm zur nächsten Anweisung nach der Schleife.

Die meisten for-Schleifen sind nach diesem Muster gestrickt und unterscheiden sich nur durch den Schleifenkörper. Betrachten wir also den Schleifenkopf. Die Initialisierung der Zählvariable und die Abbruchbedingung sind abhängig von der konkreten Problemstellung. Wollten wir die Zahlen von 1 bis 10 ausgeben, müssten wir den Kopf entsprechend anpassen. Generell müssen wir aber beachten, dass vor jeder Auswertung der Anweisungen im Schleifenkörper die Abbruchbedingung geprüft wird. Das führt häufig zu dem Programmierfehler, die Schleife einmal zu viel oder zu wenig zu durchlaufen. Um dies zu vermeiden, kann es hilfreich sein, mit Hilfe einer Ausgabeanweisung wie im letzten Beispiel mitzuzählen, wie oft die Schleifen tatsächlich durchlaufen wurde und diesen Wert mit dem erwarteten zu vergleichen. Wenn alles wie erwartet funktioniert, kann man die Ausgabeanweisung auch wieder entfernen.

In C ist es üblich, bei 0 mit dem Zählen anzufangen. Dadurch unterscheidet sich die Programmiersprache von der Mathematik, wo Indizes von Vektoren oder Matrizen bei 1 beginnen. Der Grund für diesen Umstand wird uns klar werden, wenn wir Datenfelder kennengelernt haben (Kapitel 7). In diesem Zusammenhang werden wir auch viel mit for-Schleifen zu tun haben. Doch auch ohne Felder zu verwenden, können wir am folgenden Beispiel demonstrieren, wie man eine ganz bestimmte Anzahl von Datenelementen durchlaufen und ausgeben kann. Wir nutzen eine for-Schleife, um jedes einzelne Bit einer ganzen Zahl aus dem Speicher auszulesen. Der Algorithmus arbeitet wie folgt: Ein Datentyp int belegt eine bestimmte Anzahl Bits im Speicher, von denen wir das letzte Bit, also das LSB, mit einer 1 bitweise über ein UND verknüpfen. Wir schreiben das der besseren Vorstellung halber an einem einfachen Beispiel mit nur 8 Bits auf:

Tab. 5.1: Bestimmung des LSB mittels UND-Verknüpfung.

Zahl n:	0	0	0	1	0	1	1	1
0x1:	0	0	0	0	0	0	0	1
n & 0x1:	0	0	0	0	0	0	0	1

Die logische Operation liefert entweder 0x1 oder 0x0 und damit genau den Wert des LSB. Als nächstes wird die Bitfolge der Zahl um 1 Bit nach rechts verschoben und wieder mit 0x1 verknüpft. Auf diese Art erhält man nacheinander alle Bits aus dem Speicher, allerdings von rechts nach links. Das soll uns für den Moment aber nicht stören. Der Quellcode sieht wie folgt aus:

---

i **Beispiel 5.5**

```c
#include <stdio.h>

int main()
{
    int nBits = sizeof(int) * 8;
    int testNumber = 5;

    for (int i=0; i<nBits; ++i)
    {
        int result = 0x1 & testNumber;
        printf("%d", result);
        testNumber >>= 1;
    }
    printf("\n");

    return 0;
}
```

Wir stellen sicher, dass die richtige Anzahl Bits gelesen wird, indem wir mit Hilfe von `sizeof` feststellen, wie viele Bytes ein Integer im Speicher tatsächlich belegt. Diese Anzahl mit 8 multipliziert ergibt die Anzahl der Bits. In der Schleife wird dann erst die logische Verknüpfung vorgenommen und danach die Bitfolge verschoben. Nachdem das letzte Bit ausgelesen wurde (welches ursprünglich das MSB war), wird es über den Rand hinaus geschoben, sodass nach dem letzten Schleifendurchlauf die Testzahl genau 0 ist. Die Zählkonvention im Schleifenkopf gewährleistet, dass wir genau die richtige Anzahl Bits auslesen.

Fließkommazahlen sind zwar nicht für die Verwendung mit Bitoperatoren geeignet, sodass wir mit dem obigen Programm das Bitmuster eines `float` oder `double` nicht auslesen können. Dennoch können wir mit einem Kunstgriff auch Fließkommazahlen sowie jeden anderen Datentyp bitweise auslesen (und auch manipulieren). Diesen werden wir in Kapitel 7 kennenlernen.

Nachdem wir nun die übliche Verwendung der `for`-Schleife kennengelernt haben, wenden wir uns den Details und exotischeren Konstruktionen zu. Da ist zunächst einmal die Definition der Zählvariable. Diese Variable wird erst im Schleifenkopf ins Leben gerufen. Sie ist in diesem Sinne nur lokal in der Schleife existent und verschwindet nach Verlassen der Schleife wieder aus dem Speicher. Das ist einerseits praktisch, da Variablen wie `i` oder `j` keinen sprechenden Namen besitzen und nur kurzzeitig im

Programm verwendet werden. Daher ist es sinnvoll, sie auch nur in der Schleife zu definieren. Möglich ist aber auch folgende Konstruktion:

```
int i = 0;
for (; i<nMax; ++i)
```

Die leere Initialisierung im Schleifenkopf ist zulässig, da die Variable i außerhalb der Schleife schon definiert wurde. Die Prüfung der Abbruchbedingung sowie die Inkrementierung können also wie gewohnt erfolgen. Allerdings bleibt die Zählvariable auch nach Verlassen der Schleife im Speicher. Eine solche Konstruktion wird selten vorkommen, könnte aber erforderlich sein, wenn die Zählvariable im Programm eine weiter reichende Bedeutung besitzt. Auch die Abbruchbedingung kann entfallen, ebenso ein Inkrement oder Dekrement. Das Konstrukt

```
for (;;)
```

ist also ebenfalls gültig und beschreibt eine Schleife, die niemals endet, weil die Abbruchbedingung immer false ist (leer ist nicht true und daher false). Solche Schleifen nennt man Endlosschleifen. Eine solche könnte man aber auch auf andere Art erzeugen und sollte daher folgendes unterlassen:

```
for (int i=0; i<nMax; ++i)
{
    ...
    --i;
}
```

Es ist möglich, im Schleifenkörper die Zählvariable zu verändern. In diesem Beispiel wird das Inkrement im Schleifenkopf damit aber kompensiert und die Schleife läuft wieder unendlich lange. Generell ist davon abzuraten, auch wenn man sicher sein mag, keine Endlosschleife zu produzieren. Eine for-Schleife ist dazu gedacht, eine feste Anzahl von Schleifendurchläufen zu garantieren, und die Veränderung des Werts der Zählvariable in der Schleife untergräbt diese Bedeutung. Dem steht allerdings nicht entgegen, ein anders Inkrement als 1 zu verwenden. Andere Schrittweiten sind zulässig und sinnvoll:

```
for (int i=0; i<nMax; i += 3) // Inkrement in 3er-Schritten
```

5.2.2 Die while-Schleife

Die while-Schleife unterscheidet sich von der for-Schleife darin, dass sie die Anweisungen im Schleifenkörper so oft wiederholt, wie eine bestimmte Bedingung gilt, ohne

Berücksichtigung einer bestimmten Anzahl von Schleifendurchläufen. Die Syntax der
while-Schleife lautet:

```
while (condition)
{
    statement;
}
```

Die Bedingung condition wird vor jedem Schleifendurchlauf geprüft, also auch vor
dem ersten. Ist die Bedingung da schon nicht erfüllt, springt das Programm gar nicht
erst in den Anweisungsblock hinein. Wenn die Schleife irgendwann enden soll, muss
im Anweisungsblock dafür gesorgt werden, dass die Bedingung erfüllt wird. Das ist
der Unterschied zur for-Schleife: In dieser ist von einer Änderung der Zählvariable im
Anweisungsblock abzusehen, während die while-Schleife im Schleifenkopf keine Veränderung enthält und man daher im Anweisungsblock eine gültige Abbruchbedingung
herbeiführen muss.

Wann verwendet man eine while-Schleife? Eine Möglichkeit bietet sich, wenn ein
Anweisungsblock wiederholt ausgeführt werden soll und der Benutzer nach jedem
Durchlauf gefragt werden soll, ob ein weiterer Durchlauf gewünscht ist. Betrachten wir
als einfaches Beispiel ein Rechenprogramm, dass vom Benutzer zwei Zahlen erfragt
und diese dann addiert. Danach wird der Benutzer gefragt, ob noch etwas berechnet
werden soll.

---

i **Beispiel 5.6**

```
#include <stdio.h>

int main()
{
    double x, y;
    char nextCalculation = 'j';

    while (nextCalculation == 'j' || nextCalculation == 'J')
    {
        printf("Bitte zwei Summanden eingeben:\n");
        printf("x = ");
        scanf("%lf", &x);
        printf("y = ");
        scanf("%lf", &y);
        printf("x + y = %lf\n", x+y);

        nextCalculation = '0';
        while (nextCalculation != 'n' &&
                nextCalculation != 'N' &&
                nextCalculation != 'j' &&
```

```
                  nextCalculation != 'J')
        {
            printf("Noch eine Rechnung (j/n)? ");
            scanf(" %c", &nextCalculation);
        }
    }
}
```

In der ersten Schleife wird eine Variable `nextCalculation` vom Typ `char` ausgewertet. Enthält sie 'j' oder 'J', so wird der Anweisungsblock im Schleifenkörper ausgeführt. Das Einlesen von Zahlen haben wir schon in anderen Beispielen gesehen.
Wenden wir uns daher gleich dem nächsten Teil des Anweisungsblocks zu. Nachdem
das Ergebnis der Rechnung auf dem Bildschirm präsentiert wurde, wird die Variable
`nextCalculation` mit einem neuen Wert belegt und dann in einer weiteren Schleife
eine Abfrage gestartet. Im Schleifenkopf wird `nextCalculation` mit den möglichen
Werten verglichen, die der Benutzer eingeben darf. Besitzt die Variable einen anderen
Wert (was anfänglich stimmt), so wird der Schleifenkörper ausgeführt. Der Benutzer
darf nun 'j' oder 'n' eingeben, durch die Abfrage im Schleifenkopf wird Groß- und
Kleinschreibung nicht berücksichtigt. Um ein einzelnes Zeichen abzufragen, wird in
`scanf` ein neuer Formatierungsausdruck verwendet: " %c". Mit `c` teilen wir dem Compiler mit, dass ein einzelnes Zeichen, also ein `char`, eingelesen werden soll. Wichtig ist
das Leerzeichen zu Beginn. Wie wir in Abschnitt 8.2.4.2 besprechen werden, befindet
sich schon etwas im Eingabepuffer, das wir erst überlesen müssen. Es handelt sich
dabei eben um ein Leerzeichen, und durch die gezeigte Formatangabe wird erst das
vom Benutzer eingegebene Zeichen der Variable `nextCalculation` zugewiesen. Wir
sehen anhand dieses Beispiels auch, dass wir komplexere logische Ausdrücke in den
Schleifenkopf schreiben können. Dabei kann es optisch hilfreich sein, mehrere Zeilen
zu nutzen.

5.2.3 Die do...while-Schleife

Eng verwandt mit der `while`-Schleife ist die Konstruktion `do...while`. Zunächst schau-
en wir uns wieder die Syntax an:

```
do
{
    statement;
}
while (condition);
```

Der Unterschied zur `while`-Schleife besteht darin, dass bei `do...while` die Bedingung
erst nach dem Schleifenkörper geprüft wird. In jedem Fall wird die Schleife also ein-

mal durchlaufen. Man beachte auch das Semikolon am Ende der letzten Zeile. Um diese Art von Schleife in Aktion zu sehen, schauen wir uns das folgende Beispiel an. In Abschnitt 1.2.3 haben wir einen Algorithmus vorgestellt, um die Nullstelle einer Funktion näherungsweise zu bestimmen. Das Flussdiagramm ist in Abb. 1.5 zu sehen. Wir werden den Algorithmus nun implementieren. Das Verfahren ist iterativ, in jedem Schritt wird die Näherung der Nullstelle verbessert. Die Abbruchbedingung lautet: Wenn der Funktionswert nahe genug bei 0 liegt, endet die Rechnung. Da wir also nicht wissen, wie viele Iterationen dafür nötig sind, müssen wir solange iterieren, bis die Lösung genau genug ist. Schauen wir uns die Implementierung an:

Beispiel 5.7

```c
#include <stdio.h>
#include <math.h>

int main()
{
    double x, x1, x2, e, y;
    printf("Bitte Grenzen x1, x2 und Genauigkeit e vorgeben:\n");
    printf("x1 = ");
    scanf("%lf", &x1);
    printf("x2 = ");
    scanf("%lf", &x2);
    printf("e = ");
    scanf("%lf", &e);

    do
    {
        double y1 = exp(x1) - x1*x1;
        double y2 = exp(x2) - x2*x2;
        x = x1 - y1*(x2-x1)/(y2-y1);

        y = exp(x) - x*x;
        printf("x = %lf, y(x) = %lf\n", x, y);

        if (y > 0) x2 = x;
        else x1 = x;
    }
    while (fabs(y) > e);

    return 0;
}
```

Nachdem die Grenzen und die erforderliche Genauigkeit eingelesen wurden, beginnt die Iterationsschleife. In dieser werden die beiden Funktionswerte an den Grenzen berechnet und damit gemäß der Lösungsvorschrift eine Näherung an die Nullstelle ermittelt. Diese und der zugehörige Funktionswert werden als nächstes auf der Konsole ausgegeben. Dann folgt die Entscheidung, welche der beiden Grenzen angepasst wird. Erst jetzt wird die Bedingung für den nächsten Schleifendurchlauf geprüft. Mit Hilfe von `do...while` lösen wir das Dilemma, vor der Schleife noch keine Nullstelle zu kennen, aber eine Aussage über den Schleifenabbruch treffen zu müssen. Wir verschieben die Prüfung einfach nach hinten und können somit im Schleifenkörper einen Wert für `y` ausrechnen. Würden wir den Algorithmus mit einer `while`-Schleife umsetzen, müssten wir schon vor der Schleife den Wert von `y` berechnen oder künstlich so setzen, dass die Schleife betreten wird. Wenn wir dieses Programm mit den Startwerten füttern, die wir im zugehörigen Beispiel in Abschnitt 1.2.3 verwendet haben, können wir die dort händisch berechnete Tabelle jetzt automatisiert erzeugen.

Ein Problem, das bei `while`- und `do...while`-Schleifen generell besteht, ist das Abbruchkriterium. Liegt im Bereich zwischen x_1 und x_2 gar keine Nullstelle, wird das Verfahren endlos lange laufen. Das lässt sich aber auch generell verhindern, wenn wir nicht nur eine, sondern zwei Bedingungen in den Schleifenkopf schreiben, die immer beide erfüllt sein müssen. Als zweite Bedingung legen wir am besten fest, dass eine maximale Anzahl von Schleifendurchläufen nicht überschritten wird. Wir ergänzen also eine Zählvariable `i`, welche in jedem Schleifendurchlauf inkrementiert wird:

```
int i = 0;
int nMax = 1000;
...
do
{
    ...
    ++i;
}
while (fabs(y) > e && i < nMax);
```

Durch diesen Zusatz wird die Schleife sicher nach maximal `nMax` Iterationen enden. Unser Programm besitzt allerdings noch einen weiteren Makel: Der Funktionswert wird an insgesamt 3 Stellen berechnet, wir vervielfachen also eine einzige Zeile Quellcode. Das ist insofern schlecht, als dass wir an drei Stellen im Programm Änderungen vornehmen müssen, wenn wir die Nullstelle einer anderen Funktion bestimmen wollen. Dieser Prozess ist sehr fehleranfällig und bedarf einer anderen Lösung. Wir werden sie nachreichen, wenn wir uns genauer mit Funktionen beschäftigen (siehe speziell für dieses Beispiel Abschnitt 6.3.3).

5.3 Die Anweisungen break, continue und goto

Alle Schleifen und Abfragen besitzen eine Gemeinsamkeit: Die Programmausführung springt über Anweisungen hinweg vom aktuellen Ausführungspunkt zu einem anderen. Dies ist an ganz bestimmten Sprungmarken möglich. In Schleifen besteht die Möglichkeit, vom Kopf bis zum Ende zu springen (betrifft for und while), bzw. vom Ende zum Kopf (bei do...while). Bei Abfragen heißen die Sprungmarken if, else if, else und case. An all diesen Stellen wird eine Bedingung geprüft und das Programm verzweigt sich daher. Jetzt wollen wir noch drei weitere Möglichkeiten kennenlernen, wie man im Programm springen kann.

Das erste Schlüsselwort, break, haben wir im Zusammenhang mit der switch-Anweisung verwendet. Es dient dort dazu, die Abfrage zu beenden. Man kann es aber auch in jeder der drei Schleifen verwenden, mit dem gleichen Zweck wie bei Abfragen. Das Programm springt nach einem break aus der Schleife heraus zur nächsten Anweisung nach der Schleife. Die Anweisung continue kann nur in Schleifen verwendet werden und führt dazu, alle weiteren Anweisungen im Schleifenkörper zu überspringen und direkt die Abbruchbedingung zu prüfen. Die Schleife wird also nicht unbedingt beendet, sondern verkürzt. Am folgenden Beispiel kann man diesen Unterschied leicht nachvollziehen:

---

i **Beispiel 5.8**

```c
#include <stdio.h>
#include <math.h>

int main()
{
    double x;
    while (1) // Endlosschleife
    {
        printf("Bitte eine Zahl eingeben, Ende mit 0: ");
        scanf("%lf", &x);
        if (x < 0) continue; // neuer Schleifendurchlauf
        if (x == 0) break; // Schleifenende
        printf("%lf\n", sqrt(x));
    }
    return 0;
}
```

Es gibt noch eine weitere Möglichkeit, im Programm zu springen: goto. Dieses Schlüsselwort kann überall eingesetzt werden und tritt immer in Kombination mit einem sogenannten Label auf, welches den Punkt markiert, zu dem das Programm springen soll. Das Label kann sich vor oder nach der goto-Anweisung befinden, es darf aber nur einmal im Code verwendet werden (sonst wäre das Ziel des Sprungs nicht mehr eindeutig). Allerdings kann man mit `goto` nur innerhalb einer Funktion springen, und man darf die Initialisierung einer Variable nicht überspringen. Die Syntax lautet also:

```
goto label;
...
label:
statement;
```

Wenn das Programm bei `goto label` ankommt, überspringt es die folgenden Anweisungen und landet direkt bei dem Label mit der Bezeichnung `label`. Dadurch erhält der Programmierer sehr viele Freiheiten, Ausführungspfade zu konstruieren. Und genau darin liegt auch das Problem: Durch die Verwendung dieses Sprungbefehls wird der Quellcode sehr unleserlich und man kann der Programmlogik schwer folgen. Man spricht in diesem Zusammenhang auch von Spaghetti-Code, da die verschlungenen Pfade vieler `goto`-Anweisungen nicht mehr zu entwirren sind.

Die `goto`-Anweisung sollte nach Möglichkeit gar nicht genutzt werden, da sie zu schwer verständlichem und daher potentiell fehleranfälligem Quellcode führt. Auch `break` und `continue` sind mit Bedacht einzusetzen, da ein vorzeitiger Abbruch einer Schleife unter Umständen Anweisungen auslässt, mit welchen beispielsweise eine Datei geschlossen wird. Bevor man einen Programmblock vorzeitig verlässt, sollte man sicher gehen, dass notwendige Anweisungen nicht übersprungen werden, was eine genauere Analyse des Codes erfordert.

Zulässig ist die Verwendung von Sprungbefehlen natürlich dann, wenn der Quellcode dadurch einfacher wird. In den allermeisten Fällen wird man aber auf `goto` verzichten können.

Aufgaben

Aufgabe 5.1. *Verschachtelte Abfragen*
Wie wird die Ausgabe des folgenden Programms lauten und warum?

```
bool condition1 = false, condition2 = true;
if (condition1)
   if (condition2)
      printf("condition2 ist wahr.\n");
   else
      printf("condition1 ist nicht wahr.\n");
```

Aufgabe 5.2. *Enumeration und switch*
Erstellen Sie ein Programm, welches einen Aufzählungstyp month mit den Werten JAN, FEB, …definiert. Dann soll eine Variable vom Typ month deklariert und im Programm (nicht über eine Benutzereingabe) mit einem der möglichen Werte versehen werden. In einem switch-Block fragen Sie als nächstes ab, welcher Monat in der Variable eingetragen ist und geben abhängig davon einen passenden Satz auf der Konsole

aus (beispielsweise „Alles neu macht der Mai"). Sie können auch die Ausgabe für verschiedene Monate identisch halten. Setzen Sie dafür break passend ein.

Aufgabe 5.3. *Summation*
Schreiben Sie ein Programm, welches die Summe der natürlichen Zahlen von 1 bis n berechnet, wobei die Grenze n vom Benutzer vorgegeben werden soll. Sichern Sie das Programm dagegen ab, dass der Benutzer 0 oder eine negative Zahl eingibt.

Aufgabe 5.4. *Integration*
Implementieren Sie den Algorithmus zum Integrieren einer Funktion gemäß (1.6) in Abschnitt 1.2.4. Berechnen Sie damit wieder

$$A = \int\limits_1^2 x^2 \, dx. \tag{5.1}$$

Das Programm soll vom Benutzer die Anzahl der Stützstellen abfragen. Damit berechnen Sie zuerst die Schrittweite dx und zählen in einer while-Schleife die Flächen der einzelnen Rechtecke zusammen. Gehen Sie nach jedem Durchlauf einen Schritt dx weiter, bis Sie die obere Integrationsgrenze überschreiten. Als Erweiterung können Sie auch die Grenzen vom Benutzer festlegen lassen.

Aufgabe 5.5. *Rechengenauigkeit*
Implementieren Sie eine for-Schleife, in der Sie 10000000 mal den Wert 0.1 addieren. Lassen Sie sich das Ergebnis ausgeben. Sie werden sehen, dass das Ergebnis nicht exakt mit dem erwarteten Wert übereinstimmt, sondern in hinteren Nachkommastellen davon abweicht. Das liegt an der Repräsentation von Fließkommazahlen, die nicht alle möglichen Werte abdecken kann.

6 Funktionen, Teil 1

In diesem ersten Kapitel über Funktionen werden wir die Grundlagen und üblichen Anwendungsmöglichkeiten von Funktionen kennenlernen. Zu Beginn werden wir klären, was eine Funktion ist und warum sie nützlich ist. Im weiteren folgt die Syntax von Funktionsblöcken, wie man Funktionen deklarieren muss und Daten damit verarbeitet. Dazu gehört dann auch das Konzept der Zeigervariablen, Pointer genannt. Zum Schluss schauen wir uns das schon etwas fortgeschrittene Thema der Rekursion an.

6.1 Konzept einer Funktion

Die von uns bisher entwickelten Programme sind teilweise schon recht umfangreich, wenngleich noch überschaubar. Größere Projekte mit mehreren tausend Zeilen Quellcode sind da deutlich schwieriger zu beherrschen. Ein Konzept zur Reduktion der Komplexität heißt Wiederverwendung. Quellcode darf nur ein einziges Mal geschrieben werden, das Kopieren von Code und Einfügen an anderen Stellen führt unweigerlich zu längeren Programmen als nötig. Das wiederum macht es schwieriger, den roten Faden, die innere Logik des Programms, zu erkennen. Und was macht man, wenn man einen Fehler im Quellcode findet? Den muss man nicht nur an einer Stelle ausbessern, sondern auch noch alle weiteren Kopien finden und diese ebenfalls korrigieren. Es besteht also die Notwendigkeit einer Organisation des Quellcodes. Das Ziel ist, möglichst wenig Code überhaupt zu schreiben, und ihn in einzelne Einheiten zu zerlegen, welche jeweils nur einen geringen Wartungsaufwand erfordern.

Vielleicht klingt das etwas abstrakt, daher werden wir gleich ein Beispiel diskutieren. Der Abstraktionsgrad rührt daher, dass wir jetzt über das reine Programmieren hinausgehen und auf einer sehr allgemeinen Ebene Regeln für guten Quellcode lernen. Ein Programm muss nicht einfach nur geschrieben werden, sondern der Code muss auch strukturell entworfen und verwaltet werden. Nur im Zusammenspiel mit dieser Art von Management lassen sich größere Programmierprojekte überhaupt stemmen. Das folgende Programm illustriert das Thema Wiederverwendbarkeit. Wir berechnen damit ohne die Nutzung der Mathematikbibliothek eine Quadratwurzel. Die Mathematik hinter diesem Verfahren ist jetzt gar nicht relevant. Wer sich aber interessiert, sollte unter den Stichworten „Fixpunktsatz" und „Newton-Verfahren" suchen.

Beispiel 6.1

```
#include <stdio.h>

int main()
{
    double number = 2.0;
```

https://doi.org/10.1515/9783110486292-007

```
    double xOld, xNew;
    double accuracy = 1.0e-7;

    xNew = (1.0 + number) / 2.0;
    do
    {
        xOld = xNew;
        xNew = xOld/2.0 * (3.0 - xOld*xOld/number); // Newton-Iteration
    }
    while ((xNew/xOld-1.0)*(xNew/xOld-1.0) > accuracy*accuracy); // ohne fabs

    printf("sqrt(%lf) = %lf\n", number, xNew);

    return 0;
}
```

Wenn wir dieses Programm laufen lassen, gibt es uns tatsächlich die Quadratwurzel der Zahl number aus. Doch werden wir in der Praxis kaum ein Programm schreiben, dessen einziger Nutzen darin besteht, eine so kleine Aufgabe wie die Berechnung einer Quadratwurzel zu erfüllen. Diese Rechnung kann in einem realen Programm an vielen Stellen auftreten. Und sollten wir die Schleife an jeder dieser Stellen aufs neue implementieren? Das wäre wohl nicht zweckmäßig. Und mit hoher Wahrscheinlichkeit haben Sie auch kein Interesse daran, sich damit zu beschäftigen, wie der Computer eine Quadratwurzel berechnet. Er soll es einfach tun, gleichgültig, wie. Daher will man solchen Code vor dem „Anwender", also dem diesen Code verwendenden Programmierer, verbergen und statt dessen mit einer abkürzenden Schreibweise darauf zugreifen. Das haben wir auch schon getan, mit folgender Syntax, welche das gesamte obige Programm stark reduziert:

i **Beispiel 6.2**

```
#include <stdio.h>
#include <math.h>

int main()
{
    double number = 2.0;
    printf("sqrt(%lf) = %lf\n", number, sqrt(number));

    return 0;
}
```

Die komplette Berechnung findet über den Aufruf der Funktion sqrt statt. Dieser Funktion wird die Zahl übergeben, deren Wurzel man bestimmen will, und man erhält das Ergebnis (auf irgend eine noch zu besprechende Art) zurück. Das bietet mehrere große Vorteile: Zum einen ist der Code jetzt deutlich kürzer geworden. Zweitens wird die gesamte Mathematik zum Newton-Verfahren vor dem Programmierer verborgen, und er kann sich anderen Problemen zuwenden. Drittens lässt sich ein Fehler in der Berechnungsvorschrift der Wurzel unabhängig vom restlichen Programmcode beheben. Somit lassen sich Zuständigkeiten beim Programmieren festlegen und jeder kann sich auf seinen Teil des Programms konzentrieren.

6.2 Funktionsdeklarationen

Den Begriff der Funktion haben wir schon an mehreren Stellen verwendet, bisher immer im Zusammenhang mit mathematischen Berechnungen. Nun wollen wir aber nicht nur vorhandene Funktionen nutzen, sondern selbst Funktionen schreiben. Die Notwendigkeit dafür haben wir jetzt an einem ersten Beispiel erfahren, als nächstes folgt die konkrete Umsetzung dieses Konzepts.

6.2.1 Aufbau einer Funktion

Eine Funktion nimmt Daten entgegen und gibt neue Daten zurück. Der Aufruf der Wurzelfunktion ist ganz einfach gestrickt, allgemeiner sieht ein Funktionsaufruf wie folgt aus:

```
variable = functionName (argument1, argument2, ...);
```

Die Funktion mit dem Namen `functionName` kann mit einem oder mehreren Datenobjekten aufgerufen werden, das hängt von der Funktion selbst ab. Diese Daten nennt man auch die Argumente der Funktion. Dann berechnet die Funktion etwas aus diesen Daten und gibt ein Ergebnis aus. Dieses haben wir der Variable `variable` zugewiesen. Wie auch bei Ausdrücken kann man das Ergebnis verfallen lassen, eine Zuweisung ist nicht zwingend nötig. Wir wollen nun ein bekanntes Beispiel untersuchen, die Berechnung eines Kegelvolumens. Das Volumen hängt von zwei Zahlenwerten ab: Kegelhöhe und Radius. In einem Programm soll also folgende Zeile das Kegelvolumen ausgeben:

```
double volume = calcConeVolume(radius, height);
```

Um die Funktion zu implementieren, also die Berechnungsvorschrift in Code umzusetzen, schreiben wir in einem Programm folgendes:

```
double calcConeVolume (double radius, double height)
{
    const double PI = 3.141592654;
    double volume = 1.0/3.0 * PI * radius * radius * height;
```

```
    return volume;
}
```

Diese Zeilen nennt man die Definition der Funktion. Sie besteht aus mehreren Teilen. In der ersten Zeile wird der Kopf der Funktion beschrieben, das bedeutet, dass hier der Funktionsname festgelegt ist, die Liste der Argumente samt Datentyp, und der Datentyp dessen, was die Funktion zurückgibt. In unserem Fall heißt die Funktion calcConeVolume, sie nimmt zwei Argumente vom Typ double entgegen und gibt das Ergebnis der Berechnung auch im Format double aus. Nun folgt der Anweisungsblock, wie immer gekapselt in geschweiften Klammern. Für die Berechnung brauchen wir die Zahl π, welche als Konstante definiert wird. Achtung: Wir befinden uns gerade innerhalb eines Gültigkeitsblocks. Die eben definierte Konstante PI ist also auch nur so lange gültig, wie wir uns in der Ausführung zwischen den geschweiften Klammern befinden. Dann folgt eine kleine Rechnung, und am Schluss, unmittelbar vor dem Verlassen des Gültigkeitsblocks, steht das schon viele Male verwendete return. An dieser Stelle wird der berechnete Wert des Kegelvolumens zurückgegeben. Was bedeutet das nun? Genau wie die innerhalb der geschweiften Klammern definierte Konstante PI verliert auch die dort definierte Variable volume nach Verlassen des Blocks ihre Gültigkeit. Mit Hilfe von return lebt aber das Ergebnis auch nach Verlassen der Funktion weiter. Zumindest, wenn wir es beim Funktionsaufruf einer Variable zuweisen. Sonst verfällt es, liegt also nicht mehr im Speicher. Das „Zurückgeben" bedeutet also, in der Funktion einen Wert zu berechnen, und diesen bis zu dem Punkt durchzuschleusen, an dem die Funktion aufgerufen wurde.

Auf diese Weise ist jede Funktion aufgebaut, sodass wir eine allgemeine Syntax angeben können:

```
dataType functionName (argument1, ...)
{
    statement;
    return variable;
}
```

In der Funktion können komplizierte Berechnungen und Algorithmen ausgeführt werden. Am Ende muss ein Zahlenwert zurückgegeben werden, welcher vom Typ dataType ist. Beim Aufrufen der Funktion müssen wir genau die Reihenfolge der Argumente beachten. Das Datenobjekt, das beim Aufruf an erster Stelle steht, wird in der Funktion auch der Variable zugewiesen, welche im Funktionskopf den ersten Platz einnimmt. Außerdem müssen die Datentypen im Funktionsaufruf und in der Funktionsdefinition übereinstimmen. Technisch geschieht beim Aufruf nämlich eine Zuweisung. Das werden wir an einem vollständigen Programm besprechen, welches die Funktion zur Volumenberechnung enthält:

Beispiel 6.3

```c
#include <stdio.h>

double calcConeVolume (double radius, double height)
{
    const double PI = 3.141592654;
    double volume = 1.0/3.0 * PI * radius * radius * height;
    return volume;
}

int main()
{
    double height, radius;
    printf("Bitte Radius und Höhe eingeben:\n");
    printf("Radius = ");
    scanf("%lf", &radius);
    printf("Höhe = ");
    scanf("%lf", &height);
    double volume = calcConeVolume(radius, height);
    printf("Das Volumen beträgt %lf\n", volume);

    return 1;
}
```

Unser Programm besitzt absichtlich folgenden Aufbau: Zuerst wird die Funktion calcConeVolume definiert, und erst danach kommt die Funktion main. Den Grund dafür besprechen wir in Abschnitt 6.2.3. Sowohl in calcConeVolume als auch in main werden die Variablen radius und height definiert. In calcConeVolume geschieht die Deklaration der beiden Variablen im Kopf der Funktion. Im Funktionskörper erhalten sie dann konkrete Werte, werden also initialisiert. In der Funktion main werden ebenfalls zwei Variablen radius und height deklariert, allerdings im Funktionskörper. Auch wenn diese Variablen nun an zwei Stellen im Programm auftauchen: Sie haben nichts miteinander zu tun! Die Gültigkeitsbereiche der beiden Funktionen sind getrennt, daher können in beiden Funktionen Variablen unter dem gleichen Namen deklariert werden, ohne dass deren Inhalt identisch ist. Technisch gesehen reserviert der Compiler zwei verschiedene Speicherzellen für die Variablen. Beim Aufruf der Funktion werden dann die Zahlenwerte aus dem Speicherbereich der aufrufenden Funktion in den Bereich der aufgerufenen Funktion kopiert. Und beim Rücksprung wird der nach return folgende Zahlenwert ebenfalls in den Speicher der aufrufenden Funktion zurückkopiert.

Jetzt können wir auch verstehen, was es mit main auf sich hat. Es handelt sich um eine Funktion, welche eine ganze Zahl zurückgibt, aber keine Argumente entgegen nimmt. In unseren Beispielen (bis auf das letzte zur Berechnung des Kegelvolumens) haben wir den Wert 0 zurückgegeben. Doch wohin? Wer ruft `main` auf? Innerhalb des Programms gibt es keinen derartigen Aufruf, und es darf ihn auch nicht geben. Die Antwort lautet: Das Betriebssystem springt beim Starten des Programms in die Funktion `main` hinein. Bis auf den Namen ist `main` eine Funktion wie jede andere auch, und das Betriebssystem sucht beim Starten nach eben diesem Namen und beginnt dort die Programmausführung. Unmittelbar vor dem Ende des Programms, also in der `return`-Zeile, wird dem Betriebssystem ein Zahlenwert übergeben (was auch jede andere Funktion mit ihrem aufrufenden Partner tun würde). In unseren Beispielen hat der Rückgabewert keine Bedeutung. Wir könnten aber mit Hilfe verschiedener Zahlenwerte dem Betriebssystem eine Information übermitteln, wie das Programm beendet wurde. Schauen wir uns dazu einmal die Ausgabe unseres Programms zur Berechnung des Kegelvolumens an:

```
Bitte Radius und Höhe eingeben:
Radius = 1
Höhe = 1
Das Volumen beträgt 1.047198


-----------------

(program exited with code: 1)
```

Der in der Ausgabe erscheinende Code besitzt den Wert 1, also genau die Zahl, welche wir mit `return` zurückgegeben haben. Sollte es nötig sein, können wir an dieser Stelle eine erste Information übermitteln, wie das Programm beendet wurde. Für reine Anwender von Programmen ist das nicht informativ, der Entwickler kann daraus aber Rückschlüsse über eventuell auftretende Fehler ziehen. Bis auf eine einzige Ausnahme (siehe Abschnitt 6.2.2) besitzen auch alle anderen Funktionen einen Rückgabewert. In `calcConeVolume` war der Rückgabewert jedoch keine Information über den Status der Berechnung (also bspw. „Erfolg" oder „Misserfolg"), sondern wir haben den Rückgabewert genutzt, um ein Berechnungsergebnis zu transportieren. Dass man dies auch anders machen kann, werden wir in Abschnitt 6.3 untersuchen.

Jetzt haben wir den wesentlichen Aufbau von Funktionen kennengelernt. Ebenfalls haben wir gesehen, dass ein C-Programm aus mehreren Funktionen bestehen kann. Daher sagt man auch, dass C eine prozedurale Sprache ist. Das ganze Programm, und sei es noch so groß, wird immer in Funktionen untergliedert, die nacheinander aufgerufen werden. Eine andere Art der Strukturierung gibt es in C nicht. Damit aus vielen Funktionen ein verständliches und gut zu wartendes Programm wird, sollte man sich an folgende Regel halten:

Eine Funktion soll nur eine einzige Aufgabe erfüllen, diese aber möglichst gut und effizient. Sie besteht
nur aus wenigen Zeilen Code, üblicherweise nicht mehr als 50. Ist mehr Code erforderlich, sollte man
sich die Frage stellen, ob die Funktion wirklich nur eine einzige Aufgabe übernimmt.

Die Reduktion einer Funktion auf eine einzige Aufgabe ermöglicht eine Wiederverwendung im Programm. Zudem sollte der Name für sich sprechen, im Englischen
beginnt man dabei am besten mit einem Verb. So wird beispielsweise die Funktion
`solveEquation` dem Namen nach wohl eine Gleichung lösen.

6.2.2 Funktionen ohne Rückgabewert und der Datentyp void

Wie erwähnt gibt es Funktionen, die nichts zurückgeben. Damit dies möglich wird, ist
ein neuer Datentyp nötig. Denn: Eine Deklaration erfordert immer einen Datentyp. Alle
uns bekannten Typen nehmen Daten in einem bestimmten Format auf, wir kennen
aber noch keinen Typ, der „nichts" aufnimmt. Diesen Typ gibt es in C aus dem genannten Konsistenzgrund, und er trägt den Namen `void`. In gewisser Hinsicht ist `void` ein
flexibler Typ, welcher aber nur an wenigen Stellen genutzt werden kann. Im Zusammenhang mit Funktionen wird seine Fähigkeit benötigt, „keine" Daten aufzunehmen.
In Kapitel 7 lernen wir noch eine zweite Einsatzmöglichkeit kennen. Eine Funktion
ohne Rückgabewert wird wie folgt definiert:

```
void func (dataType arg1, ...)
{
    // Code
    return;
}
```

Wichtig ist, an keiner Stelle in der Funktion `return` mit einem Wert aufzurufen. Nur
`return` ohne Wert springt aus der Funktion zwar zurück in die aufrufende Funktion,
übergibt dabei aber keinen Wert. Schreibt man einen Wert dazu, wird der Compiler
beim Übersetzen einen Fehler melden.

Es bleibt natürlich die Frage offen, warum eine Funktion nichts zurückgeben sollte.
Gehen dann ihre Berechnungen nicht verloren? Nein, es gibt eine Möglichkeit, auch
ohne Rückgabewert Ergebnisse an die aufrufende Funktion zu übermitteln. Das besprechen wir in Abschnitt 6.3. Es gibt durchaus Szenarien, in denen ein Rückgabewert nicht
benötigt wird und es deshalb konsequenter ist, auf ihn zu verzichten, statt künstlich
einen Wert auszugeben, der keine weitere Verwendung erfährt.

Noch etwas ist bei der Verwendung von `void` als Datentyp zu beachten: Es ist nicht
möglich, Variablen von diesem Typ zu deklarieren. Diese müssen immer einen Typ
besitzen, der Daten in einem definierten Format aufnimmt. Und `void` bezeichnet ja
eben kein Datenformat.

6.2.3 Prototypen

Beim Übersetzen des Quellcodes findet der Compiler viele verschiedene Schlüsselworte wie etwa `while`, `if` oder `switch`, die er in seinem Wortschatz gespeichert hat und in Maschinenbefehle überführen kann. Der Übersetzungsvorgang geschieht linear, also von oben nach unten. Was geschieht nun, wenn der Compiler die Zeile

```
calcConeVolume (radius, height);
```

liest? Das Wort `calcConeVolume` muss ihm an dieser Stelle bekannt sein, sonst kann er die Zeile nicht richtig übersetzen. Daher war es in unserem Programm zur Berechnung des Kegelvolumens nötig, die Funktion `calcConeVolume` vor der Funktion `main` zu implementieren. Durch die Implementierung wird dem Compiler der Funktionsname bekannt gemacht, sodass er danach mit dem Funktionsaufruf auch etwas anfangen kann. Wir müssen diese Reihenfolge in jedem Programm berücksichtigen. Allerdings ist es nicht nötig, eine Funktion vor ihrem Aufruf vollständig zu implementieren, es genügt, dem Compiler den Namen bekannt zu machen. Anders ausgedrückt muss man dem Compiler also nur erklären, dass eine Funktion unter einem bestimmten Namen existiert, dass sie Daten mit bestimmten Typen entgegen nimmt und einen Wert von einem bestimmten Typ zurückgibt. Diese Erklärung ist eine Deklaration, und die Syntax dazu sieht allgemein wie folgt aus:

```
dataType functionName (dataType arg1, dataType arg2, ...);
```

Eine solche reine Funktionsdeklaration nennt man auch einen Prototyp. Er dient lediglich dazu, dem Compiler alle nötigen Informationen über den Aufruf der Funktion bekannt zu machen, und mehr benötigt der Compiler auch nicht, wenn er an einer Zeile mit einem Funktionsaufruf vorbeikommt. Der eigentliche Ablauf darf getrennt davon definiert werden. Unser Programm zur Berechnung des Kegelvolumens sieht unter Verwendung eines Funktionsprototypen daher so aus:

Beispiel 6.4

```
#include <stdio.h>

double calcConeVolume (double radius, double height);

int main()
{
    double height, radius;
    printf("Bitte Radius und Höhe eingeben:\n");
    printf("Radius = ");
    scanf("%lf", &radius);
    printf("Höhe = ");
```

```
    scanf("%lf", &height);
    double volume = calcConeVolume(radius, height);
    printf("Das Volumen beträgt %lf\n", volume);

    return 1;
}

double calcConeVolume (double radius, double height)
{
    const double PI = 3.141592654;
    double volume = 1.0/3.0 * PI * radius * radius * height;
    return volume;
}
```

Streng genommen sind im Prototyp nicht einmal die Namen von Variablen nötig, man könnte auch folgendes schreiben:

```
double calcConeVolume (double, double);
```

Diese sehr spartanische Deklaration lässt allerdings auch keinerlei Rückschlüsse mehr über die Bedeutung der einzelnen Argumente zu. Aus rein informativen Gründen ist es also empfehlenswert, die Namen der später verwendeten Variablen anzugeben.

6.3 Pointer

Wir haben gelernt, dass eine Funktion nur eine einzige Aufgabe übernehmen soll. Dennoch können dabei mehrere Daten produziert werden, die an den Aufrufer zurückgegeben werden sollen. Diese Aufgabe stellt uns vor ein Problem: Eine C-Funktion besitzt ja nur einen einzigen Rückgabewert. Wie bringen wir darin mehr als ein Ergebnis unter? Das geht natürlich nicht. Wir benötigen daher ein neues Konzept für die Übergabe von Daten zwischen Funktionen. Dazu lernen wir zuerst etwas über die Organisation des Arbeitsspeichers mit Hilfe von Adressen, und wie man darauf zugreifen kann. Danach nutzen wir dieses Konzept, um Daten zwischen Funktionen auszutauschen.

6.3.1 Deklaration und Verwendung von Pointern

In Abbildung 6.1 sieht man eine abstrahierte Sicht auf einen kleinen Teil des Arbeitsspeichers, wie er auch unserem Programm erscheint. Die physikalischen Speicherzellen sind als Kästen repräsentiert, die in einer langen Reihe aneinander hängen. Diese rein lineare Darstellung stimmt natürlich mit der Hardware nicht mehr überein. Wie dort die Zellen angeordnet sind, spielt aber für unsere Programme keine Rolle, denn eines ha-

...	0x2114C49D	0x2114C49E	0x2114C49F	0x2114C4A0	0x2114C4A1	...

Abb. 6.1: Ein Ausschnitt aus dem Arbeitsspeicher. Die einzelnen Speicherzellen werden mit je einer Adresse versehen, welche üblicherweise mit Hilfe von Hexadezimalzahlen dargestellt werden. Über diese greift der Prozessor auf die Daten zu.

ben Hardware und abstrahierte Darstellung gemeinsam: Jede Speicherzelle besitzt ihre eigene Adresse. Das ist nötig, damit der Prozessor auf Daten zugreifen kann. Jede Variable, die wir anlegen, wird vom Compiler in eine solche Adresse übersetzt. Und wenn wir den Wert einer Variable verändern oder auslesen, greift der Prozessor eigentlich nur auf die durch den Variablennamen definierten Adressen auf den Arbeitsspeicher zu und manipuliert die dort gespeicherten Daten. Wir werden in Kapitel 7 noch genauer auf Speicherstrukturen eingehen. Für den Moment soll uns nur interessieren, dass sämtliche Variablen im Speicher eine eigene Adresse besitzen. Eine Variable kann sich dabei auch über mehrere Speicherzellen ausdehnen. Die Adresse der Variable ist dann die erste Speicherzelle in der Reihe, an der Daten abgelegt werden.

In C existiert nun ein spezieller Datentyp für Variablen, welche nicht die Daten enthalten, die an einer Speicheradresse liegen, sondern lediglich auf diese Adresse zeigen. Aufgrund dieser Eigenschaft spricht man von einer Zeigervariable, oder im Englischen von einem Pointer. Wie andere Variablen enthalten auch Pointer Daten, mit dem einzigen Unterschied, dass es sich bei diesen Daten eben um Adressen handelt. Und auch Pointer müssen wie alle anderen Variablen vor ihrer Verwendung erst deklariert werden. Dafür gibt es eine spezielle Syntax, und die größte Schwierigkeit im Umgang mit Pointern liegt wohl in der richtigen Verwendung dieser Syntax. Gehen wir dazu ein kleines Beispiel durch. Wir deklarieren einen Pointer `ptr`, welcher auf eine Variable vom Typ `int` zeigen soll:

```
int *ptr;
```

Wie auch bei Deklarationen von herkömmlichen Variablen steht zu Beginn ein Datentyp. Dann folgt bei einem Pointer aber nicht gleich der Name der Variable, sondern zuerst noch ein Stern. Mit diesem Symbol wird dem Compiler bei der Deklaration einer Variable (und nur bei der Deklaration!) mitgeteilt, dass diese Variable eine Adresse enthalten wird und nicht die Zahl selbst. Dem Stern folgt schließlich der eigentliche Name der Zeigervariable. Die folgende Syntax ist ebenfalls zulässig und bedeutet genau das gleiche:

```
int* ptr;
```

Der Datentyp in der Deklaration ist nötig, weil der Pointer ja nur eine Adresse enthält. Ohne die Kenntnis, auf welche Art von Daten der Pointer zeigt, lassen sich die Daten an dieser Adresse nicht richtig interpretieren. Der Typ hat also nichts mit dem Pointer selbst zu tun, jede Adresse ist zunächst einmal gleichwertig mit allen anderen Adressen und wird wie in Abbildung 6.1 gezeigt, meist in hexadezimaler Form angegeben. Nachdem der Pointer nun deklariert ist, soll er auch eine Adresse einer Variable speichern. Um an die Adresse einer Variable zu gelangen, benötigen wir ein weiteres Symbol. Zunächst deklarieren wir jedoch eine Variable a vom Typ int. Mit Hilfe des Symbols & können wir ihre Speicheradresse bestimmen und das Ergebnis dem Pointer zuweisen:

```
int a = 1;
int *ptr;
ptr = &a;
```

Die Konstruktion &a liefert die Speicheradresse von a zurück. Bei der Zuweisung dieser Adresse zu ptr wird kein Stern verwendet. Der Compiler weiß bereits durch die Deklaration, dass ptr eine Adresse speichert. Um es noch einmal zu sagen: Pointer sind auch nur Variablen! Sie enthalten als Wert jedoch (und das unabhängig vom Datentyp, auf den sie zeigen) immer eine Adresse in einem einheitlichen Format. Verwendet man eine Zeigervariable daher wie jede andere Variable auch, manipuliert man den Wert der Zeigervariable, also eine Speicheradresse. Man muss sich das konsequent vor Augen halten, denn als nächstes wollen wir auch den Wert bearbeiten, welcher an einer Speicheradresse liegt, auf den unser Pointer zeigt. Dafür brauchen wir kein neues Symbol, sondern verwenden wieder den Stern, welcher aber abseits der Deklaration der Zeigervariable eine andere Bedeutung hat:

```
*ptr = 2;
```

Diese Anweisung bedeutet, dass an die Adresse, auf die ptr zeigt, der Wert 2 geschrieben werden soll. Mit dem Operator * wird die Adresse, auf die ptr zeigt, aufgelöst, oder, wie man meistens sagt, dereferenziert. Der Operator & liefert hingegen die Adresse, also die Referenz einer Variable. Leider wird der Stern im Zusammenhang mit Zeigern unterschiedlich verwendet. An diesen Umstand muss man sich gewöhnen, was am besten durch Übung geschieht und durch das Mantra „Pointer sind auch nur Variablen" .

Wir bauen jetzt unser Beispiel zu einem vollwertigen Programm aus und betrachten die Wirkungen der Referenz und der Dereferenzierung, indem wir mit Hilfe von printf die Inhalte der Variablen ausgeben:

Beispiel 6.5

```
#include <stdio.h>

int main()
{
    int a = 2;
    int b = 4;
```

```
    int *ptr = &a;

    printf("a    = %d\n", a);
    printf("b    = %d\n", b);
    printf("&a   = %p\n", &a);
    printf("ptr  = %p\n", ptr);
    printf("*ptr = %d\n", *ptr);

    ptr = &b;

    printf("ptr  = %p\n", ptr);
    printf("*ptr = %d\n", *ptr);

    *ptr = 7;

    printf("*ptr = %d\n", *ptr);
    printf("b    = %d\n", b);

    return 0;
}
```

Die Ausgabe zu diesem Programm sieht wie folgt aus:

```
a    = 2
b    = 4
&a   = 0x7ffc95eae868
ptr  = 0x7ffc95eae868
*ptr = 2
ptr  = 0x7ffc95eae86c
*ptr = 4
*ptr = 7
b    = 7
```

Wir verschieben die Diskussion der Formatierung in den printf-Anweisungen auf Kapitel 8. Für den Moment nehmen wir nur zur Kenntnis, dass %d dafür sorgt, eine ganze Zahl auszugeben und wir für die Ausgabe von Speicheradressen %p verwenden. Dann sehen wir zunächst wie gewohnt in den ersten beiden Zeilen der Ausgabe die Werte von a und b. Nun kommt der Adressoperator & zum Einsatz, mit welchem wir die Speicheradresse von a bestimmen und ausgeben. Das Ergebnis ist wie erwähnt eine hexadezimale Zahl. Der Pointer ptr, welcher die Adresse von a speichert, liefert in der folgenden Zeile den gleichen Wert. Mit dem Dereferenzierer * wird hingegen der Wert ausgelesen, der an der Speicheradresse steht, auf die ptr verweist. Der Wert ist der von a, also 2. Nun wird dem Zeiger die Adresse von b zugewiesen, was die Ausgabe auch bestätigt. Auch der Wert, auf den ptr zeigt, ist nun der von b. Dann greifen wir auf den Wert von b indirekt über die Zeigervariable zu, die Zuweisung *ptr = 7 ist gleichbedeutend mit b = 7. Auch dies wird durch die letzten beiden Zeilen der Ausgabe bestätigt. Lässt man das Programm mehrere Male laufen, werden übrigens immer neue Adressen ausgegeben. Darauf haben wir mit unserem Programm keinen Einfluss, es wird letztlich vom Betriebssystem bestimmt. Während eines Laufs ändern sich die Adressen der Variablen allerdings nicht mehr.

Nachdem wir nun die Operatoren * für die Dereferenzierung und & für die Referenz in Aktion gesehen haben, stellen wir noch die Frage, welche Adresse eine Zeigervariable enthält, wenn sie nur deklariert, ihr aber kein Wert zugewiesen wurde. Da Pointer auch nur Variablen sind, gilt: Der Wert der (Zeiger-)Variable ist jener, der sich an der Speicherstelle befindet, wo die Variable angelegt wird. Auch eine Zeigervariable liegt ja im Speicher, und da an dieser Stelle nicht „nichts" stehen kann, enthält sie ebendiesen Wert. Anders ausgedrückt: Wenn eine Zeigervariable nicht mit einem Wert initialisiert wird, zeigt sie auf irgendeine zufällige Adresse. Das ist etwas sehr Problematisches, wie wir in Kapitel 7 noch genau untersuchen werden. Daher gilt folgende Regel:

Jedem Pointer muss man nach einer Deklaration eine gültige Speicheradresse zuweisen. **!**

Sollte noch nicht klar sein, auf welche Adresse der Pointer zeigen soll oder wenn sich diese Adresse im Programmverlauf ändert, so kann man dem Pointer nach der Deklaration einen speziellen Wert geben, den sogenannten Nullpointer:

```
int *ptr = NULL;
```

Es gibt im Speicher keine Adresse mit dem Wert NULL, und genau deshalb sollte ein ungenutzter Pointer auch diesen Wert erhalten: Um festzustellen, ob man die Adresse mittels *ptr gefahrlos auflösen kann oder ob das eben nicht möglich ist. So kann man mit folgenden Zeilen entscheiden, ob man den Wert manipulieren darf oder eben nicht:

```
if (ptr != NULL)
{
    *ptr = 1;
}
else
{
    ...
}
```

Zusammengefasst merken wir uns: Pointer sind Variablen, welche die Adressen anderer Variablen enthalten. Man kann die Adresse einer Variable mit Hilfe des Referenzoperators & herausfinden, und man kann den Wert an einer Adresse mit * dereferenzieren.

6.3.2 Konstante Pointer und Pointer auf Konstanten

Variablen, die als konstant deklariert wurden, können ihren Wert nach der Initialisierung nicht mehr ändern. Um einen Pointer auf eine Konstante zeigen zu lassen, muss dies in der Deklaration des Pointers aber auch kenntlich gemacht werden:

```
const int a = 1;
const int *ptr = &a;
```

In diesem Beispiel ist nicht die Adresse konstant, die `ptr` speichert, sondern nur der Wert an dieser Adresse. Folgende Zeilen würden einen Fehler beim Übersetzen verursachen

```
const int a = 1;
int *ptr = &a; // Fehler beim Übersetzen
```

Der Grund für den Fehler liegt darin, dass der Pointer durch diese Deklaration nicht wissen kann, dass der Inhalt an der von ihm gespeicherten Adresse nicht veränderbar ist. Man kann den Wert von `a` zwar nicht direkt ändern, wäre diese Deklaration aber möglich, könnte man durch Dereferenzierung von `ptr` doch noch den Wert manipulieren. Um das zu verhindern, muss ein Pointer auf eine Konstante auch entsprechend deklariert werden.

Umgekehrt darf ein Pointer aber als konstant deklariert werden, auch wenn er auf eine veränderbare Variable zeigt:

```
int a;
const int *ptr = &a;
```

Damit kann man den Wert von `a` direkt über eine Zuweisung manipulieren, aber nicht durch Dereferenzierung. Das ist kein Widerspruch und die Konstruktion damit zulässig. In beiden Fällen geht es jedoch um konstante Werte. Daneben ist es aber auch möglich, die Adresse, auf die ein Pointer zeigt, als konstant zu deklarieren. Die Adresse muss dem konstanten Pointer bei der Initialisierung zugewiesen werden und ist danach nicht mehr veränderbar:

```
int a;
int b;
int *const ptr = &a;
...
ptr = &b; // Fehler, ptr zeigt auf eine feste Adresse
```

Zu beachten ist, dass nur die Adresse konstant ist, nicht der Wert bei der Adresse. Daher ist das folgende Beispiel richtig:

```
int a = 3;
int *const ptr = &a;
*ptr = 7; // Damit hat a den Wert 7
```

Die letzte noch verbleibende Möglichkeit ist die Verknüpfung eines konstanten Werts mit einer konstanten Adresse:

```
const int a = 1;
const int *const ptr = &a;
```

In diesem Beispiel ist a eine Konstante, was bei der Zuweisung eines Pointers auf die Adresse von a ein Schlüsselwort const erfordert. Das zweite const bedeutet, dass auch die Adresse, die in ptr gespeichert wird, unveränderbar ist. Im nächsten Abschnitt werden wir dieses Konzept nutzbringend anwenden.

6.3.3 Datenaustausch zwischen Funktionen

Nach diesem ersten Ausflug in die Welt der Zeigervariablen wollen wir diese jetzt nutzen, um unser eigentliches Problem zu lösen, nämlich einen Datenaustausch zwischen Funktionen ermöglichen. Beim Aufruf einer Funktion wird eine Kopie der Daten angelegt, die an die Funktion übergeben werden. Verändert man anschließend die in der aufgerufenen Funktion liegenden Daten, hat dies keinen Einfluss auf die Daten in der aufrufenden Funktion. Wenn wir jedoch statt den eigentlichen Daten nur deren Adressen an die aufgerufene Funktion übergeben, können die an diesen Adressen liegenden Daten manipuliert werden. Anhand der folgenden Funktion wird dies schnell klar:

```
void func(int *x)
{
    *x = 7;

    return;
}
```

Diese Funktion gibt keinen Wert zurück, weil dieser in diesem Beispiel nicht relevant ist. Vielmehr müssen wir uns die Variable im Funktionskopf anschauen. Es handelt sich um einen Pointer mit dem Namen x, welcher auf eine andere Variable vom Typ int zeigt. In der Funktion wird nun der Wert, auf den x zeigt, dereferenziert, und auf 7 gesetzt. Nach dem return verschwindet der Pointer x wieder aus dem Speicher, nicht aber die Variable, auf die x gezeigt hatte. Mit diesem „Trick" ist es also möglich, auf Daten zuzugreifen, die nicht im Gültigkeitsbereich einer Funktion liegen.

Um dieses Konzept in einem etwas umfassenderen Rahmen anzuwenden, soll uns noch einmal der Algorithmus zur Nullstellenbestimmung als Beispiel dienen (siehe

Abschnitt 1.2.3). Wir werden dieses Verfahren jetzt zum einen in eine eigene Funktion auslagern, und zum anderen Pointer verwenden, um neben der angenäherten Nullstelle auch noch die erreichte Genauigkeit sowie die Anzahl der benötigten Iterationen an den Aufrufer zu übergeben.

Beispiel 6.6

```c
#include <stdio.h>
#include <math.h>

double f(double x);
void calcZero(double x1, double x2, double e, double *x0, double *y0, int *iter);

int main()
{
    double x, x1, x2, e, y;
    int iter;
    printf("Bitte Grenzen x1, x2 und Genauigkeit e vorgeben:\n");
    printf("x1 = ");
    scanf("%lf", &x1);
    printf("x2 = ");
    scanf("%lf", &x2);
    printf("e = ");
    scanf("%lf", &e);

    calcZero(x1, x2, e, &x, &y, &iter);

    printf("x0 = %lf, f(x0) = %lf\n", x, y);
    printf("Anzahl der benötigten Iterationen: %d\n", iter);

    return 0;
}

double f(double x)
{
    return exp(x) - x*x;
}

void calcZero(double x1, double x2, double e, double *x0, double *y0, int *iter)
{
    *iter = 0;
    double x, y, y1, y2;
    do
    {
        y1 = f(x1);
        y2 = f(x2);
        x = x1 - y1*(x2-x1)/(y2-y1);
```

```
        y = f(x);

        if (y > 0) x2 = x;
        else x1 = x;

        *iter += 1;
    }
    while (fabs(y) > e);

    *x0 = x;
    *y0 = y;

    return;
}
```

In der Funktion `main` befindet sich jetzt nur noch die Interaktion mit dem Benutzer. Nachdem die Daten eingelesen wurden, kommt der Aufruf der Funktion `calcZero`. Neben den unveränderlichen Werten für die Intervallgrenzen und die Genauigkeit werden die Adressen der Variablen für die Nullstelle, den dortigen Funktionswert und die Anzahl der Iterationen an die Funktion übergeben. In der Funktion `calcZero` selbst wird wieder eine Funktion aufgerufen, welche uns den Funktionswert f an einer beliebigen Stelle x liefert. Damit beseitigen wir einen Mangel, auf den wir schon in Abschnitt 5.2.3 hingewiesen haben, wo wir das Sekantenverfahren zum ersten Mal implementiert haben. Die mathematische Funktion, deren Nullstelle wir suchen, wird auf diese Weise nämlich nur noch einmal implementiert, im Gegensatz zur Umsetzung in Abschnitt 5.2.3, wo die Funktionsvorschrift insgesamt dreimal codiert wurde. So erhält unser Programm mehr Flexibilität, die Funktionsvorschrift ist jetzt schnell und sicher ausgetauscht.[10] Die Wechselwirkung von `calcZero` mit der aufrufenden Funktion `main` geschieht über die beiden Zeilen

```
*x0 = x;
*y0 = y;
```

sowie in der Zeile

```
*iter += 1;
```

Alle drei Variablen sind Pointer. Wir dereferenzieren jeweils die Adresse mittels `*variable` und ändern dann den dort stehenden Wert. Die Variablen, welche diese

---

10 Wir sprechen hier noch von einer eher wissenschaftlichen Nutzung unseres Programms. Programmierer und Nutzer sind ein und dieselbe Person. Ein realer Anwendungsfall, in dem ein Nutzer bei laufendem Programm die Funktionsvorschrift austauschen möchte, ist damit natürlich noch nicht abgedeckt.

Werte tatsächlich speichern, liegen außerhalb von `calcZero` und sind damit auch nach dem `return` noch verfügbar.

Die Erhöhung des Werts an der Adresse `iter` wurde in diesem Programm nicht mit dem sonst oft verwendeten Inkrement umgesetzt. Der Grund dafür ist schnell ersichtlich, wenn wir die Zeile wie folgt schreiben:

```
*iter++; // falsch, inkrementiert die Adresse, nicht den Wert
```

Worauf wirkt das Inkrement? Oder anders gefragt: Welcher der beiden Operatoren (Dereferenzierung und Inkrement) wird zuerst ausgewertet? Tatsächlich hat das Inkrement Vorrang, sodass nicht die erwünschte Erhöhung des Wertes an der Adresse `iter` die Folge ist, sondern statt dessen die Adresse selbst erhöht wird. Damit zeigt `iter` nach dem Durchlauf auf eine ganz andere Speicherstelle! Richtig ist statt dessen:

```
(*iter)++; // richtig, erst dereferenzieren, dann inkrementieren
```

Wie so oft sorgen die Klammern für Klarheit in der Priorisierung. Um diese Schwierigkeit für den Anfang ganz zu vermeiden, wurde im Programm statt dessen der Weg über den Zuweisungsoperator gewählt.

Es gibt eine Möglichkeit, wie man ein versehentliches Ändern der Adresse eines Pointers leicht verhindern kann. Dazu nutzen wir einen konstanten Pointer in der Funktionsdeklaration:

```
void calcZero(double x1, double x2, double e,
              double *const x0, double *const y0, int *const iter)
```

Damit wird sich der Compiler beschweren und die Übersetzung verweigern, wenn uns der folgende Fehler passieren sollte:

```
*iter++; // Fehler, da iter als const deklariert wurde
```

Es ist also ratsam, einen Pointer als konstant zu deklarieren, wenn er sich innerhalb einer Funktion nicht verändern soll.

6.4 Rekursive Funktionen

Es ist möglich, eine Funktion zu schreiben, die sich selbst aufruft. Bevor die Funktion also beendet werden kann und zur aufrufenden Funktion zurückspringt, wird sie noch einmal gestartet. Der Programmfluss verzweigt sich dadurch an einer solchen Stelle genauso, wie wenn eine andere Funktion aufgerufen würde. Man nennt einen solchen Selbstaufruf eine Rekursion. Das folgende Beispiel zeigt uns, wie eine Funktion so mit einem sich ständig verändernden Argument aufgerufen wird, bis dieses Argument einen bestimmten Wert erreicht:

Beispiel 6.7

```
#include <stdio.h>

int nMax = 5;

void increment(int n)
{
    if (n < nMax)
    {
        printf("increment(%d) aufrufen.\n", n+1);
        increment(n+1);
    }
    else
    {
        printf("Maximum erreicht.\n");
    }
    return;
}

int main()
{
    increment(1);

    return 0;
}
```

Dieses Programm erzeugt folgende Ausgabe:

```
increment(2) aufrufen.
increment(3) aufrufen.
increment(4) aufrufen.
increment(5) aufrufen.
Maximum erreicht.
```

In main wird die Funktion increment das erste Mal aufgerufen, das Argument hat den Wert 1. Innerhalb von increment wird dieser Wert geprüft. Liegt er unterhalb eines Maximalwerts (in unserem Beispiel 5), wird increment ein weiteres Mal aufgerufen, mit einem um 1 vergrößerten Eingabewert. Wieder wird das Argument mit nMax verglichen (es hat jetzt den Wert 2), und der nächste Funktionsaufruf (diesmal mit dem Wert 3) gestartet. Wie wir in der Ausgabe sehen, wird dies fortgesetzt, bis der maximal zulässige

Wert 5 erreicht ist. Dann wird in der Abfrage der zweite Entscheidungszweig gewählt, in dem kein weiterer Funktionsaufruf steht. Damit endet die Rekursion.

Rekursive Funktionen sind nicht ganz einfach zu verstehen. Neben genügend Übung ist ein gewisses technisches Verständnis darüber hilfreich, wie der Computer mit einer Rekursion umgeht. Als Programmierer sehen wir nämlich nur den Programmcode, und das ist nicht ganz das, was sich während der Rekursion im Speicher des Rechners befindet. Für uns hat eine Funktion einen festen Namen, sodass wir zwangsläufig von einem Selbstaufruf sprechen müssen. Der Rechner hingegen unterscheidet die verschiedenen aufgerufenen Funktionen. Bei jedem (Selbst-)Aufruf wird eine Kopie der Funktion erzeugt. Das geschieht zur Laufzeit des Programms, nicht während der Übersetzung des Quellcodes. Wird eine rekursive Funktion also aus sich selbst heraus aufgerufen, hält die Ausführung an dieser Stelle in der aufrufenden Funktion an, der Rechner legt eine Kopie der Funktion im Speicher an (und zwar gewissermaßen unter einem anderen Namen), und führt das Programm dort weiter aus. Wenn die Kopie der Funktion zu einem Ende kommt (also zu `return`), wird das Programm in der aufrufenden Funktion, von der die Kopie erzeugt wurde, fortgesetzt. Wenn innerhalb einer Kopie eine weitere Kopie erzeugt wird, stapeln sich auf diese Art mehrere Funktionen, die alle in umgekehrter Reihenfolge wieder beendet werden müssen. Der Rechner sieht also keine Selbstaufrufe, sondern mehrere namentlich verschiedene Funktionen. Als Programmierer hingegen müssen wir dieses Entfalten weniger Zeilen Code im Kopf leisten.

Da Funktionen aus Anweisungen sowie aus Daten bestehen (alle Variablen in der Funktion belegen Speicher), wird beim Stapeln der Kopien immer mehr Speicher belegt. Aber auch ohne an den Speicher zu denken ist klar, dass eine Rekursion irgendwann enden muss. Sonst läuft sie schließlich endlos weiter. Daher haben wir eine Abbruchbedingung in unser Programm eingebaut, nämlich die Prüfung des Eingabewerts. Und mit jedem Aufruf wurde dieser Wert um 1 vergrößert. Dies stellt sicher, dass das Programm sicher zu einem Ende kommt. Jede rekursive Funktion muss sicher stellen, dass keine Endlosschleife entsteht. Daher ist bei Rekursionen auch besondere Vorsicht geboten.

Nun wollen wir ein weiteres Beispiel betrachten, welches besonders in der Mathematik eine große Rolle spielt und für Rekursionen prädestiniert ist: Die Folge der Fibonacci-Zahlen a_n. Diese sind auch mathematisch schon durch ein rekursives Bildungsgesetz definiert:

$$a_n = a_{n-1} + a_{n-2}, \tag{6.1}$$

$$a_1 = 1, \tag{6.2}$$

$$a_0 = 1. \tag{6.3}$$

Um die Fibonacci-Zahl a_n berechnen zu können, müssen wir also erst die Zahlen a_{n-1} und a_{n-2} kennen. Und für diese beiden Zahlen wieder die beiden Vorgänger usw. Die Rekursion endet aber, weil man immer bei a_1 und a_0 anlangt, die fest vorgegeben sind. Daher eignet sich folgendes Programm für die Berechnung der Fibonacci-Zahlen:

Beispiel 6.8

```c
#include <stdio.h>

int calcFibonacci(int n)
{
    printf("calcFibonacci aufgerufen mit n = %d\n", n);
    int a;
    if (n > 1)
    {
        a = calcFibonacci(n-1) + calcFibonacci(n-2);
    }
    else if (n <= 1)
    {
        a = 1;
    }

    return a;
}

int main()
{
    int a, n = 5;
    a = calcFibonacci(n);
    printf("a_%d = %d\n", n, a);

    return 0;
}
```

Die Berechnung der Fibonacci-Zahlen wird durch die Verwendung der Rekursion sehr elegant umgesetzt (man versuche doch einmal den Ansatz, statt der Rekursion eine Schleife zu verwenden). Allerdings muss man bedenken, dass jeder Aufruf von calcFibonacci zwei weitere Funktionsaufrufe zur Folge hat. In jedem dieser beiden Aufrufe werden jeweils wieder zwei Funktionen aufgerufen, die Zahl der Aufrufe wächst also exponentiell an. Man kann sich das auch als einen Baum veranschaulichen, siehe hierzu Abbildung 6.2. Der oberste Knoten entspricht dem Funktionsaufruf aus main heraus. Innerhalb calcFibonacci werden dann zwei weitere Funktionen gestartet usw. In jedem Knoten steht die jeweils zu berechnende Fibonacci-Zahl. Das Ende wird bei a_1 bzw. a_0 erreicht. Insgesamt zählen wir 15 Aufrufe von calcFibonacci. Das deckt sich auch mit der Aufgabe unseres Programms, wo jeder Aufruf zur besseren Nachvollziehbarkeit mit einer printf-Anweisung beginnt.

Rekursionen werden im Allgemeinen nicht so häufig eingesetzt wie Schleifen. Es ist auch immer möglich, eine zu einer Rekursion äquivalente Lösung mit Hilfe einer Schleife zu finden. Manche Problemstellungen sind aber durch rekursive Funktionen leichter zu programmieren. Eleganz des Quellcodes mag zwar auch Geschmackssache

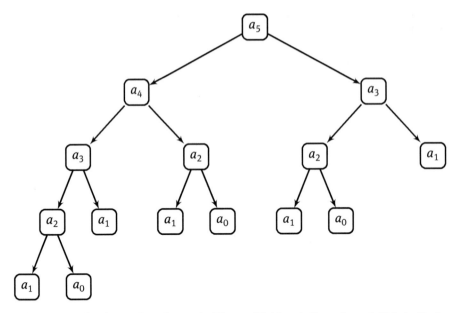

Abb. 6.2: Die Rekursion zur Berechnung der Fibonacci-Zahlen als Baum dargestellt. Jeder Knoten entspricht einem Funktionsaufruf zur Berechnung einer Fibonacci-Zahl a_n, die Pfeile zeigen an, welche weiteren Funktionsaufrufe dafür gestartet werden.

sein, es gibt aber zwei objektive Kriterien, nach denen man eine Schleife meistens vorziehen sollte. Zum einen laufen Schleifen schneller ab als Rekursionen, da für das Kopieren der Daten bei einem neuen Funktionsaufruf Rechenzeit benötigt wird. Diese zusätzliche Arbeit entsteht bei einem Schleifendurchlauf nicht. Ist eine Anwendung nicht zeitkritisch, kann man aber eine Rekursion ebenfalls einsetzen. Zum anderen aber ist die Zahl der Rekursionen begrenzt. Wir werden in Kapitel 7 noch einmal auf den Arbeitsspeicher zurückkommen und dort lernen, dass für die Kopien von Funktionen nur sehr wenig Speicher zur Verfügung steht. Das begrenzt die Rekursionstiefe je nach Rechner auf wenige 1000 bis 10000 Funktionsaufrufe. Beim Berechnen größerer Fibonacci-Zahlen ist diese Grenze durch das exponentielle Wachstum schnell erreicht. Man sollte Programme mit Rekursionen daher nicht nur eingehend testen, sondern auch theoretisch abschätzen, wie viele Funktionsaufrufe im Extremfall möglich sind. Denn zu viele Rekursionen führen immer zum einem Absturz des Programms.

Aufgaben

Aufgabe 6.1. *Einheiten umrechnen I*
Schreiben Sie eine Funktion convertTemperature, welche eine Temperatur in Kelvin als Parameter entgegen nimmt und als Ergebnis die Umrechnung in °C zurückgibt. Hinweis: 0 K sind −273,15 °C, und 0 °C sind 273,15 K.

Aufgabe 6.2. *Einheiten umrechnen II*
Die Funktion aus Aufgabe 6.1 soll nun wie folgt abgewandelt werden: Statt eines einzigen Parameters (einer Temperatur) soll noch ein zweiter Parameter übergeben werden, welcher von einem Aufzählungstyp ist und die beiden Werte K2C und C2K annehmen kann. Anhand des Wertes dieses Parameters soll in der Funktion convertTemperature entschieden werden, wie die Temperatur umzurechnen ist. Dieses Vorgehen hat den Vorteil, dass nicht für jede mögliche Umrechnung eine neue Funktion geschrieben werden muss.

Aufgabe 6.3. *Integration*
Schreiben Sie ein Programm, mit welchem Sie die Fläche unter einer Kurve $f(x)$ mittels Integration berechnen (siehe Abschnitt 1.2.4). In der Funktion main sollen vom Benutzer die Integrationsgrenzen a und b sowie die Anzahl der Stützstellen abgefragt werden. Die Berechnung des Integrals soll in eine Funktion ausgelagert werden, ebenso die Berechnung der Funktionswerte $f(x)$. Beispielhaft soll die Fläche unter der Kurve $f(x) = x^2$ bestimmt werden.

Aufgabe 6.4. *Differentialgleichung*
Implementieren Sie den Euler-Algorithmus, um eine Differentialgleichung zu lösen, siehe Abschnitt 1.2.5. Wie dort besprochen, soll die Gleichung

$$y'(t) = 0.01 \cdot y(t) \tag{6.4}$$

gelöst werden. Die Schrittweite sei immer noch $\Delta t = 0.1$, und der Funktionswert zu Beginn sei $y(0) = 2.0$. Um das Programm zu testen, vergleichen Sie die Ausgabe mit jenen Werten aus Abschnitt 1.2.5.

Aufgabe 6.5. *Pointer*
Welche Fehler verstecken sich in den folgenden Zeilen?

```
int a, b;
const int c;
double x;

const int *ptr1 = &a;
*ptr1 = 2;
int *const ptr2 = &b;
ptr2 = &a;
int *ptr3 = &x;
```

Aufgabe 6.6. *Rekursion*
Nach wie vielen Rekursionen endet das folgende Programm?

```
void func(int n)
{
    func(n-1);
    return;
}

int main()
{
    func(10);
    return 0;
}
```

Aufgabe 6.7. *B-Splines*

B-Splines sind mathematische Funktionen, die beispielsweise in der Computergrafik verwendet werden. Es handelt sich dabei um stückweise zusammengesetzte Polynome, welche eine bestimmte ganzzahlige Ordnung besitzen. Die niedrigste Ordnung ist 0, und ein solcher Spline wird wie folgt definiert:

$$B^0(x) = \begin{cases} 1 & 0 \le x < 1 \\ 0 & \text{sonst} \end{cases} \tag{6.5}$$

Höhere Ordnungen n werden über die folgende Rekursion berechnet:

$$B^{n+1}(x) = \frac{n+2-x}{n+1} B^n(x-1) + \frac{x}{n+1} B^n(x) \tag{6.6}$$

Schreiben Sie ein Programm, welches den Funktionswert eines B-Splines gegebener Ordnung n an einer ebenfalls gegebenen Stelle x berechnet.

7 Felder und Speicherverwaltung

Felder, oder im Englischen Arrays, dienen dazu, mehrere gleichartige Daten so im Speicher abzulegen, dass man über eine einzige Variable darauf zugreifen kann. Wir lernen in diesem Kapitel, wie man ein Feld deklariert, die darin enthaltenen Daten manipuliert und an Funktionen übergibt. C ist eine Sprache, mit der man sehr nah an der Hardware programmieren kann, und diesen Aspekt werden wir ausführlich beim Thema Speichermanagement diskutieren.

7.1 Deklaration von Feldern

Stellen wir uns vor, wir müssten mehrere Messwerte, die zu verschiedenen Zeitpunkten aufgenommen wurden, zur weiteren Verarbeitung im Arbeitsspeicher des Rechners ablegen. Als Beispiel dienen uns 5 verschiedene Temperaturen. Dann könnten wir für jeden Messwert eine eigene Variable anlegen:

```
double temperature1;
double temperature2;
double temperature3;
double temperature4;
double temperature5;
```

Wenn wir eine einfache Größe wie beispielsweise den Mittelwert ausrechnen wollen, ergäbe das eine sehr lange Zeile Quellcode. Schauen wir uns daher die Namen der Variablen einmal an. Wir stellen fest, dass diese nach einem Schema erstellt wurden: Im Kern haben sie alle den gleichen Namen und unterscheiden sich nur durch eine Nummer. C bietet uns nun die Möglichkeit, die Nummerierung vom Namen zu trennen. Damit verkürzt sich die Deklaration der Variablen für unsere Messwerte auf eine einzige Zeile:

```
double termperature[5];
```

Diese Anweisung versteht der Compiler so, dass er Speicher für 5 verschiedene Fließ-kommazahlen doppelter Genauigkeit reservieren muss. Eine solche Variable nennt man ein Feld bzw. ein Array. In der Mathematik gibt es ein ähnliches Objekt: den Vektor. Dieser wird auch durch einen einzigen Namen beschrieben, und im Vektor stehen (untereinander oder nebeneinander) mehrere Zahlenwerte. Auf diese Werte kann man über einen Index zugreifen, welcher die Zeile (oder die Spalte im Fall eines liegenden Vektors) angibt. In C unterscheiden wir nicht nach stehenden oder liegenden Arrays. Jede in einem Array gespeicherte Zahl erhält einen Index, eine Schreibweise wie in der Mathematik, welche die Zahlen in eine bestimmte Darstellung bringt, gibt es nicht.

https://doi.org/10.1515/9783110486292-008

Und noch etwas unterscheidet das Array von einem mathematischen Vektor: Während in der Mathematik der Index üblicherweise bei 1 beginnt, starten wir in C bei 0.

Nun können wir die Elemente eines Arrays auch manipulieren. Dies geschieht wie bei der Deklaration auch über eckige Klammern:

```
temperature[0] = 24.4;
temperature[1] = 21.9;
temperature[2] = 18.2;
temperature[3] = 22.3;
temperature[4] = 27.9;
```

Da die Nummerierung bei 0 beginnt, endet sie folglich bei 4. Dies ist sehr wichtig und einer der häufigeren Programmierfehler im Umgang mit Arrays.

! Der Index eines Arrays mit N Einträgen beginnt bei 0 und endet bei N-1. Auf keinen Fall darf ein Element mit einem Index außerhalb diese Grenzen aufgerufen werden.

Bei der Deklaration eines Arrays kann aber eine Initialisierung auch in einer einzigen Zeile vorgenommen werden:

```
temperature[5] = {24.4, 21.9, 18.2, 22.3, 27.9};
```

Hier benötigen wir die eckigen Klammern wieder, um die Größe des Arrays zu deklarieren, nicht um auf ein Element zuzugreifen. In den geschweiften Klammern stehen nacheinander alle Werte, aufsteigend vom Index 0 bis zum Index 4. Natürlich kann man mit den einzelnen Elementen rechnen wie mit allen anderen Variablen auch. Um den oben erwähnten Mittelwert der Temperaturen zu berechnen, bildet man deren Summe und teilt sie durch die Anzahl der Elemente. Am einfachsten geht das wohl mit Hilfe einer Schleife:

```
double sum = 0, mean;
for (int i=0; i<5; i++)
{
    sum += temperature[i];
}
mean = sum / 5;
```

Hier zeigt sich, warum wir bei for-Schleifen gelernt hatten, von 0 an zu zählen: Auf diese Weise werden wir garantiert nur gültige Indizes durchlaufen. Doch dieses kleine Programm besitzt noch einen gewichtigen Makel: Sollten wir die Größe des Arrays einmal verändern, müssten wir an insgesamt drei Stellen die Zahl 5 durch die neue

Größe des Arrays ersetzen. Daher wäre die Verwendung einer Variable viel vorteilhafter. Leider kann man in C ein Array auf die folgende Art nicht deklarieren:

```
int N = 5;
double temperature[N]; // Fehler beim Übersetzen
```

Dies führt zu einer Fehlermeldung des Compilers, auch wenn die Größe zahlenmäßig im Programm enthalten ist.[11] Wir müssen uns merken, dass bei der Deklaration eines Arrays die Größe als Literal angegeben werden muss, beispielsweise 5. Wir kennen aber eine Möglichkeit, wie wir im Quellcode zwar eine Variable verwenden können, der Compiler beim Übersetzen aber ein Literal sieht: Das Schlüsselwort #define ist genau für diesen Fall gemacht. Erinnern wir uns: Die Präprozessoranweisung sorgt dafür, dass vor dem eigentlichen Übersetzen überall dort, wo N steht, dieses Symbol durch 5 ersetzt wird. Ein vollständiges Programm zur Berechnung des Mittelwerts sieht also wie folgt aus:

Beispiel 7.1

```
#include <stdio.h>

#define N 5

int main()
{
    double temperature[N] = {24.4, 21.9, 18.2, 22.3, 27.9};
    double sum = 0.0, mean;

    for(int i=0; i<N; i++)
    {
        sum += temperature[i];
    }

    mean = sum / N;
    printf("Mittelwert: %lf\n", mean);

    return 0;
}
```

Die Deklaration eines Arrays und anschließende Initialisierung mit einer Menge von Werten birgt natürlich die Gefahr, dass die Anzahl der Werte nicht mit der Größe des

---

11 In C++ ist eine solche Deklaration hingegen möglich, weil der Compiler etwas „intelligenter" übersetzt.

Arrays übereinstimmt. Das fällt beim Übersetzen auch nur auf, wenn man zu viele Werte bei der Initialisierung angibt, wie das folgende Beispiel zeigt:

```
double temperature[4] = {24.4, 21.9, 18.2, 22.3, 27.9}; // Fehler
```

Initialisiert man weniger Werte, als das Array aufnehmen könnte, füllt der Compiler Nullen auf:

```
double temperature[5] = {24.4, 21.9, 18.2};
```

Die Einträge 3 und 4 sind jetzt also beide 0. Ein Spezialfall ist das Initialisieren eines Arrays ausschließlich mit Nullen:

```
double temperature[5] = {};
```

Man kann den Compiler aber auch anweisen, die Größe des Arrays anhand der initialisierten Werte selbst zu bestimmen. Das hat den Vorteil, dass das Array sicher die richtige Größe erhält, denn der Compiler macht schließlich keinen Fehler. Dafür muss man die eckigen Klammern einfach leer lassen:

```
double temperature[] = {24.4, 21.9, 18.2, 22.3, 27.9};
```

Ändert man diese Zeile einmal, indem man Werte hinzufügt oder entfernt, muss man nicht daran denken, auch die Größe des Arrays anzupassen. Der Compiler kontrolliert hingegen nicht, ob der Zugriff auf ein spezielles Element erlaubt ist, wie das folgende Beispiel zeigt:

```
double temperature[5] = {};
temperature[5] = 21.0; // nicht zulässig
```

Die Einträge des Arrays laufen vom Index 0 bis zum Index 4, wir versuchen aber, das Element mit Index 5 zu manipulieren. Ein Programm mit diesen Zeilen würde ohne jede Meldung übersetzt werden.[12] Das ist verständlich, denn wie sollte der Compiler schon beim Übersetzen nachvollziehen, ob eventuell ungültige Zugriffe stattfinden? Auch wenn es in diesem Beispiel noch theoretisch möglich wäre (man müsste dem Compiler ja nur ausreichend „Intelligenz" verleihen), sieht es ganz anders aus, sobald der Anwender des Programms erst zur Laufzeit einen Index vorgibt. Um sich nicht in einer Vielzahl von Fällen zu verlieren, in denen der Compiler einen ungültigen Zugriff noch prüfen könnte, wird in C ganz auf eine solche Prüfung verzichtet. Es ist also am

---

12 Es ist sogar möglich, dass das Programm scheinbar korrekt läuft. Das hängt jedoch vom Zufall ab, und welches Programm soll schon zufällig richtig laufen?

Programmierer darauf zu achten, nicht über das Ende des Arrays hinaus zu lesen. Wir werden aber noch lernen, wie man dies sehr einfach verhindern kann.

Nun zeigen wir noch eine Reihe weiterer Möglichkeiten, wie man auf Elemente eines Arrays zugreifen kann. Nicht alle diese Möglichkeiten sind empfehlenswert, teilweise sollte man sogar generell die Finger davon lassen:

```
int k, j[5];
double x[100], ri = 4.99;
x[0] = 47.11;
for (i=0; i<100; i++)
{
    x[i] = 0.1 * i;
}
k = 1;
x[k-1] = 47.12; // Indexrechnung: x[0] = 47.12
j[0] = 10;
x[ j[0] ] = 47.13; // Indexschachtelung: x[10] = 47.13
x[ri] = 47.14; // reeller Index: gerundet x[4]
```

Es kommt häufig vor, dass ein Index erst berechnet wird, bevor man das Element an diese Stelle ausliest oder ändert. An einer einfachen Indexverschiebung wie `x[k-1]` ist nichts auszusetzen. Schwieriger sind hingegen geschachtelte Indizes, das führt sehr schnell zu einem Knoten im Kopf. Für ein etwas ausführlicheres Beispiel sei auf die Übung 7.1 verwiesen. Nach Möglichkeit sollte man solche Konstruktionen also vermeiden. Reelle Werte sind als Index ebenfalls zulässig, sie werden vor dem Zugriff gerundet. Da ein Index aber per Definition ganzzahlig ist, wird ein solches Konstrukt in der Praxis jedoch nicht vorkommen. Sollte man dennoch einmal eine solche Situation vorfinden, ist es angeraten, eine andere Lösung zu finden. Beim Runden sind schließlich zwei Richtungen möglich, sodass man vielleicht ungewollt auf das falsche Element zugreift.

Interessant ist noch die Möglichkeit, dass man mit den Werten eines Aufzählungstyps auf Einträge eines Arrays zugreifen kann. Erinnern wir uns: Eine Enumeration stellt für ganzzahlige Werte Namen zur Verfügung. Statt also Zahlen für Indexwerte zu verwenden, sind auch die symbolischen Konstanten eines Aufzählungstyps zulässig. Das könnte beispielsweise genutzt werden, um die Temperaturen über eine ganze Woche abzuspeichern und anhand des Namens den passenden Wert zu manipulieren:

```
enum {MONDAY, TUESDAY, WEDNESDAY, THURSDAY,
      FRIDAY, SATURDAY, SUNDAY};
double temperature[7];

temperature[TUESDAY] = 23.6;
```

Aufzählungen beginnen standardmäßig bei 0, sodass wir also nicht außerhalb des gültigen Indexbereichs des Temperaturfeldes lesen oder schreiben.

7.2 Felder, Pointer, und Arithmetik mit Zeigern

Nachdem wir Felder deklarieren können und wissen, wie wir auf die einzelnen Werte zugreifen, wenden wir uns jetzt einem technischen Aspekt zu. Dabei klären wir folgende Fragen: Wie werden Felder im Speicher abgelegt? Und warum liegt das erste Element beim Index 0?

7.2.1 Ablage von Feldern im Speicher

Wie wir schon von der Diskussion der Zeigervariablen wissen, ist der Arbeitsspeicher eine Ansammlung von Zellen, welche jeweils ein einzelnes Byte speichern. Jede dieser Zellen kann durch eine Adresse eindeutig angesprochen werden. Unabhängig davon, wie der Speicher physisch ausgelegt ist, erscheint er jedem Programm als lineare Aneinanderreihung von Adressen, beginnend bei `0x0` bis zur größten Adresse. Eine einzelne Variable, beispielsweise vom Typ `double`, belegt einen bestimmten Bereich im Speicher (bezogen auf das Beispiel sind es 8 Byte). Als Adresse dieser Variable wird die Adresse der ersten Speicherzelle verwendet. Anhand des Typs weiß der Compiler dann, dass er insgesamt 8 solcher Zellen ab der Startadresse lesen und interpretieren muss.

Ein Feld vom Typ `double` mit 7 Einträgen belegt nicht nur einen solchen Block, sondern insgesamt 7. Die Einträge des Feldes füllen den Speicher lückenlos aus.

---

i　Die Einträge eines Feldes werden im Arbeitsspeicher als lineare Kette von einzelnen Datenobjekten abgelegt.

Als Programmierer ist es gar nicht nötig zu wissen, welche Adresse jedes einzelne Element des Feldes besitzt. Da die Adressen ohnehin aufeinander folgen, genügt die Startadresse und der Versatz dazu, um auf ein Element zuzugreifen. Die Startadresse verbirgt sich hinter der Feldvariable selbst, der Versatz wird durch den Index des Elements angegeben, auf das man zugreifen will. Das ist der Grund, warum das erste Element den Index 0 erhält: Es befindet sich genau an der Startadresse, hat also den Versatz 0. Es sieht daher so aus, als seien alle Einträge des Feldes lediglich Zeiger auf die Datenobjekte im Speicher. Das stimmt nicht ganz, wie wir gleich noch demonstrieren werden, wir können aber die Adressen der Elemente auf der Konsole ausgeben, wie wir es auch schon mit Zeigern gemacht haben (siehe hierzu Abschnitt 6.3.1). Dazu betrachten wir das folgende Programmbeispiel:

Beispiel 7.2

```
#include <stdio.h>

int main()
{
    int v[3] = {3, 5, 7};

    printf("v      = %p\n", v);
    printf("&v[0] = %p\n", &v[0]);
    printf("&v[1] = %p\n", &v[1]);
    printf("&v[2] = %p\n", &v[2]);

    return 0;
}
```

Die Ausgabe dieses Programms sieht beispielhaft wie folgt aus:

```
v      = 0x7ffeceebea5c
&v[0] = 0x7ffeceebea5c
&v[1] = 0x7ffeceebea60
&v[2] = 0x7ffeceebea64
```

Wir sehen, dass sich hinter der Variable v tatsächlich eine Adresse verbirgt, und dass sie mit der Adresse des Elements mit Index 0 übereinstimmt. Die Adressen der folgenden Elemente werden jeweils um 4 größer, weil ein Datenobjekt vom Typ int im Speicher 4 Byte beansprucht. Während aber die bloße Variable v vom Compiler als Pointer interpretiert wird, verbirgt sich hinter dem Ausdruck v[0] noch mehr. Der Compiler nimmt nämlich eine Dereferenzierung vor, sodass schließlich der Wert an der entsprechenden Adresse ausgegeben wird. In unserem kleinen Programmbeispiel müssen wir daher den Adressoperator verwenden, um wiederum die Adresse des Elementes bestimmen zu können.

Doch obwohl es den Anschein hat, als sei die Feldvariable v ein Zeiger, also vom Typ int*, ist dem nicht so. Jede Feldvariable enthält neben der Startadresse noch eine weitere Information, nämlich die Feldlänge. Man kann mit Hilfe des Operators sizeof ermitteln, wie viele Einträge das Feld besitzt:

```
printf("sizeof(v) = %ld\n", sizeof(v));
```

Diese Zeile gibt auf der Konsole die Zahl 12 aus. Erinnern wir uns: sizeof gibt die Größe eines Datenobjekts im Speicher aus. Bisher hatten wir diesen Operator nur auf einzelne Variablen angewendet. Die Größe eines Feldes ist aber das Produkt aus der Größe eines einzelnen Elements und der Anzahl der Elemente. In unserem Fall ist die Größe des Typs int 4 Byte, und das Feld enthält 3 Elemente. Folglich belegt es im Speicher insgesamt 12 Byte. Um daraus die Anzahl der Elemente zu bestimmen, müssen wir die Feldgröße durch die Größe eines Elements teilen, welche wir wiederum mit Hilfe von `sizeof` bestimmen:

```
printf("Anzahl der Elemente = %ld\n", sizeof(v) / sizeof(int));
```

Diese Zeile gibt auf der Konsole die Zahl 3 aus. Dass nun die Variable v nicht einfach ein Pointer ist, können wir überprüfen, indem wir ausschließlich die in v gespeicherte Adresse einem echten Pointer zuweisen und dessen Größe mittels `sizeof` ermitteln:

```
int v[3] = {11, 13, 17};
int *ptr = v;

printf("sizeof(v)   = %ld\n", sizeof(v));
printf("sizeof(ptr) = %ld\n", sizeof(ptr));
```

Die Ausgabe dazu lautet:

```
sizeof(v)   = 12
sizeof(ptr) = 8
```

Der Pointer belegt im Speicher 8 Byte, nicht etwa 4. Wendet man den Operator `sizeof` auf einen Pointer gleich welchen Typs an, so wird die Größe der Adresse zurück gegeben, welche die Zeigervariable speichert. Bei einer 64-Bit-Architektur sind das natürlich 8 Byte. Möchte man die Größe der Variable herausfinden, auf welche der Pointer zeigt, muss man ihn zuerst dereferenzieren, also den Ausdruck

```
sizeof(*ptr)
```

bilden. Dies liefert als Ergebnis 4. Es gibt aber keine Möglichkeit mehr, die Größe des Arrays in Erfahrung zu bringen, sobald man dessen Adresse einem Pointer zugewiesen hat. Man sagt, das Array „zerfällt" dabei in einen Pointer (im Englischen heißt es „Decay"). Die Information über die Größe geht verloren.

Damit ist der Unterschied zwischen einer einfachen Adresse und einer Feldvariable gezeigt. Formal kann man noch den Typ eines Feldes beschreiben. In unserem Beispiel hat das Array v den Typ `int[3]`, beinhaltet also neben einer Adresse auch die Größeninformation. Auch syntaktisch wird damit ein Unterschied zu einem Pointer deutlich gemacht, denn letzterer besitzt den Typ `int*` (nur eine Adresse, keine Größeninformation mehr). Diese Typumwandlung geschieht bei der Zuweisung implizit, und sie ist möglich, weil der Pointer zumindest einen Teil der Information aufnehmen kann, die in einem Array steckt.

Ein Array speichert sowohl die Adresse des ersten Elements als auch die Größe. Ein Pointer kann nur eine Adresse aufnehmen. Bei der Zuweisung eines Feldes zu einem Pointer zerfällt das Array, sodass nur die Startadresse übrig bleibt.

Wenn man nicht an der Größe eines Feldes interessiert ist, kann man aber praktisch immer sagen, eine Feldvariable und ein Pointer sind das gleiche.

7.2.2 Zeigerarithmetik

Die Syntax, mittels eines Index auf Elemente eines Arrays zuzugreifen, ist sehr bequem und praktisch. Wie wir im letzten Abschnitt gesehen haben, verrechnet der Compiler die Startadresse und den Versatz (also den Index) abhängig vom Datentyp automatisch zur richtigen Adresse des Feldelements. Hinter dem Ausdruck v[2] verbergen sich also zwei Dinge: Zuerst löst der Compiler die Adresse von v auf, und dann zählt er zu dieser Adresse noch etwas hinzu. Reduzieren wir das Feld auf eine Zeigervariable, können wir diese Rechnung auch selbst nachstellen, wie wir am folgenden Beispiel sehen:

Beispiel 7.3

```c
#include <stdio.h>

int main()
{
    int v[3] = {19, 23, 29};

    printf("&v[0]   = %p\n", &v[0]);
    printf("v       = %p\n", v);
    printf("*v      = %d\n", *v);
    printf("v[0]    = %d\n", v[0]);
    printf("&v[1]   = %p\n", &v[1]);
    printf("v+1     = %p\n", v+1);
    printf("*(v+1)  = %d\n", *(v+1));
    printf("v[1]    = %d\n", v[1]);

    return 0;
}
```

Die Ausgabe dazu lautet:

```
&v[0]   = 0x7ffe8561198c
v       = 0x7ffe8561198c
*v      = 19
v[0]    = 19
```

```
&v[1]   = 0x7ffe85611990
v+1     = 0x7ffe85611990
*(v+1)  = 23
v[1]    = 23
```

Wir greifen immer auf zwei verschiedene Arten auf die Adresse eines Elements zu: Einmal dereferenzieren wir den Wert, also mittels &v[0] und &v[1]. Das andere Mal nehmen wir die Startadresse des Feldes, und zählen den Versatz, also den Index, dazu: v ist äquivalent zu &v[0], was wir schon gelernt haben. Wir können zur Adresse aber auch etwas addieren, sodass v+1 und &v[1] ebenfalls gleichbedeutend sind. Und während v+1 eine Adresse darstellt, können wir den Wert an dieser Adresse wie gewohnt mit Hilfe von *(v+1) bestimmen. Diese beiden Schritte, Erhöhung der Startadresse um einen bestimmten Wert und anschließende Dereferenzierung, nimmt der Compiler automatisch vor, wenn wir nur v[1] schreiben.

Allerdings führt die Addition einer 1 zur Startadresse nicht dazu, dass sich die Adresse auch um 1 erhöht. Wie die Programmausgabe zeigt, unterscheiden sich Start- und Zieladresse um 4, also genau die Größe eines einzelnen Datenobjekts. Je nach Datentyp liefert die gleiche Rechnung verschiedene Ergebnisse. Im Hintergrund interpretiert der Compiler nämlich die addierte 1 abhängig vom Typ und zählt erst die daraus resultierende Zahl zur Startadresse hinzu. Neben der Addition ist auch die Subtraktion im Zusammenhang mit Zeigern eine zulässige Rechenoperation, da man im Adressraum ja auch rückwärts gehen kann. Nur Multiplikation und Division sind nicht mehr definiert. Man nennt diese Art von Rechnungen auch Zeigerarithmetik. Da wir nach dieser arithmetischen Operation noch den Wert an der resultierenden Adresse auflösen, müssen wir auf die Priorisierung der beiden Operatoren achten: Die Dereferenzierung hat eine höhere Priorität als die arithmetische Operation, sodass wir für die richtige Reihenfolge Klammern benötigen (wir hatten mit diesem Umstand schon einmal zu tun, siehe hierzu Seite 106).

7.3 Übergabe von Feldern an Funktionen

In Abschnitt 6.3.3 haben wir bereits eine Lösung diskutiert, wie man Variablen so an eine Funktion übergibt, dass die Werte der Variablen innerhalb der Funktion geändert werden können. Man verwendet Pointer, übergibt also nur die Adresse der Variable an die Funktion. Über Dereferenzierung lässt sich dann in der Funktion der Wert an dieser Speicheradresse manipulieren. Jetzt wissen wir, dass auch alle Elemente eines Feldes erreichbar sind, wenn man nur die Adresse der Feldvariable kennt. Wenn wir also die Startadresse eines Feldes an eine Funktion übergeben, haben wir innerhalb der Funktion auch Zugriff auf alle Elemente des Feldes (solange wir uns im Speicherbereich des Feldes bewegen, was wir aber leicht sicherstellen können). Schauen wir uns das wieder an einem kleinen Beispiel an:

Beispiel 7.4

```
#include <stdio.h>

void changeElement(double *v, int size, int i, double x)
{
    if (i<size) v[i] = x;
    return;
}

void print(double *v, int size)
{
    for(int i=0; i<size; i++)
    {
        printf("v[%d] = %lf\n", i, v[i]);
    }
    return;
}

int main()
{
    double v[3] = {3.14, 2.53, 5.7};
    int size = sizeof(v) / sizeof(double);

    print(v, size);
    changeElement(v, size, 2, 4.9);
    printf("changeElement...\n");
    print(v, size);

    return 0;
}
```

In der Hauptfunktion wird ein Array mit drei Einträgen definiert. Um diese Einträge auf der Konsole auszugeben, wird die Funktion print aufgerufen. In deren Rumpf wird die Zeigervariable v deklariert. Beim Aufruf von print wird zwar die Feldvariable übergeben, welche ja nicht identisch mit einem Pointer ist. Allerdings wird das Feld beim Funktionsaufruf auf einen Pointer reduziert, sodass die Datentypen wieder kompatibel sind. Bei diesem Decay geht aber die Information über die Größe des Feldes verloren, aus dem Pointer allein kann also innerhalb der Funktion print kein Rückschluss auf die Größe des eigentlichen Feldes gezogen werden. Daher ist es nötig, die Feldgröße als weitere Variable mit an die Funktion zu übergeben. Die nächste Funktion, changeElement, nimmt ebenfalls einen Pointer entgegen, ebenso einen Index, an dessen Stelle das Feldelement verändert werden soll. Auch hier übergeben wir die Feldgröße, sodass wir in changeElement prüfen können, ob der Index auch gültig ist.

Die Feldgröße selbst wird in `main` berechnet. Statt einer Berechnung hätten wir auch die Zeile

```
int size = 3;
```

schreiben können. Aber dann stünde die Zahl 3 an zwei Stellen, und beim Programmieren vermeidet man solche Doppelungen, um bei einer Änderung einer dieser Zahlen nicht die andere zu vergessen. Wie die Ausgabe dieses Programms zeigt, wird das Element mit dem Index 2 durch Aufruf der Funktion `changeElement` tatsächlich verändert:

```
v[0] = 3.140000
v[1] = 2.530000
v[2] = 5.700000
changeElement...
v[0] = 3.140000
v[1] = 2.530000
v[2] = 4.900000
```

Zusammenfassend halten wir also fest:

! Ein Array wird mittels eines Zeigers auf die Startadresse an eine Funktion übergeben. Wie bei jedem Funktionsaufruf wird eine Kopie der Zeigervariable angelegt, aber keine Kopie aller Feldelemente, sodass ein solcher Aufruf kaum Rechenzeit benötigt. Neben der Startadresse sollte auch noch die Feldgröße übergeben werden, da diese aus dem Pointer nicht ausgelesen werden kann.

7.4 Dynamische Speicherverwaltung

Wir sind jetzt in der Lage, mit Feldern fester Größe umzugehen. Schon beim Übersetzen des Quellcodes muss aber bekannt sein, wie groß jedes Feld sein soll. In diesem Abschnitt werden wir lernen, wie man diesen Umstand umgehen kann. Dabei müssen wir das Betriebssystem mit einbeziehen und verstehen, dass man mit verwendetem Speicher Buchhaltung führen muss.

7.4.1 Stack und Heap

Bevor wir uns weiter mit Feldern beschäftigen, gehen wir nochmal zurück zu dem, was wir schon in Kapitel 3 gelernt haben. Dort ging es unter anderem um Gültigkeitsbereiche. Variablen werden unterschiedlich lange im Arbeitsspeicher gehalten. Die sogenannten globalen Variablen sind von überall im gesamten Programm zugänglich, und folglich existieren sie auch während der gesamten Laufzeit des Programms. Dabei bedeutet „Existenz", dass Speicher für diese Variablen zur Verfügung steht und die Adresse des jeweiligen Speicherblocks im Programm verwendet wird. Der Speicher wird beim Programmstart reserviert und steht von da an bis zum Beenden zur Verfügung. Im Gegensatz dazu sind lokale Variablen nur innerhalb eines bestimmten Bereichs gültig (abgegrenzt durch geschweifte Klammern). Tritt das Programm in einen solchen Bereich ein, wird der Speicher reserviert, und die Adressen der Speicherblöcke können genutzt werden. Beim Verlassen des Blocks wird der Speicher für lokale Variablen wieder freigegeben, die Adressen können also nicht mehr verwendet werden. Um die Reservierung und das Freigeben muss sich der Programmierer keine Gedanken machen, es geschieht automatisch. Als Variable zählt alles, was wir bisher kennengelernt haben: Sowohl skalare Variable, welche nur einen einzigen Wert beinhalten, als auch Felder, die mehrere gleichartige Datenobjekte verwalten.

Und nun kommt ein wichtiger Punkt zum Tragen, den wir bisher aus praktischen Gründen ignorieren konnten: Der Speicher für lokale Variablen ist unabhängig von der Größe des Arbeitsspeichers sehr klein, typischerweise wenige MB! Jede Variable, deren Größe zum Zeitpunkt des Übersetzens bekannt ist (und dazu zählen auch die Felder, die wir bisher verwendet haben), wird in diesem Speicherbereich, den man Stack nennt, abgelegt. Der Stack ist ein Bereich im Arbeitsspeicher, der dem Programm zur Verfügung gestellt wird, um alle schon beim Übersetzen bekannten Datenobjekte zu speichern. Zuerst einmal muss man sich also klar machen:

Der Stack ist ein Teil des Arbeitsspeichers. Er ist gemessen am gesamten Arbeitsspeicher sehr klein und dient dazu, alle beim Übersetzen bekannten lokalen Variablen zu speichern, solange diese verwendet werden.

!

Dass man dafür einen eigenen Namen erfindet, hat mit der Art der Nutzung dieses Speichers zu tun. Wir klären die Eigenschaften gleich noch etwas genauer. Vorher wollen wir uns aber an einem kleinen Beispiel verdeutlichen, dass es einen solchen begrenzten Speicherbereich auch tatsächlich gibt. Denn wenn der Stack begrenzt ist, muss etwas geschehen, sobald man so viele Daten in den Stack schreibt, dass er sie nicht mehr aufnehmen kann. Wir wollen jetzt also eine für den Stack zu große Datenmenge generieren, um ihn dadurch zum Überlaufen zu bringen. Man nennt das auch einen Stack Overflow. Am einfachsten legen wir dazu ein Array an, welches eine sehr große Anzahl von (beispielsweise) ganzen Zahlen speichert. Wenn wir diese Anzahl groß genug machen, passt das Array nicht mehr in den Stack hinein und das Programm wird zur Laufzeit abstürzen. Je nach Konfiguration muss im folgenden Beispiel die Größe des Arrays angepasst werden, um den Fehler zu erzeugen:

Beispiel 7.5

```
int main()
{
    int v[3000000] = {};
    return 0;
}
```

Das Programm wird übersetzt, aber beim Ausführen erhält man die Meldung:

```
Segmentation fault (core dumped)
```

```
------------------
```

```
(program exited with code: 139)
```

Hinter einem Segmentation Fault kann sich viel verbergen, die Fehlermeldung ist nicht sehr aussagekräftig und die Ursache für einen solchen Programmabsturz entsprechend schwer zu finden. In diesem Fall können wir das Programm jedoch ohne jedes Problem wieder lauffähig machen, wenn wir die Größe des Feldes v reduzieren. Mit dem Wissen um die begrenzte Größe des Stacks ist der Fehler auch verständlich.

Doch was ist nun der Stack genau? Und wie kann man größere Arrays im Speicher halten? Typische Programme belegen schließlich deutlich mehr als nur wenige MB. Der Stack wird aufgrund der Art benötigt, wie ein Computer ein Programm ausführt. Auf dem Stack liegen nicht nur alle lokalen Variablen, deren Größe schon im Quellcode festgelegt ist, sondern auch der vollständige Zustand der Programmausführung. Das schließt auch sämtliche Funktionen ein, die aufgerufen werden. Jede Funktion, die noch nicht beendet wurde, liegt mitsamt ihren Argumenten und lokalen Variablen auf dem Stack, ebenso die Adresse, an der die Ausführung weiter geht, wenn eine Funktion beendet wird. Der Stack besitzt die Besonderheit, dass dieser Speicherbereich aus zusammenhängenden Adressen besteht. Wenn eine neue lokale Variable erzeugt wird, legt sie die CPU einfach oben auf den Stack, springt also zur nächsten Adresse. Wird die Variable nach Verlassen eines Gültigkeitsbereichs wieder gelöscht, springt die CPU im Adressraum einfach einen Block zurück. Das geschieht sehr schnell, weil nur Zeigerarithmetik im Spiel ist. Der Nachteil ist allerdings, dass keine größeren Datenmengen auf dem Stack liegen können.

Wie kann man also große Arrays in den Speicher bringen, ohne einen Überlauf zu erzeugen? Dafür gibt es noch einen weiteren Speicherbereich, den man Heap nennt.

Auch der Heap ist natürlich Teil des Arbeitsspeichers, aber praktisch unbegrenzt groß.[13] Um auf diesen Teil zugreifen zu können, muss man aber händisch den Speicher anfordern, er steht einem Programm nicht schon von Beginn an zur Verfügung. Das bedeutet, dass man mit dem Betriebssystem in Interaktion treten muss, um von diesem einen freien Speicherbereich einer bestimmten Größe zugeteilt zu bekommen. Diese Interaktion findet erst zur Laufzeit des Programms statt und sie läuft wie folgt ab: Das Programm stellt eine Anfrage an das Betriebssystem, eine bestimmte Menge Speicher zugeteilt zu bekommen. Das Betriebssystem verwaltet den zur Verfügung stehenden Speicher für alle laufenden Programme und sucht nun einen Bereich im Arbeitsspeicher, in dem die angeforderte Menge freier Blöcke vorhanden ist. Dann übergibt es dem Programm die Startadresse dieses Speicherbereichs. Wie wir von Feldern wissen, genügt die Startadresse und die Größe, um auf alle Elemente innerhalb dieses Speicherbereichs zugreifen zu können. Das Betriebssystem sorgt dafür, dass kein anderes Programm diesen Speicherbereich belegen oder darauf zugreifen kann. Wenn das Programm den Speicherbereich nicht mehr benötigt, muss es dies dem Betriebssystem ebenfalls mitteilen. Das Betriebssystem markiert daraufhin diesen Bereich wieder als unbelegt und das Programm kann nicht mehr darauf zugreifen.

Der Heap ist ebenfalls ein Teil des Arbeitsspeichers, der aber jedem Programm erst zur Laufzeit und auf Anfrage zugeteilt wird. Er dient ausschließlich dazu, Daten zu speichern. Der Heap eines Programms steht auch nur diesem einen Programm zur Verfügung. Das Betriebssystem trennt die Speicherbereiche für alle Programme.

Beide Vorgänge, das Anfordern und das Freigeben von Speicher, muss vom Programmierer initiiert werden. Das ist der Unterschied zu Daten auf dem Stack: Diese werden automatisch angelegt, wenn sie gebraucht werden, und ebenso wieder gelöscht, wenn der Gültigkeitsbereich verlassen wird. Auf dem Stack läuft diese Buchhaltung sehr schnell ab, aber die Datenmenge ist stark begrenzt. Der Heap ist praktisch unendlich groß, aber die Buchhaltung benötigt deutlich mehr Zeit, weil das Betriebssystem erst nach freien Speicherbereichen suchen muss.

Um die Rolle des Betriebssystems noch einmal zu betonen: Es muss dafür sorgen, dass kein Programm im Adressraum eines anderen Programms liest oder schreibt. Versucht ein Programm, über den ihm zugewiesenen Speicherbereich hinaus Daten zu manipulieren, wird es vom Betriebssystem beendet. Zumindest, wenn es dabei in den Speicherbereich eines anderen Programms eindringt. Damit wird bei modernen

---

13 Sogar größer als der Arbeitsspeicher selbst. Versucht man aber, mehr Daten im Speicher zu halten, als der Arbeitsspeicher allein fassen könnte, weicht der Computer auf die Festplatte aus. Das verlängert die Zugriffszeiten jedoch so stark, dass der Computer „langsam" wird.

Betriebssystemen gewährleistet, dass die Daten aller Programme vertraulich bleiben.[14] Wie man eine solche Speicherschutzverletzung erzeugt und wie man sie verhindern kann, wird in Abschnitt 7.4.3 besprochen.

7.4.2 Felder dynamisch anlegen

Die Diskussion von Stack und Heap im letzten Abschnitt war nötig, um ein Verständnis zu bekommen, wie man Felder zur Laufzeit eines Programms anlegen kann. Eine Notwendigkeit dafür ist die begrenzte Größe des Stacks. In der Praxis kommt es häufig vor, dass man große Datenmengen verarbeiten muss, beispielsweise wenn es um lange Datenreihen aus Messungen oder Simulationen geht. Aber auch in der Computergrafik werden große Datenmengen im Speicher gehalten. Oberflächen von Objekten werden üblicherweise aus Dreiecken zusammengesetzt, und deren Anzahl beträgt im industriellen Bereich schnell mehrere hunderttausend. Wir werden also nicht umhin kommen, den Heap zur Ablage größerer Datenmengen zu nutzen.

Doch auch wenn wir nur kleine Arrays benötigen, kann es sinnvoll sein, deren Größe nicht im Quellcode festzulegen. Im folgenden Beispiel soll der Nutzer einige Zahlen eingeben, deren Maximum danach berechnet wird. Nach jeder eingegebenen Zahl wird der Nutzer gefragt, ob er noch eine Zahl eingeben möchte.

Beispiel 7.6

```c
#include <stdio.h>

int main()
{
    double numbers[100] = {};
    int k = 0;
    char continueReading = 'j';

    while(continueReading == 'j')
    {
        printf("Nächste Zahl: ");
        scanf("%lf", &(numbers[k]));
        printf("Weiter? (j/n) ");
        scanf(" %c", &continueReading);
        k++;
    }

    double maximum = numbers[0];
```

---

[14] Denken wir einmal daran, dass beispielsweise ein Server von vielen verschiedenen Nutzern gleichzeitig angesprochen wird. Jeder Nutzer startet sein eigenes Programm und möchte natürlich, dass seine Daten von anderen Nutzern nicht eingesehen werden können.

```
    for(int i=1; i<k; i++)
    {
        if(numbers[i] > maximum) maximum = numbers[i];
    }

    printf("Größter Wert = %lf\n", maximum);
    return 0;
}
```

Diese Art der Eingabe ist sicher etwas umständlich, und der Nutzer wird wahrscheinlich nicht mehr als 100 Zahlen eingeben wollen. Das Feld `numbers`, welches verwendet wird, um alle eingegebenen Zahlen zu speichern, ist daher vorsichtshalber auf 100 Elemente dimensioniert. Wenn wir weniger Zahlen eingeben, ist das verschwendeter Platz. In diesem kleinen Beispiel macht das sicher nichts aus, aber der Stack ist ja nicht groß. Ein realistischeres Programm mit vielen solchen Feldern könnte zu einem Problem werden. Und wenn das Array nicht groß genug ist und der Nutzer noch mehr Zahlen eingeben will? Sicher könnte man ihm mitteilen, dass 100 Zahlen das Maximum sind. Solche Beschränkungen wird man als Anwender aber wohl nicht gerne hören. In diesem Beispiel würden mehr als 100 eingegebene Zahlen das Array jedenfalls sprengen. Das wird tatsächlich nicht unbedingt zu einem Programmabsturz führen, muss aber dennoch auf jeden Fall vermieden werden. Besser wäre also für diese Anwendung ein Feld, dessen Größe wir erst zur Laufzeit festlegen und das damit nicht auf dem Stack, sondern auf dem Heap liegt.

Um Speicher auf dem Heap anzufordern, müssen wir beim Betriebssystem anfragen. Dafür gibt es eine Funktion, die den Namen `malloc` trägt, was für memory allocation steht. Das Betriebssystem muss wissen, wie groß der Speicherbereich sein soll, diese Größe (in Byte) wird der Funktion `malloc` als Argument übergeben. Wir benötigen dann nur noch die Adresse, wo der freie Speicherblock beginnt. Diese Adresse ist der Rückgabewert. Das klingt erst einmal ganz einfach, doch wir müssen ein wichtiges Detail berücksichtigen. Der Rückgabewert von `malloc` ist ein Pointer, und ein Pointer zeigt auf Daten von einem bestimmten Typ. Mittels `malloc` können wir aber Speicher für jeden beliebigen Datentyp anfordern. Welchen Typ soll der Rückgabewert also besitzen? Die einzige Möglichkeit ist `void`. Und um diese Adresse vom Typ `void` einem Pointer eines anderen Typs zuzuweisen, ist eine Typumwandlung nötig. Gehen wir das an einem Beispiel durch. Wir wollen Speicher für 1000 Zahlen vom Typ `double` anfordern. Das sind insgesamt 8000 Byte, denn jede einzelne Zahl benötigt bei doppelter Genauigkeit 8 Byte:

```
double *v = (double*) malloc(8*1000);
```

Wie immer bei einer Typumwandlung schreibt man den Zieltyp in Klammern vor den zu wandelnden Wert. In diesem Fall ist das Ziel ein Pointer vom Typ `double*`. Nach der Typumwandlung können wir die Adresse der Zeigervariable v zuweisen. Diese beinhaltet jetzt also den Startpunkt im Speicher, ab dem wir Zugriff auf insgesamt 1000 Fließkommazahlen doppelter Genauigkeit haben. Damit haben wir also nicht direkt ein Array erzeugt. Wir wissen ja, dass ein Array zusätzlich zur Startadresse noch seine eigene Größe kennt. Die Zeigervariable v beinhaltet nur die Adresse. Die Größe ist uns aber dennoch bekannt, und wir haben jetzt sogar die Möglichkeit, sie in einer Variable zu speichern:

```
int n = 1000;
double *v = (double*) malloc(n * sizeof(double));
```

Diese Variante beinhaltet gleich zwei Verbesserungen: Die Feldgröße ist nun eine Variable, die wir im gesamten Scope verwenden können. Weiterhin bestimmen wir die Größe einer einzelnen Fließkommazahl mittels sizeof, statt sie fest ins Programm zu kodieren. Damit läuft unser Programm auch auf einer anderen Architektur als 64 Bit noch korrekt.

Der Zugriff auf die Elemente unseres „Feldes" geschieht aber wie gewohnt: Entweder per Zeigerarithmetik, oder bequemer über einen Index in eckigen Klammern:

```
for(int i=0; i<n; i++)
{
    v[i] = 0.0;
}
```

Die Funktion malloc kann erst verwendet werden, wenn wir den Header stdlib.h einbinden, denn dort wird diese Funktion deklariert. Ebenfalls in diesem Header befindet sich eine Funktion, um dem Betriebssystem mitzuteilen, dass der Speicher jetzt nicht mehr benötigt wird. Das ist beispielsweise dann der Fall, wenn nach der Auswertung einer Reihe von Messdaten diese nicht mehr weiter verwendet werden, weil der Anwender jetzt etwas anderes mit dem Programm machen möchte. Damit der Speicherbereich nicht dauerhaft belegt bleibt, kann man mittels der Funktion free dem Betriebssystem mitteilen, dass es ihn jetzt wieder als unbenutzt verbuchen kann. Fordert ein anderes Programm mittels malloc wieder Speicher an, steht der eben freigegebene Bereich also wieder zur Verfügung. Als Argument erhält free den Pointer auf die Startadresse des Speicherbereichs:

```
free(v);
```

Nach dieser Zeile hat v aber immer noch den gleichen Wert, zeigt also nach wie vor auf die Adresse des gerade noch genutzten Speicherbereichs. Dieser steht dem Programm aber nicht mehr zur Verfügung, sodass wir auch nicht mehr auf ihn zugreifen dürfen. Andernfalls kann ein Programmabsturz die Folge sein. Um sicher gehen zu können, dass man nicht auf wieder freigegebenen Speicher zugreift, setzt man die Adresse des

Zeigers nach dem Aufruf von `free` auf den Wert NULL. Jeder Pointer mit diesem Wert zeigt allein dadurch an, dass man ihn nicht dereferenzieren darf. Eine bessere Variante unseres letzten Programms zur Bestimmung des Maximums mehrerer Zahlenwerte sieht nun wie folgt aus:

Beispiel 7.7

```c
#include <stdio.h>
#include <stdlib.h>

int main()
{
    double *numbers;
    int k;

    printf("Wie viele Zahlen sollen eingelesen werden? ");
    scanf("%d", &k);

    numbers = (double*) malloc(k * sizeof(double));

    for(int i=0; i<k; i++)
    {
        printf("Zahl %d: ", i+1);
        scanf("%lf", &(numbers[i]));
    }

    double maximum = numbers[0];
    for(int i=1; i<k; i++)
    {
        if(numbers[i] > maximum) maximum = numbers[i];
    }

    printf("Größter Wert = %lf\n", maximum);
    free(numbers);

    return 0;
}
```

Nun kann es vorkommen, dass ein Array irgendwann nicht mehr die richtige Größe hat. Beispielsweise könnte es neue Messdaten geben, die noch an die schon im Speicher liegenden Daten angehängt werden sollen. Eine mögliche Lösung dieses Problems besteht darin, ein weiteres Array zu allokieren, welches entsprechend dimensioniert ist, die vorhandenen Daten dorthin zu kopieren und das alte Array aus dem Speicher zu entfernen. Allerdings ist diese Operation aufwändig (die Daten müssen kopiert werden, was einige Zeit dauern kann), und zum anderen werden die Daten zeitweise doppelt im Speicher gehalten. Es gibt jedoch eine schnellere und sparsamere Lösung, welche mit der Funktion `realloc` umgesetzt ist. Diese nimmt den Pointer auf das bereits allokierte Array entgegen, sowie dessen neue Größe. Im Ergebnis bleibt der Pointer der gleiche, und die Daten sind auch noch vorhanden. Ist das neue Array größer als das alte, werden neue Speicherblöcke ans Ende gehängt. Verkleinert man das Array, werden Daten vom Ende her entfernt. Um `realloc` verwenden zu können, muss der Speicher bereits zuvor mit Hilfe von `malloc` angefordert worden sein. Das folgende Beispiel zeigt die Verwendung von `realloc`:

Beispiel 7.8

```
#include <stdlib.h>
#include <stdio.h>

int main()
{
    int *numbers = (int*) malloc(2 * sizeof(int));
    int *ptr;
    numbers[0] = 1;
    numbers[1] = 1;
    ptr = realloc(numbers, 3 * sizeof(int));

    if(!ptr)
    {
        numbers[2] = 2;
    }

    printf("Adresse von numbers: %p\n", numbers);
    printf("Adresse von ptr:     %p\n", ptr);

    return 0;
}
```

Eine beispielhafte Ausgabe sieht wie folgt aus:

```
Adresse von numbers: 0x562f264ce2a0
Adresse von ptr:     0x562f264ce2a0
```

Der Rückgabewert von `realloc` ist ein Pointer, und dieser zeigt auf die gleiche Adresse wie das Feld, das neu dimensioniert wurde. Nur im Fehlerfall ist dieser Wert `NULL`, sodass man erkennen kann, ob auch alles geklappt hat. Dies wurde durch eine Abfrage realisiert, damit keine Daten ans Ende des Feldes geschrieben werden können, falls es nicht vergrößert werden konnte.

7.4.3 Probleme beim Speichermanagement

Im vergangenen Abschnitt sind wir bereits auf Probleme gestoßen, die beim dynamischen Speichermanagement auftreten können. Wir wollen diese jetzt genauer besprechen und auch lernen, wie man solche Probleme vermeiden kann. Ein immer wieder auftretender Fehler ist das sogenannte Speicherleck, im Englischen Memory Leak genannt. Ein solches Leck tritt immer dann auf, wenn der Pointer auf dynamisch reservierten Speicher „vergessen" wird. Das bedeutet, dass der Gültigkeitsbereich der Zeigervariable verlassen wurde, bevor der reservierte Speicherbereich wieder freigegeben wurde. Schauen wir uns dazu die folgende Funktion an:

```
void doSomething(int n)
{
    double *v = (double*) malloc(n * sizeof(double));
    ... // verarbeite Daten des Feldes v
    return; // Rücksprung, v ist nicht mehr gültig: Speicherleck!
}
```

In dieser Funktion wird ein Array reserviert, also die Startadresse des Speicherbereichs in einer Variable abgelegt. Solange das Programm die Funktion ausführt, ist diese Speicheradresse bekannt, das Programm kann also auf den Speicherbereich zugreifen. Doch nach dem Beenden von doSomething gibt es im gesamten Programm keine Variable mehr, welche die Speicheradresse beinhaltet. Auf das Array v kann man also nicht mehr zugreifen, insbesondere kann man den Speicherbereich nicht mehr freigeben. Somit wird also bei jedem neuen Aufruf von doSomething Speicher einer bestimmten Größe angefordert, sodass der Arbeitsspeicher immer voller wird. Ein solches Leck kann tückisch sein: Man stelle sich einen Server mit viel Speicher vor, und ein Programm, dass ab und zu ein bisschen Speicher anfordert, aber nicht mehr freigibt. Das fällt so schnell nicht auf, aber ein Server läuft meistens über einen sehr langen Zeitraum, sodass irgendwann der Arbeitsspeicher doch knapp werden könnte. Besonders bei sicherheitsrelevanter Infrastruktur sind solche Fehler kritisch. Außerdem ist es meist sehr schwierig, ein Speicherleck im Programm aufzuspüren, sodass das dargestellte Szenario für einen Programmierer teuer und zeitaufwändig wird. Um Speicherlecks zu vermeiden, sollte man die folgenden Hinweise beachten:

Fordert man mittels malloc Speicher an, sollte man sofort free dahinter schreiben. Danach kann **!** man zwischen die beiden Funktionsaufrufe seinen Quellcode schreiben und vergisst anschließend nicht, den Speicher wieder freizugeben - der entsprechende Aufruf steht ja schon da. Außerdem ist darauf zu achten, vor jedem return noch einmal zu prüfen, ob auch sicher jeder angeforderte Speicherbereich freigegeben wurde. Allzu komplex aufgebaute Funktionen sind ebenfalls zu vermeiden. Hat man Speicher freigegeben, setzt man unbedingt die Zeigervariable auf NULL.

Dem Pointer nach Aufruf von `free` den Wert NULL zu geben, hat einen einfachen Grund: `free` teilt lediglich dem Betriebssystem mit, dass der Speicherbereich wieder zur Verfügung steht, was aber nichts an der Adresse ändert, welche noch in der Zeigervariable hinterlegt ist. Deren Wert kann nun aber nicht mehr dereferenziert werden. Da man dies einem Pointer aber nicht ansieht, kann man den Wert NULL für diesen Zweck nutzen. Bevor man einen Pointer dereferenziert, prüft man dessen Wert und läuft somit nicht mehr Gefahr, auf schon freigegebenen Speicher zuzugreifen. Außerdem darf man keinen Speicher freigeben, der schon einmal freigegeben wurde. So werden die Zeilen

```
double *a = (double*) malloc(8*1000);
...
free(a);
...
free(a); // Fehler, a ist NULL
```

zwar übersetzt, aber beim Ausführen wird man folgende Fehlermeldung erhalten:

```
double free or corruption (top)
Aborted (core dumped)
```

Die Meldung ist eindeutig (doppeltes Freigeben von Speicher), es geht aber nicht daraus hervor, wo sich der Fehler im Quellcode befindet. Daher empfiehlt es sich wieder einmal, ein Programm häufig zu testen. Die Funktion `free` macht hingegen gar nichts, wenn man einen Nullpointer als Argument übergibt. Insbesondere liefert sie auch keinen Fehler.

Neben Speicherlecks sind auch sogenannte Speicherschutzverletzungen kritische Fehler, die ein Programm zielsicher zum Absturz bringen können. Wie schon besprochen, schützt das Betriebssystem die Speicherbereiche verschiedener Programme vor gegenseitigem Zugriff. Sobald ein Programm in einen Adressbereich eindringt, den es nicht reserviert hat, prüft das Betriebssystem, ob dieser Adressbereich zu einem anderen Programm gehört. Ist das der Fall, wird das illegalerweise darauf zugreifende Programm beendet. Eine derartige Schutzverletzung kommt vor, wenn man einen Pointer auf dynamisch reservierten Speicher dereferenziert, nachdem der Speicher freigegeben wurde, ohne den Pointer auf NULL zu setzen:

```
double *a = (double*) malloc(8*1000);
...
free(a);
a[0] = 0; // Speicherschutzverletzung
```

Ein solcher Fehler muss nicht zwingend einen Programmabsturz zur Folge haben. Es kann sein, dass das Programm einmal ohne Probleme läuft und einmal abstürzt, ohne

jede Regelmäßigkeit. Es kommt ganz darauf an, ob das Betriebssystem den freigegebenen Speicher einem anderen Programm schon wieder zugeordnet hat, wenn man
den Pointer dereferenziert. Leider hilft hier nicht einmal häufiges Testen, denn wenn
das Programm bei jedem Test läuft, wird man nicht sehen können, dass eigentlich ein
schwerwiegender Fehler im Code steckt. Es hilft also nur Sorgfalt und das Wissen um
ein solches Risiko.

Eine weitere Art eine Speicherschutzverletzung zu erzeugen, werden wir in Aufgabe
7.3 untersuchen. Dort lesen wir über das Ende eines Feldes hinaus und begeben uns
damit potentiell ebenfalls in einen Adressbereich, auf den wir keinen Zugriff haben.
Das nennt man einen Speicherüberlauf.

7.5 Mehrdimensionale Arrays

Aus logischer Sicht ist Arbeitsspeicher eine lange lineare Kette von Adressen, an denen Daten hinterlegt werden. Felder sind dieser Struktur angepasst, sie speichern
Daten ebenfalls als eine einzige Kette. Es gibt aber insbesondere in der Mathematik
auch andere Anordnungen von Zahlen. Das vielleicht prominenteste Beispiel sind
Matrizen, welche Zahlen in einem Rechteckschema repräsentieren. Bevor wir eine
bequeme Möglichkeit diskutieren, Matrizen und ähnliche Objekte auch in C adäquat
darzustellen, zeigen wir, wie man auch mit den bisherigen Mitteln zweidimensionale
Zahlenanordnungen in den Speicher bringt. Danach werden wir die Besonderheiten
von mehrdimensionalen Feldern im Zusammenspiel mit dynamischer Speicherreservierung untersuchen.

7.5.1 Deklaration von mehrdimensionalen Feldern

Betrachten wir als Beispiel die folgende Matrix, in der wir neben den Zahleneinträgen
einen Index tiefgestellt anhängen:

$$M = \begin{pmatrix} 1_0 & 4_1 & 6_2 & 9_3 \\ 17_4 & 9_5 & 24_6 & 8_7 \\ 2_8 & 15_9 & 7_{10} & 3_{11} \end{pmatrix}$$

Alle Einträge lassen sich mit einem einzigen Index nummerieren (von 0 bis 11). Somit
lässt sich das Zahlenschema wie folgt auch als Array darstellen:

```
int matrix[11] = {
                1, 4, 6, 9,
                17, 9, 24, 8,
                2, 15, 7, 3
            };
```

Für den Compiler ist das keine rechteckige Anordnung, sondern eine einzige Programm-zeile. Wir haben diese Darstellung nur der besseren Übersichtlichkeit gewählt. Um nun auf ein Element in der Zeile i und der Spalte j zuzugreifen, müssen wir eine Umrechnung dieser beiden Zahlenwerte auf einen einzigen Index vornehmen:

```
int index = i*4 + j;
matrix[index];
```

Am besten macht man sich das erst einmal anhand von Beispielen klar: Für die Zeile 0 und die Spalte 1 erhält den Index den Wert 1, für die Zeile 2 und die Spalte 2 ergibt sich ein Index von 10. Dann können wir versuchen, die Umrechnung besser zu ver-stehen: Bei jedem Zeilensprung erhöht sich der Index um 4 im Vergleich zum letzten Zeilensprung, da die Matrix insgesamt 4 Spalten hat. Innerhalb einer Zeile (i bleibt konstant, während j hochgezählt wird) erhöht sich index dann schrittweise um 1. Die Variable i läuft von 0 bis 2, während j sich zwischen 0 und 3 bewegt. Um die ganze Matrix nach diesem Schema beispielsweise mit Nullen zu versehen, benötigt man zwei geschachtelte Schleifen:

```
for (int i=0; i<2; i++)
{
    for (int j=0; j<3; j++)
    {
        int index = i*4 + j;
        matrix[index] = 0;
    }
}
```

Auf die Verwendung von Variablen für die Feldgrößen und die dadurch entstehende dynamische Speicherreservierung haben wir aus Gründen der Einfachheit verzichtet. Sie wären in einem realen Programm aber natürlich angeraten.

Zusammenfassend stellen wir fest, dass eine solche Umrechnung etwas umständ-lich ist und vor allem auch Potential für Fehler birgt. C bietet uns daher die Möglichkeit, in einer etwas übersichtlicheren Form ein zweidimensionales Feld zu deklarieren, indem ebenfalls zwei Indizes verwendet werden:

```
int matrix[3][4] = {
                    {1, 4, 6, 9},
                    {17, 9, 24, 8},
                    {2, 15, 7, 3}
                   };
```

Der erste Index gibt an, wie viele Elemente sich in den äußeren geschweiften Klammern befinden (in unserem Fall also 3). Der zweite Index beziffert die Anzahl der Elemente in jeder inneren geschweiften Klammer, hier also 4. Greift man jetzt auf ein Element in der Zeile `i` und der Spalte `j` zu, nimmt der Compiler die Umrechnung auf einen linearen Index selbst vor.

Neben zweidimensionalen Feldern lassen sich auch noch höherdimensionale Anordnungen von Daten in den Speicher bringen. Man stelle sich dazu beispielsweise Messdaten von einem Kernspintomographen vor, der einen Menschen dreidimensional erfasst. Jeder Punkt im Raum wird durch drei Koordinaten beschrieben, und an jedem dieser Punkte wird ein bestimmter Signalwert des Tomographen eingetragen. Zerlegen wir den Raum in 1024 Schichten, wobei jede Schicht aus 256 mal 256 Bildpunkten besteht, so benötigen wir ein Feld der folgenden Dimensionierung:

```
char tomography[1024][256][256] = {};
```

Die Initialisierung mit Nullen findet wie gewohnt mit Hilfe leerer geschweifter Klammern statt. Wir haben den Datentyp `char` verwendet, da die Messdaten nur im Bereich von 0 bis 255 liegen sollen (Grauwerte). Aber Achtung: Ein solches Feld besitzt immerhin schon eine Größe von 64 MB. Steigern wir die Auflösung in jeder Schicht auf 1024 mal 1024 Bildpunkte, so vergrößert sich das Feld um einen Faktor 16, nimmt dann also schon 1 GB im Arbeitsspeicher ein. Und bei einem anderen Datentyp wie `int` sind es schon 4 GB. Bei höherdimensionalen Feldern empfiehlt sich also eine Kalkulation, wie der Arbeitsspeicher belastet wird.

7.5.2 Mehrdimensionale Felder dynamisch anlegen

Dynamisches Speichermanagement funktioniert nach einem einfachen Prinzip: Mit Hilfe von `malloc` kann man beim Betriebssystem nach einem Speicherbereich fragen und erhält die Startadresse dieses Bereichs zurück. Effektiv verwaltet man also einen Pointer. An diesem Prinzip kann nicht gerüttelt werden, und darin gründet auch ein Problem, wenn es um höherdimensionale Felder geht. Denn der Speicherbereich, den das Betriebssystem zur Verfügung stellt, ist linear, wie auch der gesamte Arbeitsspeicher eine einzige lineare Kette von Adressen darstellt.

Wie fordern wir also Speicher für ein mehrdimensionales Feld an? Um das zu verstehen, werfen wir einen Blick auf die Abb. 7.1. Darin sehen wir einen Ausschnitt des (linearen) Arbeitsspeichers. Die Variable `pptr` zeigt auf eine Adresse, welche den Beginn eines Bereichs markiert, der für das laufende Programm reserviert wurde. Soweit entspricht es der dynamischen Speicherreservierung, wie wir sie kennengelernt haben. Ebenso können wir wie gewohnt auf die Elemente des Speicherbereichs zugreifen, also mit Hilfe der Notation `pptr[0]`, `pptr[1]` etc. Jetzt weichen wir aber vom gewohnten Schema ab. Denn die Elemente des Feldes `pptr` enthalten keine Daten, sondern selbst

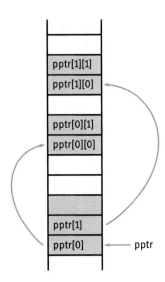

Abb. 7.1: Funktionsweise von Zeigern auf Zeiger. Die Variable `pptr` zeigt auf ein Feld von Zeigern, deren Elemente jeweils wieder auf Felder verweisen. In letzteren stehen dann Daten, keine Adressen mehr.

wieder Adressen. Anders ausgedrückt: `pptr` ist ein Array von Zeigern, also ein Pointer, der auf weitere Pointer verweist. Und jeder dieser Pointer zeigt auf ein weiteres Feld, in dem sich in unserem Beispiel die eigentlichen Daten befinden. Die Notation `pptr[i][j]` ist dann so zu lesen: Gehe zu dem Array, auf die das Element `pptr[i]` zeigt, und in diesem Array zum Element `j`. Die einzelnen Felder `i` stellen je eine Zeile oder Spalte einer Matrix dar (das ist eine reine Darstellungsfrage). Damit haben wir letztlich das gleiche gemacht wie bei der Deklaration eines eindimensionalen Arrays, in dem die Zeilen oder Spalten einer Matrix linear hintereinander in den Speicher geschrieben werden. Der Unterschied zum jetzigen Vorgehen ist aber, dass die Zeilen / Spalten jetzt nicht mehr zusammenhängend im Speicher liegen, sondern jeweils ein eigenes Array allokiert wurde, wie man in Abb. 7.1 sehen kann.

Nach dieser Erklärung des grundsätzlichen Vorgehens müssen wir natürlich noch die programmatische Umsetzung kennen lernen. Die erste Frage lautet: deklariert man eine Zeigervariable, die auf weitere Pointer zeigt? Das geht mit einem doppelten Stern:

```
int **pptr;
```

Um ein Feld von Zeigern zu allokieren, müssen wir nur konsequent den zusätzlichen Stern verwenden:

```
pptr = (int**) malloc(3 * sizeof(int*));
```

Damit fordern wir Speicher für 3 Elemente vom Typ `int*` an. Die Größe dieses Typs ermitteln wir wieder mit Hilfe des Operators `sizeof`. Der Rückgabewert von `malloc` muss in den Typ `int**` gewandelt werden, um mit `pptr` kompatibel zu sein. Nun können wir jedem Element von `pptr` die Adresse eines Arrays von beispielsweise 4 Einträgen zuweisen:

```
for (int i=0; i<3; i++)
{
    pptr[i] = (int*) malloc(4 * sizeof(int));
}
```

Die Erzeugung eines solchen Datenobjekts ist vielleicht anfangs etwas verwirrend, folgt aber einer klaren Logik. Der Vorteil gegenüber dem eindimensionalen Array, das alle Spalten einer Matrix hintereinander enthält, ist der Zugriff. Das Beispiel von Anfang dieses Abschnitts erfordert eine Umrechnung von zwei Indizes auf einen einzigen Index. Mit Hilfe dieser neuen und etwas aufwändigeren Methode können wir aber die einfache Schreibweise `pptr[i][j]` verwenden, um auf ein Element zuzugreifen und müssen uns über eine Umrechnung keine Gedanken mehr machen. Wofür man sich beim Programmieren entscheidet, kann jeder für sich entscheiden.

Und wie steht es um noch höherdimensionale Felder wie beispielsweise für unsere Tomographie? Wenn man das Prinzip von Zeigern auf Zeiger verstanden hat, kann man die Kette jetzt logisch fortsetzen. Die Deklaration

```
int ***ppptr;
```

ruft einen Pointer ins Leben, der auf einen Pointer zeigt, welcher selbst wieder auf einen Pointer verweist. Auf diese Art kann man dreidimensionale Felder erzeugen, man benötigt aber noch eine weitere Schleife.

Nun bleibt noch etwas sehr wichtiges zu tun: Um ein Speicherleck zu verhindern, muss das Array auch wieder aus dem Speicher entfernt werden. Da wir nicht nur ein einzelnes Feld, sondern mehrere Felder alloziert haben, müssen wir jedes einzelne davon freigeben, was wir mit der folgenden Schleife bewerkstelligen:

```
for (int i=0; i<3; i++)
{
    free(pptr[i]);
}
```

Zum Schluss muss noch das Array `pptr` selbst freigegeben werden:

```
free(pptr);
```

Wichtig ist die Einhaltung dieser Reihenfolge: Geben wir nämlich zuerst `pptr` frei, können wir die darin gespeicherten Adressen nicht mehr verwenden, also insbesondere nicht für die Freigabe der dort hinterlegten Felder. Daher muss man bei der Speicherfreigabe genau in der umgekehrten Reihenfolge arbeiten wie bei der Speicherreservierung.

7.5.3 Übergabe an Funktionen

Jetzt stellt sich noch die Frage, wie mehrdimensionale Felder an eine Funktion übergeben werden können. Bei eindimensionalen Feldern geht das über einen Zeiger auf die Startadresse des Feldes im Speicher. Wenn wir ein mehrdimensionales Array, wie zu Beginn des letzten Abschnitts gezeigt, auf ein eindimensionales Array reduzieren, müssen wir bei einem Funktionsaufruf natürlich nicht umdenken. Wir haben ja aber noch zwei weitere Möglichkeiten kennengelernt. Ein mehrdimensionales Array kann statisch angelegt werden, aber auch dynamisch mit Hilfe von Zeigern auf Zeiger. Die gute Nachricht ist: Auch hier läuft der Funktionsaufruf wie gewohnt ab, indem wir die Feldvariable als Pointer der Funktion übergeben. Der folgende Programmstumpf stellt die beiden Möglichkeiten vor:

Beispiel 7.9

```
#include <stdlib.h>

#define N1 3
#define N2 4


void crunchStaticArray(int array[N1][N2])
{
    array[0][0] = 4;
    return;
}

void crunchDynamicArray(int **array)
{
    array[0][0] = 7;
    return;
}

int main()
{
    int array1[N1][N2] = {};

    int **array2;
    array2 = (int**) malloc(N1 * sizeof(int*));
    for (int i=0; i<N1; i++)
```

```
{
    array2[i] = (int*) malloc(N2 * sizeof(int));
}

crunchStaticArray(array1);
crunchDynamicArray(array2);

for (int i=0; i<N1; i++)
{
    free(array2[i]);
}
free(array2);

return 0;
}
```

Wie immer im Fall von statisch allokierten Arrays müssen die Größen entlang der einzelnen Dimensionen für den Compiler Zahlenwerte sein, symbolische Konstanten sind nicht möglich. Will man ein mehrdimensionales Array dynamisch allokieren, so ist es letztlich eine Geschmacksfrage, ob man den Aufwand in die Speicheranforderung (und dessen Freigabe) oder in die Umrechnung eines Index' steckt. Im Zusammenspiel mit Funktionen muss man jedenfalls nichts weiter beachten.

Aufgaben

Aufgabe 7.1. *Geschachtelte Indizes*
Wie lautet die Ausgabe des folgenden Programms? Überlegen Sie sich das Ergebnis selbst, bevor Sie den Code vom Computer ausführen lassen.

```
int k[5] = {2, 6, 3, 1, 4};
int x[7] = {1, 3, 13, 17, 4, 64, 0};

for(int i=0; i<5; i++)
{
    printf("%d\n", x[k[i]]);
}
```

Aufgabe 7.2. *Sieb des Eratosthenes*
Entwerfen Sie ein Programm, das mit dem Sieb des Eratosthenes alle Primzahlen bis zu einer vorgegebenen Zahl N berechnet.

Der Algorithmus funktioniert so: Man schreibt alle Zahlen von 2 bis N auf. Dann streicht man alle Vielfache von 2 heraus, das sind keine Primzahlen. Von der 2 geht man nun zur nächsten nicht ausgestrichenen Zahl, diese muss eine Primzahl sein (in diesem Fall 3). Nun streicht man alle Vielfache dieser neu gefundenen Primzahl (3) aus und geht von der 3 zur nächsten nicht ausgestrichenen Zahl. Diese muss wieder eine Primzahl sein. So verfährt man bis zur größten Zahl N.

Das Aufschreiben aller Primzahlen geschieht in einem Feld, das alle Zahlen von 2 bis N speichert. Überlegen Sie sich nun ein Verfahren, wie Sie das Ausstreichen von Zahlen umsetzen und somit letztlich die Primzahlen herausfinden können.

Aufgabe 7.3. *Speicherschutzverletzung*
Deklarieren Sie ein Feld mit 100 Einträgen vom Typ int. Initialisieren diese Einträge in einer Schleife mit beliebigen Zahlen. Versuchen Sie nun ebenfalls in einer Schleife, alle Einträge und noch über das Ende des Feldes hinaus zu lesen. Wenn Sie ausreichend weit lesen (ausprobieren), stürzt das Programm ab und Sie sehen, dass Sie einen schweren Programmierfehler begangen haben. Wenn Sie nicht weit genug über das Ende hinaus gehen, lesen Sie eventuell Daten aus einem Speicherbereich aus, der für Ihr Programm nicht reserviert wurde, den aber auch kein anderes Programm benötigt.

Diese Aufgabe dient nur der Demonstration, unter realen Bedingungen darf ein solcher Programmierfehler natürlich nicht auftreten.

Aufgabe 7.4. *Speicherleck oder nicht?*
Betrachten Sie das folgende Programm:

```c
#include <stdlib.h>
#include <stdio.h>

#define N 5

int* duplicate(int *v1, int nElements)
{
    int *v2 = (int*) malloc(nElements * sizeof(int));
    for(int i=0; i<nElements; i++)
    {
        v2[i] = v1[i];
    }
    return v2;
}


int main()
{
    int v1[N] = {3, -8, 63, 1, 7};
    int *v2 = duplicate(v1, N);

    for(int i=0; i<N; i++)
    {
        printf("%d %d\n", v1[i], v2[i]);
    }

    return 0;
}
```

Beurteilen Sie, ob sich hier ein Speicherleck versteckt und was man gegebenenfalls verbessern muss.

Aufgabe 7.5. *Bubble Sort*

Bubble Sort haben wir schon in Abschnitt 1.2.6 kennengelernt, jetzt wollen wir den Algorithmus auch implementieren. Schreiben Sie eine entsprechende Funktion für den Sortieralgorithmus, welche ein Array mit Zahlen entgegennimmt und nach Beenden dieses Array in sortierter Form zurück gibt. Die Definition des Arrays soll in der Hauptfunktion geschehen. Lassen Sie sich das Ergebnis zur Kontrolle auf dem Bildschirm ausgeben.

8 Interaktion: Tastatur, Bildschirm und Dateien

Jedes Programm verarbeitet in irgendeiner Form Daten. Für den Datenfluss benötigt man Schnittstellen in zwei Richtungen, nämlich für die Eingangs- und für die Ausgangsdaten. An beiden Enden kann sowohl ein Mensch sitzen, als auch ein Speichermedium, das Daten vorhält und es erlaubt, neue Daten darauf abzulegen. In diesem Kapitel wollen wir Möglichkeiten besprechen, Daten über die Tastatur einzulesen und über den Bildschirm auszugeben. Des weiteren wollen wir uns mit der Verarbeitung von Zeichenketten und dem Verwalten größerer Datenmengen mit Hilfe von Dateien auseinander setzen.

8.1 Zeichenketten und ihre Verarbeitung

8.1.1 Vom einzelnen Zeichen zur Zeichenkette

Wir beginnen mit der Frage, wie man in C eigentlich Zeichenketten, auch Strings genannt, im Speicher darstellen und verarbeiten kann. Bisher hatten wir nämlich ausschließlich mit Zahlen zu tun. Sogar hinter dem Datentyp char verbirgt sich nämlich nur eine einzelne ganze Zahl, die einen Wertebereich von 0 bis 255 besitzt. Allerdings wird damit auch die Darstellung von einzelnen Zeichen möglich, wie etwa

```
char c = 'A';
```

Der Typ char nimmt gewissermaßen eine Sonderrolle ein. Im Hintergrund wird immer ein Zahlenwert gespeichert, welcher aber für ein ganz bestimmtes Symbol steht. Bei der Wertzuweisung hat man daher zwei Möglichkeiten: Entweder schreibt man das Symbol in Hochkommata, oder man weist der Variable einen Zahlenwert zu. Möglich ist also auch das Folgende:

```
char c = 65;
```

Und weil auch Zeichen letztlich nur Zahlen sind, kann man sogar arithmetische Operationen darauf ausführen, allerdings nur Addition und Subtraktion:

```
char c = 'd' - 10;
```

Die Zuordnung zwischen Zahlenwert und Symbol wird über die sogenannte ASCII-Tabelle definiert. Ein Teil davon, welcher darstellbare Zeichen enthält, ist in der Tabelle 8.1 gelistet.

https://doi.org/10.1515/9783110486292-009

Tab. 8.1: Darstellbare ASCII-Zeichen

Dezimalwert	Zeichen	Dezimalwert	Zeichen	Dezimalwert	Zeichen
32	Leerzeichen	64	@	96	'
33	!	65	A	97	a
34	"	66	B	98	b
35	#	67	C	99	c
36	$	68	D	100	d
37	%	69	E	101	e
38	&	70	F	102	f
39	'	71	G	103	g
40	(	72	H	104	h
41	)	73	I	105	i
42	*	74	J	106	j
43	+	75	K	107	k
44	'	76	L	108	l
45	−	77	M	109	m
46	.	78	N	110	n
47	/	79	O	111	o
48	0	80	P	112	p
49	1	81	Q	113	q
50	2	82	R	114	r
51	3	83	S	115	s
52	4	84	T	116	t
53	5	85	U	117	u
54	6	86	V	118	v
55	7	87	W	119	w
56	8	88	X	120	x
57	9	89	Y	121	y
58	:	90	Z	122	z
59	;	91	[	123	{
60	<	92	\	124	|
61	=	93	]	125	}
62	>	94	^	126	~
63	?	95	_		

Wie man sieht, reichen die Werte nur von 32 bis 126. Alle Zeichen mit Werten unterhalb 32 sind sogenannte Steuerzeichen, die man also nicht darstellen kann. Oberhalb von 126 findet man noch weitere darstellbare Symbole wie etwa Umlaute, größtenteils stehen diese Zeichen aber nicht mehr auf der Tastatur. Doch mit einem einzelnen Zeichen fängt man nichts an, wenn man ganze Wörter oder Texte verarbeiten will. Nun gibt es in C keinen eigenen Datentyp, mit dem man solche Zeichenketten darstellen könnte. Das ist aber kein grundsätzliches Problem, denn mit unserem Wissen über Felder lassen sich Wörter als eine Menge einzelner Zeichen in Form eines Arrays speichern. Der Satz „Hallo Welt!" wird einem Array vom Typ `char` auf die folgende Art zugewiesen (man beachte die Verwendung von Anführungszeichen statt Hochkommata):

```
char str[] = "Hallo Welt!";
```

Das ist gleichzeitig die einfachste und auch die sicherste Art der Zuweisung. In einer Zeile wird sowohl die Variable str deklariert als auch ein Wert zugewiesen, wobei die Größe des Arrays vom Compiler automatisch bestimmt wird. Und für welche Länge entscheidet sich der Compiler? Zählen wir einmal die einzelnen Zeichen, so kommen wir auf 11. Sicherheitshalber lassen wir uns die Größe aber noch mit Hilfe eines Programms ausgeben:

---

i **Beispiel 8.1**

```
#include <stdio.h>

int main()
{
    char str[] = "Hallo Welt!";
    int n = sizeof(str);
    printf("Der String besteht aus %d Zeichen.", n);
    return 0;
}
```

Die Ausgabe lautet:

```
Der String besteht aus 12 Zeichen.
```

Haben nun wir uns verzählt oder der Compiler? Gemäß der Fragestellung trifft die Antwort „weder noch" wohl am besten zu. Wir haben die sichtbaren Zeichen ermittelt, und das sind natürlich 11. Der Compiler hat den von uns eingegebenen String aber ohne unser Zutun noch um ein weiteres Zeichen ergänzt, das man Nullterminator nennt. Und damit sind wir bei 12 Zeichen. Doch was ist dieser Terminator und warum hat der Compiler ihn hinzugefügt? Es handelt sich dabei um ein spezielles Zeichen aus der ASCII-Tabelle mit der Nummer 0. Jeder String muss mit diesem Zeichen enden, weil nur damit ermittelt werden kann, wo der String eigentlich aufhört (mehr dazu in Abschnitt 8.2). Der Nullterminator ist nicht zu verwechseln mit der Zahl 0, denn dabei handelt es sich um ein darstellbares Symbol mit der Nummer 48. Eine andere Möglichkeit zur Initialisierung unserer Stringvariable sieht daher so aus:

```
char str[12] = { 'H', 'a', 'l', 'l', 'o', ' ',
                 'W', 'e', 'l', 't', '!', '\0' };
```

Auf diese Weise mussten wir explizit den Terminator \0 als letzten Wert in das Array einfügen. Außerdem haben wir uns noch selbst um die Größendefinition bemüht, was wir aber auch dem Compiler hätten überlassen können. Weiterhin ist es auch möglich, ein Array zu deklarieren, das zu groß ist für den darin befindlichen String:

```
char str[100] = "Hier ist noch viel Platz.";
```

Der Compiler hängt auch in diesem Fall automatisch einen Terminator an, nach dem allerdings noch weitere Feldelemente folgen, die nicht initialisiert werden. Das ist unproblematisch, weil das Ende des eigentlichen Strings ja durch den Terminator bestimmt wird. Fassen wir unsere Erkenntnisse einmal zusammen:

Eine Zeichenkette wird in C mittels eines Arrays vom Typ `char[]` dargestellt. Jeder String muss mit einem Terminator texttt\0 beendet werden, damit man bei der Übergabe des Arrays an Funktionen sicher das Ende bestimmen kann.

!

8.1.2 Manipulation von Strings

Strings sind nichts anderes als Felder vom Typ `char[]`. Somit wäre es uns mit unserem Wissen über Felder möglich, beispielsweise Strings Zeichen für Zeichen zu vergleichen, Zeichen auszutauschen oder die Zeichenkette zu vergrößern und damit einen weiteren String anzuhängen. Da diese Aufgaben gerade beim Thema Zeichenketten sehr häufig vorkommen, gibt es schon eine ganze Reihe vorgefertigter Funktionen, mit denen wir diese Operationen schnell und sicher erledigen können. Um diese Funktionen für die Verarbeitung von Strings nutzen zu können, müssen wir den Header `string.h` in unsere Programme einbinden. Wir stellen nun einige der Funktionen aus der String-Bibliothek vor.

8.1.2.1 Vergleichen von Strings: `strcmp` und `strncmp`

Die Funktion `strcmp` dient dazu, den Inhalt zweier Strings zu vergleichen, und zwar unter Berücksichtigung der Groß- und Kleinschreibung. Sie nimmt zwei Strings, also Pointer, entgegen, und gibt einen Wert vom Typ `int` zurück:

```
char str1[] = "Hallo!";
char str2[] = "Hello!";
int comp = strcmp(str1, str2);
```

Sind die beiden Strings inhaltlich identisch, ist der Rückgabewert 0. Steht `str1` alphabetisch vor `str2`, wird ein negativer Wert zurückgegeben, sonst ein positiver. Das gilt übrigens auch, wenn die Strings unterschiedlich lang sind. In diesem Fall sind sie natürlich nicht identisch, können aber dennoch alphabetisch sortiert werden.

Ganz wichtig: Der folgende Vergleich ist zwar möglich, führt aber nicht zu dem erwarteten Ergebnis:

```
str1 == str2; // Vergleich von Adressen
```

Die beiden Variablen `str1` und `str2` sind Pointer, enthalten also Adressen. Deren Vergleich hat nichts mit dem eigentlichen Inhalt zu tun, daher muss man für einen inhaltlichen Vergleich immer die Funktion `strcmp` nutzen.

Möchte man nur einen Teil der Strings vergleichen, kann man die Funktion `strncmp` nutzen. Als weiteres Argument kommt noch die Anzahl der maximal zu vergleichenden Zeichen hinzu:

```
int comp = strncmp(str1, str2, n);
```

Eine mögliche Anwendung ist beispielsweise, zu prüfen, ob zwei längere Strings den gleichen Anfang besitzen. Dies wäre mit `strcmp` nicht möglich.

8.1.2.2 Länge eines Strings: `strlen`
Der Operator `sizeof` liefert die Länge des Arrays, welches eine Zeichenkette beinhaltet. Das schließt den Terminator am Ende des Strings ein. Die Funktion `strlen` macht fast das gleiche, schließt aber den Terminator aus:

```
char str[] = "Ich bin ein String!";
int n = strlen(str);
```

In diesem Beispiel hat n den Wert 19. Jetzt haben wir also zwei Möglichkeiten, die Länge eines Strings zu bestimmen. Man muss sich die Arbeitsweise der beiden Funktionen klar machen, um sie sicher anwenden zu können. Während `sizeof` generell die Größe eines Speicherblocks zurückgibt, und das unabhängig vom Inhalt, liest `strlen` solange Zeichen eines Strings ein, bis es bei einem Terminator ankommt. Für `strlen` ist der Inhalt also entscheidend. Daher können beide Funktionen auch stark voneinander abweichende Ergebnisse liefern, dann nämlich, wenn der Speicherblock viel größer ist als der String.

8.1.2.3 Kopieren des Inhalts: `strcpy` und `strncpy`
Die folgende Zuweisung ist in C nicht möglich:

```
char str[100];
str = "Firma"; // Fehler beim Übersetzen
```

Nun wird es aber natürlich vorkommen, dass man einer Stringvariable während des Programmablaufs verschiedene Werte zuweisen möchte. Dazu muss man Zeichen für Zeichen kopieren, und dies erledigt für uns die Funktion `strcpy`. Sie nimmt einen Zielstring und einen Quellstring entgegen, geht alle Zeichen des Quellstrings nacheinander durch und kopiert sie an die entsprechende Stelle im Zielstring:

```
char source[] = "Das ist ein String.";
char destination[100];
strcpy(destination, source);
```

Nach dieser Operation wurden alle Zeichen von `source` nach `destination` kopiert, inklusive Terminator. Man muss also richtig zählen, um den Zielstring groß genug zu dimensionieren. In diesem Beispiel haben wir uns für ein statisches Array entschieden, meist wird man aber den Speicher dynamisch anfordern. Insbesondere deshalb, damit das Ziel die richtige Größe besitzt. Damit sind wir aber auch schon bei einem Problem angelangt: `strcpy` prüft nicht, ob `destination` groß genug ist, um alle Zeichen von `source` aufzunehmen. Es kann also vorkommen, dass beim Kopieren über das Ende von `destination` hinausgeschrieben wird. Das ist ein klassischer Überlauf, wie wir ihn in Abschnitt 7.4.3 kennengelernt haben. Unter Umständen schreibt `strcpy` in einen Bereich, der für das Programm nicht reserviert wurde und es kann zu einem Absturz kommen. Um dieses Problem zu umgehen, kann man `destination` dynamisch genau so groß anzulegen wie `source`.

Es gibt aber auch eine Funktion, mit der man steuern kann, wie viele Zeichen kopiert werden, und diese heißt `strncpy`. Dieser Funktion gibt man zusätzlich noch die Anzahl der zu kopierenden Zeichen als Parameter mit:

```
strncpy(destination, source, n);
```

Allerdings hat man als Programmierer die Pflicht, die Anzahl der zu lesenden Zeichen korrekt zu bestimmen, das kann auch `strncpy` nicht alleine. Durch die maximal zu lesenden Zeichen sind allerdings einige Szenarien möglich, die man beachten muss:

1. Wenn n größer ist als `source`, so liest `strncpy` nur solange von der Quelle, bis ein Terminator erreicht wird. Dieser wird mit kopiert, sodass auch `destination` korrekt terminiert ist.

2. Sind n und `source` größer als `destination`, kommt es zu einem Speicherüberlauf. Daher darf man n nicht zu groß wählen, sondern muss die Größe von `destination` berücksichtigen.

3. Ist n kleiner als `source` und auch als `destination`, so wird der Terminator aus `source` nicht kopiert. Dieser muss unbedingt händisch an die richtige Stelle von `destination` eingefügt werden, sonst ist dieser String nicht korrekt terminiert.

4. Ist n größer als `source`, und wurde `source` nicht korrekt terminiert, so ist das Verhalten des Programms nicht vorhersehbar.

Wie wir sehen, ist beim Kopieren von Strings Vorsicht geboten, um nicht unbeabsichtigt einen Speicherüberlauf oder sonstiges undefiniertes Verhalten zu erzeugen. Das folgende Programm zeigt eine mögliche Nutzung von `strncpy`:

Beispiel 8.2

```
#include <string.h>
#include <stdlib.h>

int main()
{
    int n;
    char str1[] = "Ich bin ein String.";
    n = strlen(str1); // n hat den Wert 19
    char *str2 = (char*) malloc(n+1); // 20 Zeichen wegen Terminator
    strncpy(str2, str1, n);
    str2[n] = '\0';

    free(str2);
    return 0;
}
```

In diesem Beispiel könnten wir ebenso gut auch `strcpy` verwenden, weil wir das Ziel dynamisch genauso dimensioniert haben wie die Quelle. Allerdings könnten wir mit `strncpy` das Ziel auch kleiner machen als die Quelle und dann nur so viele Zeichen kopieren, wie das Ziel auch aufnehmen kann.

8.1.2.4 Verketten von Strings: `strcat` und `strncat`

Eine weitere gebräuchliche Operation ist die Verkettung zweier Strings, also das Anhängen des einen an das Ende eines anderen Strings. Die Funktion `strcat` kopiert im folgenden Beispiel den Inhalt von `source` an das Ende von `destination`:

```
char source[] = " Und das ist das Ende.";
char destination[100] = "Das ist der Anfang.";
strcat(destination, source);
```

Der Punkt, an dem beide Strings zusammengefügt werden, wird durch die Position des Terminators in `destination` bestimmt. Dieser wird durch das erste Zeichen von `source` überschrieben, sodass der entstehende String am Ende wieder richtig terminiert ist (nämlich durch den Terminator von `source`).

Auch hier sehen wir wie beim Kopieren das Problem, dass das Ziel groß genug dimensioniert sein muss, um beide Strings aufzunehmen. `strcat` kontrolliert nämlich nicht, ob die Zeichenkette von `source` vollständig in `destination` hineinpasst. Ist das nicht der Fall, wird nach dem Ende des Arrays weitergeschrieben, was ein undefiniertes Verhalten des Programms zur Folge hat. Wie auch beim Kopieren gibt es daher eine weitere Funktion, mit der man steuern kann, wie viele Zeichen kopiert werden sollen, und diese heißt `strncat`. Sie nimmt als zusätzliches Argument die Anzahl der zu kopierenden Zeichen entgegen:

```
strncat(destination, source, n);
```

Nun muss man nur diese Anzahl richtig bestimmen. Wie man das machen kann, zeigt das folgende Programmbeispiel:

Beispiel 8.3

```
#include <string.h>
#include <stdlib.h>

int main()
{
    char destination[30] = "Hier fängt der String an.";
    char source[] = " Ende des Strings.";

    int maxChars = sizeof(destination) - strlen(destination);
    strncat(destination, source, maxChars);

    return 0;
}
```

Die maximal mögliche Anzahl von zu kopierenden Zeichen entspricht in diesem Beispiel genau dem noch ungenutzten Platz in `destination` (der Terminator zählt ebenfalls als ungenutzter Platz, da er gleich überschrieben wird). Sollten in `source` allerdings weniger Zeichen als `maxChars` stehen, wird nur bis zum Terminator gelesen.

8.1.2.5 Einzelne Zeichen in Strings suchen: `strchr` und `strrchr`

Soll ein String nach einem bestimmten Zeichen durchsucht werden, hat man zwei Funktionen zur Auswahl. Mit `strchr` durchsucht man einen String von Anfang an nach einem gegebenen Zeichen, `strrchr` sucht vom Ende her. Man erhält jeweils die Position, also die Adresse des gefundenen Zeichens (einmal für das erste und einmal für das letzte Auftreten des gesuchten Zeichens). Kommt das gesuchte Zeichen im String nicht vor, wird `NULL` zurückgegeben. Der Aufruf sieht jeweils wie folgt aus:

```
char str[] = "Hierin befindet sich das gesuchte Zeichen mehrmals!";
char c = 'n';
char *first, *last;
first = strchr(str, c);
last = strrchr(str, c);
```

Intern durchläuft strchr eine Schleife, beginnend bei der Adresse str, bis entweder das Zeichen c oder ein Terminator gefunden wurde. Ebenso gut kann man als Startpunkt aber auch eine andere Adresse innerhalb des Strings angeben. Dann sucht strchr erst ab diesem Punkt. Damit kann man beispielsweise alle Positionen des gesuchten Zeichens ermitteln (siehe Aufgabe 8.2). Nach einem Treffer sucht man nach dieser Position weiter. Die Position des Zeichens innerhalb des Strings erhält man als Differenz zwischen den beiden Adressen (Zeigerarithmetik sei Dank). Vorsicht ist nur insofern geboten, als dass man keine Startadresse angeben darf, die außerhalb einer im Speicher befindlichen Stringvariable liegt. Die Gültigkeit einer Adresse können strchr bzw. strrchr nämlich nicht prüfen.

8.1.2.6 Exaktes Auftreten eines Strings in einem String finden: strstr

Will man nicht nur ein einzelnes Zeichen, sondern einen ganzen String in einem anderen String finden, kann man die Funktion strstr nutzen. Diese durchsucht einen String von Beginn an nach dem exakten Auftreten eines anderen Strings und gibt beim ersten Fund die Adresse des Teilstrings zurück. Kommt der Teilstring nicht vor, ist der Rückgabewert NULL. Im Folgenden soll ein bestimmtes Wort in einem String gefunden werden:

```
char str[] = "Pogrammieren in C macht mir Spaß!";
char pattern[] = "mir";
char *first = strstr(str, pattern);
```

Wie auch bei der Suche nach einzelnen Zeichen gilt, dass man jede beliebige Adresse innerhalb eines Strings als Startadresse für die Suche verwenden kann, sodass man auch wieder jedes Auftreten eines Teilstrings finden kann.

Eine solche Funktionalität bringt jeder Texteditor mit sich. Daran schließt sich die Möglichkeit an, den gefundenen Teilstring durch etwas anderes zu ersetzen. Wir zeigen das für den einfachen Fall, nur nach einem einzigen Auftreten des Musters zu suchen und dieses durch ein gleichgroßes Muster zu ersetzen.

ⅈ **Beispiel 8.4**

```
#include <string.h>

int main()
{
    char str[] = "Pogrammieren in C macht mir Spaß!";
    char pattern[] = "mir";
    char subst[] = "dir";

    char *first = strstr(str, pattern);
```

```
    strncpy(first, subst, strlen(subst));

    return 0;
}
```

Auf die Ausgabe des neuen Inhalts von `str` haben wir noch verzichtet, da wir uns darum in Abschnitt 8.2 kümmern wollen. Die Erweiterung dieses Beispiels ist das Ersetzen aller Vorkommnisse eines Musters und die zu berücksichtigende Längenänderung des Originals, wenn das neue Muster eine andere Länge besitzt als das zu ersetzende Muster. Insbesondere müssen wir dann wieder auf die korrekte Terminierung des Strings achten. Denn wie wir nun bei den vorgestellten Funktionen gesehen haben, wird diese Markierung immer wieder benötigt, um das Ende des Strings zu finden.

8.2 Ein- und Ausgabe über Bildschirm und Tastatur

Nachdem wir uns ausführlich mit den Möglichkeiten beschäftigt haben, wie man mit Strings umgehen kann, wollen wir jetzt besprechen, wie Daten von der Tastatur in den Speicher gelangen und wie man sie auf dem Bildschirm darstellen kann.

8.2.1 Streams

In einem Computer fließen Daten von und zu Ein- und Ausgabegeräten. Als Gerät wird abstrakt alles bezeichnet, das Daten liefern oder aufnehmen kann, also eine Tastatur oder eine Festplatte, aber auch eine Maus, ein Drucker oder eine Soundkarte. Wir besprechen hier nur die ersten beiden Geräte. Die Datenströme heißen Streams, und sie sind technisch gesehen nichts anderes als Arrays, in denen sich Zeichenketten befinden. Beim Einlesen kommen die Daten von einem Gerät in ein solches Array, werden also erst einmal gepuffert. Dann befinden sie sich im Speicher und wir können ab diesem Moment darauf zugreifen. Werden Daten an ein Ausgabegerät geschickt, kommen sie ebenfalls in einen Puffer, den das Gerät ohne unser Zutun liest und dann leert.

Es gibt drei Standardströme, und diese heißen `stdin` (dahinter verbirgt sich üblicherweise die Tastatur), `stdout` (das ist meistens der Bildschirm), und `stderr`, was ein Strom für Fehlermeldungen ist (auch diese werden üblicherweise auf dem Bildschirm ausgegeben). Um mit diesen Streams arbeiten zu können, müssen wir den Header `stdio.h` einbinden. Allein durch dieses Einbinden werden die Standardströme angelegt und wir können über die nun zu diskutierenden Ein- und Ausgabefunktionen darauf zugreifen.

Es ist wichtig zu verstehen, dass sämtliche Ein- und Ausgabe über Puffer abläuft, also Arrays, welche eine bestimmte Menge an Daten im Speicher halten. Ein Stream fließt nicht wie ein Bach kontinuierlich, vielmehr werden die Daten darin blockweise abgefertigt und rutschen dabei immer weiter. Was aus dem Puffer gelesen wurde, wird entfernt, neue Daten werden ans Ende der Warteschlange gestellt. Wie wir noch sehen werden, ist das erfolgreiche Lesen dieser Daten notwendig, damit sie auch aus dem Puffer entfernt werden. Im anderen Fall verbleiben sie dort. Über diese vielleicht simple Tatsache kann man ebenso leicht stolpern und ein ungewolltes Verhalten des Programms hervorrufen.

8.2.2 Ausgabe mittels `printf`

Wir verwenden schon seit unserem ersten Programm die Funktion `printf`, um Text und Zahlen auf der Konsole auszugeben. Jetzt ist es an der Zeit, genauer zu verstehen, was diese Funktion kann und worauf man achten muss, um sie sicher einzusetzen.

8.2.2.1 Erforderliche Formatangaben
Grundsätzlich muss man folgendes über `printf` wissen:

!   Die Funktion `printf` dient dazu, Daten in einem definierten Format an die Standardausgabe `stdout` zu schreiben.

Das Ziel der Ausgabe ist also die Konsole. Unter einem „definierten Format" versteht man die Möglichkeit, Daten eines bestimmten Typs ein definiertes Erscheinungsbild zuweisen zu können. Was erst einmal sehr abstrakt klingt, haben wir schon mehrfach verwendet. So haben wir beispielsweise eine Speicheradresse als eine hexadezimale Zahl auf dem Bildschirm dargestellt, und ein einzelnes Zeichen (Typ `char`) wurde immer auch also solches und nicht in Form einer ganzen Zahl ausgegeben (was ja auch möglich wäre, da grundsätzlich alles im Speicher als Zahl interpretierbar ist). Um diese Aufgabe auch bewältigen zu können, benötigt `printf` zwei Dinge: Zum einen die Daten, und zum anderen eine Anweisung, wie diese dargestellt werden sollen. Schauen wir ein einfaches Beispiel an:

```
int i = 5;
printf("%d ist eine ganze Zahl.\n", i);
```

Diese Zeilen haben folgende Ausgabe zur Folge:

```
5 ist eine ganze Zahl.
```

Das erste Argument für `printf` ist die Formatierungsangabe. Sie kann Text enthalten, welcher auf dem Bildschirm ausgegeben werden soll. Man kann darin aber auch Platzhalter unterbringen, welche definieren, wie die dafür eingesetzten Daten dargestellt

Tab. 8.2: Formatangaben für die Funktion `printf`

Formatangabe	Bedeutung	Beispiele
d, i	ganze Zahl mit Vorzeichen	−87275
u	ganze Zahl ohne Vorzeichen	4783
x, X	Hexadezimalzahl mit kleinen bzw. großen Buchstaben	47a6c, 47A6C
f, F	Fließkommazahl	432.72
e, E	wissenschaftliche Darstellung	5.5432e+2, 5.5432E+2
g, G	kürzeste Darstellung unter f, F, e, E	43.6, 4.36e+7
c	ASCII-Zeichen	g, 9, !
s	Zeichenkette (String)	hallo
p	Zeigeradresse	0x9dfc35cae238

werden sollen. Mit dem %-Zeichen wird eine solche Formatierungsangabe eingeleitet. Und das Datenobjekt, welches nun gemäß dieser Formatangabe an stdout geschrieben werden soll, steht in unserem Beispiel im zweiten Argument von printf. Bevor also Daten an stdout weitergereicht werden, sammelt unsere Ausgabefunktion zuerst alle Datenobjekte zusammen und bastelt mit Hilfe der Formatangaben die eigentliche Zeichenkette, welche schließlich auf der Konsole erscheinen soll.

Am Ende unserer Zeichenkette steht noch \n. Dabei handelt es sich um ein Steuerzeichen aus der ASCII-Tabelle, welches dafür sorgt, dass der Cursor in der Konsole in eine neue Zeile springt. Wird ein weiterer Datenblock an die Standardausgabe geschickt, stehen diese Zeichen in der nächsten Zeile. Um nun einen Überblick zu häufig verwendeten Formatangaben zu erhalten, schauen wir uns einmal die Tabelle 8.2 an. Einige dieser Angaben haben wir im Laufe dieses Buches bereits verwendet, sodass die grundlegende Verwendung nicht schwer fallen dürfte. Für jeden Datentyp gibt es die passende Formatierung. Und wenn man mehrere Daten ausgeben will, nutzt man entsprechend mehrere Formatierungsangaben:

```
int i = 5;
float x = 7.58;
printf("%d ist eine ganze Zahl, %f eine Fließkommazahl.", i, x);
```

Damit erhält man die Ausgabe

```
5 ist eine ganze Zahl, 7.58 eine Fließkommazahl.
```

Die Daten werden in der Reihenfolge in den Formatierungsstring eingesetzt, wie sie in der Liste der Argumente aufgeführt werden. Weicht die Anzahl der Formatangaben von der Anzahl der Argumente in printf ab, meldet der Compiler beim Übersetzen einen Fehler. Ebenfalls muss der Typ der darzustellenden Daten immer zu der Formatangabe passen. Man kann zwar beispielsweise versuchen, eine ganze Zahl (Typ int) als Fließkommazahl darzustellen:

```
int i = 5;
printf("%f", i); // wird übersetzt, aber falsch dargestellt
```

Der Compiler wird beim Übersetzen aber nur eine Warnung ausgeben und darauf hinweisen, dass Datentyp und Formatangabe nicht zusammenpassen. Das Programm wird also übersetzt und läuft, aber die Ausgabe ist nicht das, was man vielleicht erwarten würde:

```
0.000000
```

Wir können und dürfen `printf` also nicht für Typumwandlungen nutzen. Formatangabe und Datentyp müssen immer zusammenpassen. Alles andere würde auch dem Grundsatz einer Funktion widersprechen, nur einem einzigen Zweck zu dienen. Und `printf` ist schließlich für die Ausgabe gemacht, nicht für die Konvertierung von Daten.

8.2.2.2 Sicherer Umgang mit Strings

Gehen wir in Tabelle 8.2 nach unten zur Formatierungsangabe %s, welche wir bisher noch nicht verwendet haben. Mit dieser ist es möglich, jede Art von String nach `stdout` zu leiten, wie das folgende Beispiel zeigt:

```
char str[] = "Hallo Welt!";
printf("%s\n", "Hallo Welt!");
printf("%s\n", str);
```

Wir sehen, dass wir nicht unbedingt eine Stringvariable übergeben müssen, ein literaler String ist ebenfalls möglich. In beiden gezeigten Fällen müssen wir uns um den Terminator am Ende keine Gedanken machen, er wird vom Compiler automatisch hinzugefügt. Das ist auch notwendig, da `printf` solange Zeichen an `stdout` schreibt, bis der Terminator erreicht wird. Um den Fall zu illustrieren, was passiert, wenn man einen String ohne Terminator an `printf` übergibt, haben wir ein einfaches Beispiel konstruiert. Dazu ein Hinweis: Das genaue Verhalten dieses Programms hängt nicht nur vom Quellcode ab, sondern auch davon, wie der Compiler die Adressen für die Variablen erzeugt. Es kann daher sein, dass der Leser eine andere Ausgabe erhält als die gezeigte.

---

i **Beispiel 8.5**

```
#include <string.h>
#include <stdio.h>

int main()
{
    char str1[] = "confidential data!!!";
```

```
    char str2[1];
    str2[0] = 'y'; // Fehler: kein Terminator am Ende!

    printf("%s\n", str2);

    return 0;
}
```

Gehen wir einmal den Quellcode durch. Zuerst wird die Stringvariable str1 mit einem (offenbar wichtigen) Wert initialisiert, und zwar so, dass am Ende sicher ein Terminator steht (dafür sorgt der Compiler). Es wird aber noch eine zweite Stringvariable angelegt, die nur eine Feldbreite von einem einzigen Zeichen besitzt.[15] Und dieses Zeichen ist kein Terminator, sondern lediglich ein y. Genau diese „Zeichenkette" soll anschließend mittels printf ausgegeben werden. Aufgrund der Formatangabe %s verlässt sich printf darauf, dass str2 mit einem Terminator endet. Aber wie sieht nun die Ausgabe aus? Mit der verwendeten Programmierumgebung erscheint folgendes auf der Konsole:

```
yconfidential data!!!
```

Was ist passiert? printf beginnt mit dem Lesen des Inhalts von str2 bei der Startadresse des Feldes und gibt folgerichtig ein y auf der Konsole aus. Intern wird die Funktion aber jetzt weiterlesen, weil ja noch kein Terminator angetroffen wurde. Daher wird das nächste Zeichen von der nachfolgenden Adresse gelesen, welche aber nicht mehr zum Feld str2 gehören kann. In unserem Fall ist die nächste Adresse offenbar der Beginn des Feldes str1, denn diese Zeichenfolge wird als nächstes ausgegeben. Da str1 aber mit einem Terminator endet, hört hier auch die Ausgabe auf. Lassen wir uns noch die Adressen der beiden Felder ausgeben, indem wir am Ende des Programms die beiden Zeilen

```
printf("Adresse von str2: %p\n", str2);
printf("Adresse von str1: %p\n", str1);
```

einfügen. Diese liefern folgende zusätzliche Ausgabe:

```
Adresse von str2: 0x7ffe16ec46df
Adresse von str1: 0x7ffe16ec46e0
```

Wie wir sehen, hat der Compiler beim Übersetzen die beiden Arrays tatsächlich unmittelbar nacheinander im Speicher angelegt. Dies kann im konkreten Fall auch anders aussehen, sodass die Ausgabe eine andere sein kann. Dennoch können wir an diesem

---

15 Das ist tatsächlich etwas anderes als nur ein char, denn durch die Deklaration von str2 als char[] enthält diese Variable eine Adresse, keinen Wert!

Beispiel die Wichtigkeit korrekt terminierter Strings nachvollziehen. Durch unseren falschen String haben wir letztlich einen Überlauf erzeugt. Es ist nicht klar, was im Speicher auf das Feld str2 folgt, sodass das Verhalten unseres Programms undefiniert ist. Das Problem in unserem Fall ist, dass hier vertrauliche Daten aus dem Speicher gelesen wurden, die in einem realen Programm wahrscheinlich nicht für die Konsole bestimmt waren. Ein schwerer Programmierfehler also! Dieser kann jedoch von einem böswilligen Anwender nicht aktiv ausgenutzt werden, jeder Nutzer dieses Programms würde dieselbe Ausgabe erhalten. Die folgende Konstruktion besitzt hingegen das Potential, sich der Kontrolle des Programmierers zu entziehen:

```
char str[];
{
    // Block, in dem str vom Anwender mit einem Wert versehen wird
}
printf(str); // Ausgabe des Inhalts von str ist undefiniert!
```

Der Programmierer hat in diesem Beispiel keine Kontrolle darüber, was genau an printf übergeben wird, weil der Inhalt von str erst zur Laufzeit von einem Anwender festgelegt wird. Das Problem ist, dass der Anwender auch Formatierungszeichen in seiner Eingabe einbauen könnte, und diese sind letztlich Arbeitsanweisungen für printf, auf Daten zuzugreifen. Diese Daten stehen im gezeigten Beispiel aber nicht als Argumente in printf, sodass letztlich nicht klar ist, welche Daten für die Darstellung herangezogen werden. Tatsächlich lassen sich die Formatangaben in unserem kleinen Beispiel so geschickt nutzen, dass printf sogar Speicherinhalte manipuliert.[16] Daher gilt folgende Regel:

---

printf darf aus Sicherheitsgründen nur mit einem definierten Formatstring verwendet werden. Auf keinen Fall darf man einem Anwender erlauben, selbst einen String zu erstellen, der als einziges Argument an printf weitergegeben wird.

Durch Angabe einer Formatierungsanweisung im Quellcode sichert man sein Programm gegenüber einem solchen potentiellen Angriff ab:

```
printf("%s", str);
```

Sollte die Variable str nämlich Formatierungszeichen beinhalten, würden diese jetzt nicht mehr als solche behandelt, sondern als ASCII-Zeichen auf der Konsole ausgegeben.

---

16 Wer es genauer wissen will, sollte sich zum Thema „Format String Exploit" informieren.

8.2.2.3 Optionale Formatangaben

Die Formatierung kann sehr detailliert definiert werden. Dazu gibt es eine Reihe von optionalen Angaben im Formatstring, welche wir zum Abschluss der Besprechung von `printf` kennenlernen wollen. Um es möglichst anschaulich zu halten, richten wir den Fokus auf Beispiele, wie man sie häufig antreffen wird. Nicht alle Möglichkeiten werden dabei erläutert. Eine Formatierungsanweisung besitzt folgende allgemeine Struktur, wobei die optionalen Anteile in eckigen Klammern stehen:

```
%[flags][width][.precision][length]specifier
```

Nur das letzte Zeichen, `specifier`, ist erforderlich und die verschiedenen möglichen Werte stehen in Tabelle 8.2. Daneben gibt es vier weitere Zeichen(ketten). Mit `flags` kann man die Ausrichtung der Daten (links- oder rechtsbündig) bestimmen, ein Vorzeichen auch bei positiven Zahlen anzeigen, oder den leeren Raum links einer Zahl mit Nullen statt Leerzeichen auffüllen. Das Vorzeichen steuert man mit einem +:

```
printf("%+d %+d %d %d\n", 5, -5, 2, -2);
```

Die Ausgabe sieht wie folgt aus:

```
+5 -5 2 -2
```

Die Textausrichtung und die Füllung von leerem Raum wird erst in Kombination mit der Angabe einer Breite wirksam, welche man für die Ausgabe vorsieht. Dafür verwendet man das Formatierungszeichen `width`. An diese Stelle schreibt man eine ganze Zahl, die angibt, wie viele Zeichen mindestens ausgegeben werden. Ist der Ausgabestring kleiner als die Feldbreite, kann man den String innerhalb des Feldes links- oder rechtsbündig anordnen. Standardmäßig werden die Daten rechtsbündig angeordnet, fügt man in `flags` ein Minuszeichen ein, bedeutet das Linksbündigkeit. Im Fall von rechtsbündig angeordneten Zahlen hat man noch die Wahl, den leeren Raum links der Zahl mit Nullen oder Leerzeichen zu füllen. Letzteres wird standardmäßig gemacht, für Nullen muss `flags` das Zeichen 0 enthalten. Wenn der Ausgabestring größer ist als die Feldbreite, wird er vollständig an `stdout` geschrieben, es wird also nichts abgeschnitten. Sehen wir uns das wieder an ein paar Beispielen an:

```
printf("Rechtsbündig, Breite 5, mit Leerzeichen: %5d\n", 7);
printf("Rechtsbündig, Breite 5, mit Nullen:      %05d\n", 7);
printf("Linksbündig, Breite 5:                   %-5d\n", 7);
printf("Linksbündig, Breite 5, aber 6 Ziffern:   %-5d\n", 736849);
```

Auf der Konsole steht damit:

```
Rechtsbündig, Breite 5, mit Leerzeichen:     7
```

```
Rechtsbündig, Breite 5, mit Nullen:        00007
Linksbündig, Breite 5:                     7
Linksbündig, Breite 5, aber 6 Ziffern:     736849
```

Neben der Mindestbreite der Ausgabe lässt sich noch eine Genauigkeit mittels `.precision` spezifizieren. Sie gibt bei Fließkommazahlen die Anzahl der Nachkommastellen an, außer bei der Formatangabe %g oder %G, hier bedeutet `.precision` die Anzahl der gültigen Ziffern. Und im Fall von Strings wird damit die maximale Anzahl von auszugebenden Zeichen bestimmt. Besteht ein String also aus mehr Zeichen, wird er abgeschnitten. Der Terminator spielt somit in diesem Fall keine Rolle. Wieder betrachten wir einige Beispiele:

```
printf("Fließkommazahl mit 3 Nachkommastellen: %.3f\n", 43.86547);
printf("Fließkommazahl mit 3 gültigen Ziffern: %.3g\n", 43.86547);
printf("String aus 6 Zeichen, 3 dargestellt:   %.3s\n", "Hallo!");
```

Und dazu gehört natürlich auch eine Ausgabe:

```
Fließkommazahl mit 3 Nachkommastellen: 43.865
Fließkommazahl mit 3 gültigen Ziffern: 43.9
String aus 6 Zeichen, 3 dargestellt:   Hal
```

Zuletzt gibt es im Formatierungsstring noch eine Angabe für die Länge des Datentyps, `length`. Dieser wird insbesondere bei Typen für ganze Zahlen verwendet, um zwischen den verschiedenen Speichergrößen zu unterscheiden. Beispielsweise kann man `printf` mitteilen, dass die Daten vom Typ short int, int oder long int sind. Dazu muss man im Formatstring %hd, %d bzw. %ld schreiben. Fließkommazahlen sind hingegen von dieser Unterscheidung ausgenommen, sodass die Typen float und double, obwohl unterschiedlich genau, beide mit %f spezifiziert werden. Allerdings kann man auch %lf schreiben, das macht bei der Verwendung mit `printf` keinen Unterschied. Insbesondere meldet der Compiler auch keine Warnung. Wer die Beispiele in diesem Buch bisher aufmerksam verfolgt hat, wird feststellen, dass bei jeder Ausgabe einer Fließkommazahl die Formatangabe %lf verwendet wurde. Dies geschah aus einem einfachen didaktischen Grund. Wie wir gleich bei der Eingabefunktion scanf sehen werden, muss dort zwischen %lf und %f unterschieden werden. Beim Einlesen von langen Fließkommazahlen haben wir also immer %lf verwendet. Um nicht noch erklären zu müssen, dass man in der Ausgabefunktion aber nur %f schreibt, haben wir eine einheitliche Darstellung gewählt und dieses Detail bis jetzt aufgehoben. Die nun folgenden Beispiele demonstrieren die Verwendung der Längenspezifizierung:

```
int k = 2100587243;
short int m = 32014;
```

```
long int n = 8100587243;
printf("Kurze Ganzzahl: %hd\n", m);
printf("Ganzzahl:       %d\n", k);
printf("Lange Ganzzahl: %ld\n", n);
```

Alle Zahlen bewegen sich im Gültigkeitsbereich der Datentypen, sodass diese Zeilen übersetzt werden können und zu der folgenden Ausgabe führen:

```
Kurze Ganzzahl: 32014
Ganzzahl:       2100587243
Lange Ganzzahl: 8100587243
```

8.2.3 Lesen einer ganzen Zeile: `fgets`

Die Funktion `fgets` bietet eine einfache Möglichkeit, Daten von der Konsole zu lesen, nämlich eine ganze Zeile in einen String. `fgets` liest maximal solange, bis ein Zeilenende \n erreicht ist. Dieses Zeichen wird immer dann in den Eingabepuffer geschrieben, wenn der Anwender die Enter-Taste drückt. Es wird von `fgets` beim Lesen aus dem Puffer entfernt. `fgets` kann von unterschiedlichen Quellen lesen, und benötigt daher als Argument einen Datenstrom. In unserem Fall ist das jetzt die Standardeingabe `stdin`. Außerdem muss natürlich ein Zeiger auf den String an die Funktion übergeben werden, in dem die gelesenen Daten landen sollen. Das Zeilenende \n wird übrigens ebenfalls in den String geschrieben. Und um einen Überlauf zu verhindern, nimmt `fgets` die maximale Anzahl der zu lesenden Zeichen als Argument entgegen. Im folgenden Beispiel wird eine Zeile Text von der Tastatur gelesen und danach unverändert auf der Konsole wieder ausgegeben:

Beispiel 8.6

```
#include <stdio.h>
#define N 1000

int main()
{
    char str[N] = {};
    printf("Bitte beliebigen Text eingeben:\n");
    fgets(str, N, stdin);
    printf("Eingegebener Text:\n");
    printf("%s\n", str);

    return 0;
}
```

Der String `str`, in dem die gelesenen Daten von `fgets` landen, ist 1000 Zeichen lang, `fgets` liest aber maximal 1000 − 1, also nur 999 Zeichen. Das ist notwendig, weil automatisch nach dem letzten gelesenen Zeichen ein Terminator angehängt wird. Für diesen lässt `fgets` noch Platz. Außerdem initialisieren wir den String zu Beginn mit Nullen. Das hat folgenden Hintergrund: Wie wir gleich diskutieren werden, kann der Anwender auch „nichts" eingeben, sodass `fgets` nichts zu lesen bekommt und folglich keinen Terminator am Ende anhängen wird. Dadurch wäre in diesem Fall der String nicht richtig terminiert. Welche Folgen das hat, konnten wir im letzten Abschnitt sehen. Durch das Initialisieren mit Nullen ist das erste Zeichen aber bereits ein Terminator, sodass in keinem Fall ein Problem mit der `printf`-Anweisung auftreten kann.

Neben dem Zeilenende gibt es noch ein zweites Zeichen, das wir uns merken müssen, und welches nicht Bestandteil der ASCII-Tabelle ist. Es handelt sich um das Zeichen für das Dateiende, `EOF`. Das ist die Abkürzung für End Of File. Damit wird beim Lesen von einem Datenstrom angezeigt, dass es nichts weiteres zu lesen gibt. Wahrscheinlich ist es intuitiver, im Kontext einer Datei von einem Ende zu sprechen, als bei der Standardeingabe. Zumindest unter Linux wird aber auch die Standardeingabe wie eine Datei behandelt, sodass der Eingabedatenstrom ebenfalls ein Ende haben kann. Um den Eingabedatenstrom zu beenden, gibt es abhängig vom Betriebssystem verschiedene Tastenkombinationen. Unter Unix-artigen Systemen (dazu gehören Linux und die Systeme von Apple) lautet die Tastenkombination `Strg+D`, unter Windows ist es `Strg+Z`. Gibt der Anwender lediglich `EOF` ein, liegen keinerlei Daten im Puffer, sodass man sagen kann, der Anwender hat tatsächlich nichts eingegeben.

! Der Datenstrom von der Standardeingabe ist formal nicht von einer Datei zu unterscheiden. Mit Hilfe des Zeichens `\n` für das Zeilenende werden die Daten im Stream in einzelne Zeilen unterteilt. Daneben gibt es mit `EOF` ein Zeichen außerhalb der ASCII-Tabelle, mit der das Dateiende (oder allgemein das Ende eines Datenstroms) gekennzeichnet wird. `EOF` hat nicht mit einem Zeilenende zu tun. Es besagt vielmehr, dass danach kein Lesen mehr möglich ist, sodass Eingabefunktionen auch nichts mehr lesen werden.

Und nun müssen wir noch einen weiteren Mechanismus erwähnen, der bei Erreichen von `EOF` angeworfen wird. Der Datenstrom befindet sich immer in einem von mehreren möglichen Zuständen. Einer dieser Zustände ist die Lesebereitschaft, d.h. es können Daten geliefert werden, die `fgets` (oder eine andere Funktion) konsumiert. Ist das Dateiende erreicht, wechselt der Zustand, Lesen ist nicht mehr möglich. Datenströme und ihre jeweiligen Zustände werden immer als Einheit im Speicher repräsentiert, sodass eine lesende Funktion feststellen kann, ob ein weiteres Lesen gerade möglich ist. Gibt ein Anwender also das Zeichen `EOF` ein, ist danach die Eingabe blockiert. Um vom Dateiende wieder „auf Anfang" zu springen und weiteres Lesen zu ermöglichen, ist ein Aufruf der Funktion `rewind` nötig. Dieser Funktion muss man natürlich den entsprechenden Datenstrom als Argument übergeben. Nun sollte man aber nicht vor jedem Lesebefehl präventiv den Puffer zurücksetzen. Vielmehr gibt es eine weitere

Funktion, mit der man prüfen kann, ob das Lesen gerade blockiert ist. Diese Funktion heißt `feof` und nimmt ebenfalls den Datenstrom als Argument entgegen. Der Rückgabewert ist 0, wenn der Datenstrom bereit zum Lesen ist, andernfalls wird eine ganze Zahl ungleich Null zurückgegeben. Mit der Kombination beider Funktionen lässt sich die Lesebereitschaft bei Bedarf wieder herstellen:

```
if (feof(stdin) != 0) rewind(stdin);
```

Die Funktion `fgets` gibt selbst auch etwas zurück, abhängig davon, was gelesen wurde. Im Erfolgsfall, wenn also Daten eingelesen werden konnten, ist der Rückgabewert ein Pointer auf den String, in dem die Daten gespeichert wurden. Da der String ja auch als Argument in der Funktion steht, mag diese „doppelte" Rückgabe der Daten vielleicht etwas seltsam klingen, tatsächlich ist dies aber die einzig sinnvolle Möglichkeit. Denn worauf sollte ein Pointer sonst zeigen? Der String ist in diesem Kontext der einzige Pointer überhaupt. Im Fehlerfall, wenn also keine Daten gelesen werden konnten, wird hingegen NULL zurückgegeben. Und wenn das Dateiende EOF erreicht wurde, bevor irgendwelche Daten gelesen werden konnten, ist der Rückgabewert ebenfalls NULL.

Da `fgets` die Möglichkeit bietet, den Datenstrom anzugeben, von dem aus gelesen wird, lässt sich diese Funktion auch im Zusammenspiel mit Dateien nutzen, worauf wir später noch zurückkommen. Allerdings wird eine Zeile immer als ganzes gelesen, ohne auf den Inhalt zu schauen. Dafür schauen wir uns als nächstes die Funktion `scanf` an.

8.2.4 Formatiertes Lesen mittels `scanf`

Die Funktion `scanf` verwenden wir ebenfalls schon seit unseren ersten Programmen. Mit ihr kann man Daten von der Standardeingabe in einem definierten Format lesen und sie Variablen zuweisen. Man sollte genau verstehen, wie dieser Vorgang abläuft, zum einen wegen der vielen Möglichkeiten, die `scanf` bietet, zum anderen aber, weil Benutzereingaben in keiner Weise vorhersehbar sind und das Programm auf mögliche Fehleingaben richtig reagieren können muss. Sonst leidet das Benutzererlebnis oder es können Sicherheitslücken entstehen.

8.2.4.1 Die Möglichkeiten von `scanf`
Bevor wir `scanf` verwenden, kommt schon eine einfache und wichtige Merkregel:

Die Zweck von `scanf` ist es, Daten nach einem vorgegebenen Schema zu verstehen. **!**

Das macht diese Funktion sehr mächtig, da es uns die Möglichkeit bietet, den Eingangsdatenstrom gleich auf passende Datentypen zu leiten. In seiner Rohform besteht der Datenstrom nämlich nur aus einer Zeichenkette, welche Wörter, einzelne Buchstaben oder Zahlen verschiedener Art beinhalten kann, aber auch Leerzeichen, Zeilenumbrüche oder Tabulatoren. Mit `scanf` legen wir eine Maske aus Datentypen über diese Zeichenkette und schreiben die Bestandteile des Strings an die Adressen von Variablen. Die Maske ist ein Formatierungsstring, wie wir ihn schon im Zusammenhang mit `printf` kennen gelernt haben. Dieser String bildet das erste Argument der Funktion, die weiteren Argumente sind die Adressen, an welche die richtig verstandenen Daten geschrieben werden. Demonstrieren wir dies anhand des einfachen Beispiels, eine ganze Zahl von der Konsole zu lesen:

```
int i;
scanf("%d", &i);
```

Mit der Formatangabe `%d` wird `scanf` angewiesen, eine ganze Zahl (mit positivem oder negativem Vorzeichen) einzulesen. Das zweite Argument muss eine Adresse sein, an welche die Daten geschrieben werden sollen. Daher haben wir an dieser Stelle auch immer den Adressoperator `&` verwendet. Wenn der Nutzer des Programms nun eine ganze Zahl eingibt und diese Eingabe mit der Enter-Taste beendet, landen diese Daten zuerst im Eingabepuffer. Da der Typ dieser Daten mit dem übereinstimmt, was `scanf` gemäß der Formatangabe erwartet, werden die Daten danach an die Adresse `&d` geschrieben und schließlich aus dem Eingabepuffer gelöscht. Aus Sicht des Nutzers wird lediglich ein Cursor auf der Konsole erscheinen, ohne jede weitere Information. Es wäre aber falsch, etwas anderes als einen Formatstring in `scanf` zu schreiben:

```
scanf("Bitte eine ganze Zahl eingeben: %d", &i); // keine Ausgabe!
```

Mit dieser Zeile wird die erhoffte Aufforderung, eine ganze Zahl einzugeben, nicht auf dem Bildschirm erscheinen. Das liegt ganz einfach daran, dass `scanf` nicht für die Ausgabe, sondern nur für die Eingabe gedacht ist. Für den gewünschten Effekt sind statt dessen zwei Zeilen erforderlich:

```
printf("Bitte eine ganze Zahl eingeben: ");
scanf("%d", &i);
```

Daher müssen wir uns folgende Regel merken:

 Mit `scanf` kann man von der Konsole nur lesen, aber nicht dorthin schreiben. Das erste Argument der Funktion muss daher ein reiner Formatstring sein, ohne jeden weiteren Text. Will man zusätzlich eine Anweisung für den Nutzer auf der Konsole ausgeben, muss man dazu `printf` verwenden.

Doch wie kann der Formatstring aussehen? Wie auch bei `printf` folgt er einem vorgegebenen Schema:

```
%[*][width][length]specifier
```

Die optionalen Bestandteile stehen in eckigen Klammern, nur `specifier` ist erforderlich. Damit gibt man wie auch bei `printf` den Datentyp an, der eingelesen werden soll. Die möglichen Werte sind Tabelle 8.2 zu entnehmen. Zahlen haben wir schon häufig eingelesen, daher gehen wir jetzt auf ein Detail ein. Bei der Eingabe müssen wir im Gegensatz zur Ausgabe darauf achten, dass die zu lesende Zahl auch in ihrer Genauigkeit im Formatstring beschrieben wird. Um eine lange Fließkommazahl (Typ `double`) einzulesen, benötigen wir neben `specifier` auch noch `length` als Angabe, müssen also %lf schreiben. Bei einfacher Genauigkeit gibt es keine Längenangabe. Ganze Zahlen kommen wieder in den drei Varianten `short int`, `int` und `long int` vor. Die Längenabgaben sind also die gleichen wie bei `printf`. Der Unterschied ist, dass man bei der Ausgabe auf sie verzichten kann, während man sie bei der Eingabe benötigt (sonst erhält man vom Compiler eine Warnung):

```
float x;
double y;
short int a;
int b;
long int c;

scanf("%f", &x);
scanf("%lf", &y);
scanf("%hd", &a);
scanf("%d", &b);
scanf("%ld", &c);
```

Bei der Eingabe ist außerdem darauf zu achten, dass standardmäßig bei Fließkommazahlen entgegen des deutschen Namens ein Punkt verwendet werden muss, kein Komma. Welche Implikationen eine falsche Benutzereingabe an dieser Stelle hat und wie man damit umgeht, ist Teil des Abschnitts 8.2.4.2. Doch zuerst werden wir noch die Eingabe von Zeichenketten, also Strings, besprechen, und davon ausgehen, dass ein Anwender nichts eingibt, das unser Programm verwirren könnte.

Ein String wird als ein Feld einzelner Zeichen im Speicher dargestellt, wobei das letzte Zeichen ein Terminator ist. Eine Variable für einen String ist vom Typ `char[]`, und sie enthält die Speicheradresse. Daher müssen wir auf einen Adressoperator verzichten, wenn wir einen String mittels `scanf` einlesen. Betrachten wir den Fall, nur ein einzelnes Wort einzulesen, das keinerlei Leerzeichen enthält:

Beispiel 8.7

```
#include <stdio.h>

int main()
{
```

```
    char str[100];
    printf("Bitte ein Wort eingeben: ");
    scanf("%s", str);
    printf("%s\n");

    return 0;
}
```

Auf diese Art wird das eingegebene Wort gleich wieder auf der Konsole ausgegeben. Es enthält schon einen Terminator, den hängt `scanf` automatisch an die eingelesene Zeichenkette an. Der String muss also auf jeden Fall groß genug dimensioniert sein, um alle Zeichen von der Konsole und zusätzlich den Terminator aufnehmen zu können. Um die Eingabe entsprechend zu steuern und nicht zu viele Zeichen einzulesen, greifen wir im Formatstring auf `width` zurück. Damit spezifizieren wir, wie viele Zeichen maximal von der Konsole gelesen werden sollen. Die kleine Abwandlung

```
    scanf("%99s", str);
```

führt dazu, dass nicht mehr als 99 Zeichen gelesen werden, sodass am Ende auf jeden Fall noch Platz für den Terminator bleibt. Leider ist es nicht möglich, die verwendeten Zahlen einfach durch Variablen zu ersetzen. Somit ist unsere Lösung noch recht unschön, denn wenn sich einmal die Länge des Strings von 100 auf 50 reduzieren sollte, müssen wir daran denken, alle davon abhängigen Lesebefehle ebenfalls abzuändern. Eine mögliche Abhilfe für dieses Problem wird in Abschnitt 8.4 besprochen.

Wollen wir mehrere Worte einlesen, welche durch Leerzeichen voneinander getrennt sind, so benötigen wir im Formatstring mehrere Variablen, welche die einzelnen Worte aufnehmen können:

```
    char prename[100], surname[100];
    printf("Vorname und Nachname eingeben: ");
    scanf("%99s%99s", prename, surname);
```

Ob der Anwender des Programms seine Eingaben durch Leerzeichen, Tabulatoren oder eine neue Zeile (Enter) voneinander trennt, ist `scanf` egal. Die Eingabe darf sogar mit Leerzeichen beginnen. Sämtliche dieser sogenannten white spaces werden nämlich beim Lesen entfernt. In unserem Beispiel mit zwei getrennten Worten liest `scanf` solange, bis gemäß Formatstring zwei Worte erfasst wurden. Erst dann werden diese Daten aus dem Eingabepuffer entfernt und die Funktion endet. Lediglich das letzte white space-Zeichen, das Zeilenende, welches durch Drücken der Enter-Taste erzeugt wurde, verbleibt im Puffer. Das ist auch logisch, da bis zu diesem Zeichen alle Daten gemäß Formatangabe gelesen werden konnten. Und `scanf` liest natürlich nicht mehr, als im Formatstring angegeben ist. Um es noch etwas greifbarer zu machen, wie die Daten im Eingabepuffer aussehen, notieren wir von links nach rechts alle vom Anwender eingegebenen ASCII-Zeichen, also auch Leerzeichen und Zeilenumbrüche, in Form der korrespondierenden Zahlen aus der ASCII-Tabelle 8.1. Das Leerzeichen hat die Nummer 32, ein Zeilenumbruch die Nummer 10. Lassen wir nun den Anwender die beiden Buchstaben a (Zeichen 97) und b (Zeichen 98) eingeben, angeführt von einem Leerzeichen, dazwischen und am Ende ein Zeilenumbruch. Diese Zeichenfolge sieht also im Eingabepuffer so aus:

```
32 97 15 98 10
```

Die Formatangabe in `scanf` lautet immer noch `%s%s`. Das Zeichen 32 wird also überlesen, Zeichen 97 an die Adresse der ersten Stringvariable geschrieben. Das folgende Zeichen 10 wird wieder überlesen, und das Zeichen 98 an die Adresse der zweiten Stringvariable geschrieben. Das am Ende befindliche Zeichen 10 passt nicht mehr auf die Formatangabe und verbleibt somit im Eingabepuffer. In Abschnitt 8.2.4.2 werden wir noch darauf zu sprechen kommen. Wir merken uns:

Beim Einlesen eines Strings überliest `scanf` alle white spaces (Leerzeichen, Tabulatoren und Zeilenumbrüche) vor einem Wort und beginnt dann, gemäß Formatstring dieses Wort zu erfassen. Alle Leerzeichen nach dem Wort werden nicht mehr gelesen, außer im Formatstring findet sich noch ein weiteres `%s`. In diesem Fall sind die white spaces wieder vor einem zu lesenden Wort positioniert und werden folgerichtig entfernt.

Der Formatstring kann noch ein weiteres Zeichen enthalten, und zwar zu Beginn einen Stern `*`. Mit diesem weist man `scanf` an, die Daten aus dem Eingabepuffer zwar zu lesen, aber nicht an eine Adresse zu speichern. Sie werden also verworfen. Der Stern gilt für jedes eingelesene Wort einzeln und die Liste der Variablen reduziert sich mit jedem Stern:

```
scanf("%*99s%99s", surname);
```

In diesem Beispiel werden also zwei Wörter gelesen, aber nur das zweite davon wird auch einer Variable zugewiesen.

8.2.4.2 Stolpersteine und Fallen
Jetzt können wir Zahlen und einzelne Buchstaben sowie ganze Zeichenketten einlesen. Allerdings sind wir noch darauf angewiesen, dass ein Anwender auch alles so eingibt, wie `scanf` das erwartet. In Ergänzung des im letzten Abschnitts definierten Zwecks dieser Funktion merken wir uns eine weitere Regel:

Daten, die `scanf` nicht gemäß der Formatierungsangabe versteht, werden nicht gelesen und verbleiben damit im Eingabepuffer.

Tatsächlich haben wir mit dieser Verhaltensweise schon Bekanntschaft gemacht, da beim Einlesen von Zahlen oder Strings das letzte Zeichen, der Zeilenumbruch (Zeichen 10) nicht auf die Formatierungsanweisung passt und daher im Puffer bleibt. Schauen wir uns ein einfaches Beispiel an, wo wir erst eine ganze Zahl einlesen und danach ein einzelnes Zeichen. Beide Eingabe werden anschließend direkt wieder auf der Konsole ausgegeben. Für die ganze Zahl enthält die printf-Anweisung den Formatstring %d, ebenso für das eingegebene ASCII-Zeichen. Letzteres geben wir als Dezimalzahl aus, damit wir auch etwas sehen können, schließlich sind white spaces ansonsten unsichtbar:

Beispiel 8.8

```c
#include <stdio.h>

int main()
{
    int a;
    char c;
    printf("Ganze Zahl eingeben: ");
    scanf("%d", &a);
    printf("Die Zahl lautet: %d\n", a);
    printf("Einzelnes Zeichen eingeben: ");
    scanf("%c", &c);
    printf("Das Zeichen lautet: %d\n", c);

    return 0;
}
```

Wir lassen dieses Programm einmal laufen und antworten auf die erste Anweisung mit der Zahl 5. Dann lautet die vollständige Ausgabe auf der Konsole:

```
Ganze Zahl eingeben: 5
Die Zahl lautet: 5
Einzelnes Zeichen eingeben: Das Zeichen lautet: 10
```

Die erste Anweisung, eine Zahl einzugeben, läuft wie erwartet ab. Dann werden wir gebeten, ein ASCII-Zeichen einzugeben, doch bevor wir eine Taste betätigen können, erscheint schon das „eingegebene" Zeichen 10 auf der Konsole. Nachdem wir die Zahl 5 eingegeben und dann die Enter-Taste gedrückt haben, befinden sich nämlich folgende ASCII-Zeichen im Eingabepuffer:

53 10

Das erste Zeichen, Nummer 53, stellt die Zahl 5 dar, dann folgt der Zeilenumbruch mit Zeichen 10. Die erste `scanf`-Anweisung kann das Zeichen 53 als ganze Zahl an die Variable a schreiben, doch das Zeichen 10 passt nicht auf die Signatur des Formatstrings. Also bleibt es im Puffer. Die zweite `scanf`-Anweisung liest genau ein ASCII-Zeichen, und das noch im Puffer befindliche Zeichen 10 passt jetzt auf diese Signatur. Also wird es nun aus dem Puffer geholt und in die Variable c geschrieben. Danach ist der Eingabepuffer leer.

Das erklärt zwar das Verhalten, ist aber noch keine Lösung. Wir können den Formatstring der zweiten `scanf`-Anweisung aber anpassen, um den noch im Puffer vorhandenen white space zu absorbieren, bevor das eigentliche Zeichen gelesen wird. Dies geschieht durch die folgende Anpassung der zweiten `scanf`-Anweisung:

```
scanf(" %c", &c); // vorhandene white spaces vor char absorbieren
```

Durch Einfügen eines Leerzeichens vor der eigentlichen Formatangabe liest `scanf` den im Eingabepuffer befindlichen Zeilenumbruch und wartet anschließend auf eine „echte" Benutzereingabe.

Eine andere Möglichkeit besteht darin, den Zeilenumbruch schon nach der ersten Eingabe zu lesen. Mit Hilfe eines Sterns in der Formatangabe können wir das auf die eingegebene Zahl folgende Zeichen 10 lesen und auch gleich verwerfen:

```
scanf("%d%*c", &a); // Zahl lesen, folgenden Zeilenumbruch verwerfen
```

Dieses Problem mit white spaces besteht allerdings nur beim Lesen von ASCII-Zeichen. Im Fall von Zahlen werden die white spaces nämlich von `scanf` ignoriert.

In diesem Fall hat ein Anwender nichts getan, um absichtlich oder unwissentlich den Ablauf des Programms zu stören. Der white space musste erzeugt werden, denn ohne Drücken der Enter-Taste kann gar keine Eingabe getätigt werden. Es gibt aber auch den Fall, dass ein Anwender (gewollt oder nicht) etwas eingibt, das von `scanf` nicht verstanden werden kann, weil es nicht dem Formatstring entspricht. Im einem einfachen Fall fragt das Programm nach einer ganzen Zahl, der Anwender gibt aber statt dessen einen Buchstaben oder eine ganze Zeichenkette ein. Nach der immer gültigen Merkregel verbleibt eine nicht dem Formatstring entsprechende Eingabe im Puffer, sodass die Variable, welche die erwartete Zahl aufnehmen soll, nicht beschrieben wird und damit den Wert besitzt, den sie bis dahin schon hatte. Das kann bei fehlender Initialisierung auch ein Zufallswert sein, wodurch das Verhalten des Programms nicht definiert ist. Es gibt jedoch eine ganz einfache Möglichkeit, wie man mit Eingaben umgeht, die nicht auf die Typen in der Formatanweisung zutreffen. Als eine Funktion hat `scanf` nämlich einen Rückgabewert, und dieser beziffert die Anzahl der korrekt gelesenen Wörter und Zahlen. Erwartet man also eine einzige Zahl, und `scanf` gibt den Wert 0 zurück, so können wir sicher sein, dass der Anwender etwas falsch eingegeben hat. Doch nun haben wir ein weiteres Problem. Im Eingabepuffer befinden sich jetzt

Daten, die nicht gelesen werden können. Es bringt also nichts, den Anwender einfach nochmal zu bitten, eine Zahl einzugeben. Diese würde lediglich an die schon vorhandenen Daten angehängt, wir müssen aber vielmehr die Daten davor erst einmal aus dem Puffer entfernen. Da wir die Daten weder verstehen noch nutzen wollen, bietet sich die Funktion fgets an, um den Puffer zu leeren. Das nächste Beispiel zeigt, wie man eine Zahl einliest, und den Anwender immer wieder nach einer solchen fragt, sollte er etwas anderes eingeben:

Beispiel 8.9

```c
#include <stdio.h>
#include <string.h>
#include <stdbool.h>

#define N 10

int main()
{
    int number = 0;
    char str[N] = {};
    while(true)
    {
        int n;
        printf("Bitte eine ganze Zahl eingeben: ");
        if( (n = scanf("%d", &number)) != 1)
        {
            if (feof(stdin) != 0)
            {
                printf("EOF flag ist gesetzt.\n");
                printf("Falsche Eingabe!\n");
                rewind(stdin);
                continue;
            }
            printf("Falsche Eingabe!\n");
            // Puffer leeren
            while(true)
            {
                for(int i=0; i<N; i++)
                {
                    str[i] = 0;
                }
                fgets(str, N, stdin);
                if (strchr(str, '\n')) break;
            }
        }
        else break;
    }
```

```
    printf("Sie haben %d eingegeben.\n", number);

    return 0;
}
```

Für das Wiederholen der Frage nach einer ganzen Zahl ist die äußere Schleife zuständig. Diese könnte man noch abändern und nach einer bestimmten Anzahl falscher Eingaben aufhören. In dieser Form ist das Programm hartnäckiger. In der Schleife wird mit der ersten `scanf`-Anweisung versucht, Daten aus dem Puffer zu lesen. Gelingt dies gemäß der Formatierungsanweisung, ist die Anzahl der richtig verstandenen Eingaben genau 1 und die Abfrage springt in den `else`-Block. Dort steht als Anweisung nur noch ein `break`, sodass die äußere Schleife beendet wird. Die Zahl wird dann auf der Konsole ausgegeben. Wenn die eingegebenen Daten jedoch nicht interpretiert werden können, müssen weitere Fälle betrachtet werden. Der Anwender kann durch ein bloßes EOF die Eingabe blockieren, sodass der Einsatz von `rewind` erforderlich ist. Das folgende `continue` sorgt dafür, dass mit einem leeren Puffer, der zum Lesen bereit ist, ein weiterer Versuch gestartet werden kann. Befinden sich hingegen Buchstaben statt einer Zahl im Puffer, müssen diese zuerst entfernt, also mittels (wiederholtem) `fgets` gelesen werden. Die Daten werden blockweise aus dem Puffer gelesen, und jeder Block wird auf das Zeilenende untersucht. Wird dies gefunden, gibt es nichts weiter zu entfernen, und der Eingabepuffer ist wieder leer und immer noch zum Lesen bereit. Es ist empfehlenswert, dieses Programm einmal mit allen möglichen Eingaben zu testen, also ganze Zahlen, Strings, EOF ohne weitere Daten, oder auch Daten gefolgt von einem doppelten EOF. Letzteres wirkt zunächst wie das Drücken der Enter-Taste, sorgt aber dafür, dass der Puffer zum Lesen blockiert wird. Mit einer kleinen Erweiterung, nämlich noch einer `scanf`-Anweisung nach der Ausgabe am Ende, wird man diesen Effekt auch nachweisen können.

Abschließend halten wir die in den vorangehenden Beispielen gewonnenen Erkenntnisse in der folgenden Merkregel fest:

Leseanweisungen mittels `scanf` sollten einfach gehalten werden. Es gibt viele Möglichkeiten, was ein Anwender eines Programms alles eingeben könnte, und jede dieser Möglichkeiten muss von `scanf` richtig behandelt werden. Daher muss man sich immer wieder überlegen, ob man auch wirklich alles erfasst hat, was dem Nutzer einfallen könnte. Dazu gehören Eingaben, die nicht auf die Formatierung passen und damit im Puffer bleiben, oder ein EOF-Zeichen, welches die Eingabe blockiert. **!**

8.3 Zugriff auf Dateien

Dateien sind aus Sicht eines Programms nichts anderes als Datenströme, die gelesen oder beschrieben werden können. Daher können wir die Konzepte aus Abschnitt 8.2 übernehmen und müssen im wesentlichen die passenden Funktionen kennen lernen, mit denen wir Dateien öffnen und schließen, sowie Daten darin bearbeiten. Wie auch beim Umgang mit Benutzereingaben von der Tastatur gilt, dass Dateioperationen nicht unbedingt so ablaufen müssen, wie man sich das als Programmierer wünscht. So könnte eine Datei, in die man Daten schreiben möchte, beispielsweise schreibgeschützt sein, sie könnte auf der Festplatte fehlen oder von einem anderen Prozess schon geöffnet sein. Wir werden uns also mit Dateizugriffsfehlern auseinandersetzen müssen. Und wie jeder Datenstrom hat natürlich auch eine Datei ein Ende, sodass uns das Thema der blockierten Datenströme (Stichwort: EOF) wieder begegnen wird.

8.3.1 Öffnen und Schließen von Dateien

Die Standardströme `stdin` und `stdout` mussten wir nicht öffnen, wir konnten ohne weiteres Zutun von ihnen lesen bzw. darauf schreiben. Jetzt ist es an der Zeit, einmal genauer zu untersuchen, um welche Art von Datenobjekten es sich eigentlich dabei handelt. Im Header `stdio.h` wird ein Datentyp deklariert, der `FILE` heißt. Dabei handelt es sich um eine sogenannte Struktur, welche wir in Kapitel 9 kennen lernen werden. Daher soll für den Moment nur soviel gesagt sein, dass eine Struktur mehrere verschiedene Daten bündelt und als ein neues Datenobjekt darstellt. Eine Datenstruktur vom Typ `FLIE` beinhaltet beispielsweise die Adresse des Puffers, über den gelesen oder geschrieben wird, die aktuelle Position in der Datei oder auch die Information, ob das Flag `EOF` gesetzt ist. Kurzum: Für Dateioperationen werden einige Informationen im Hintergrund gehalten, die aus Sicht des Programms zwar unabdingbar, für den Programmierer aber nicht immer vollständig von Belang sind. Und all diese Informationen werden an einer einzigen Stelle gespeichert, dem Stream. Nun sind aber weder `stdin` noch `stdout` vom Typ `FILE`, vielmehr handelt es sich um Zeiger auf eine solche Struktur, der exakte Typ ist also `FILE*`.

All dies musste uns bisher noch nicht kümmern, da die Datenströme bereits im Header `stdio.h` definiert sind. Um mit Dateien zu arbeiten, müssen wir allerdings solche Datenobjekte selbst erzeugen. Eine Datei befindet sich auf der Festplatte immer in einem Verzeichnis, sie besitzt also die Eigenschaft „Speicherort" . Um eine Datei zu öffnen, müssen wir diesen Ort spezifizieren. Weiterhin müssen wir angeben, wie wir auf die Datei zugreifen wollen. Die Unterscheidung nach „Lesezugriff" oder „Schreibzugriff" ist noch nicht alles. Wenn eine Datei noch nicht existiert, muss sie erst angelegt werden. Falls es sie schon gibt, kann man den Inhalt entweder überschreiben oder neuen Inhalt an das Ende hängen. Auch diese Information müssen wir beim Öffnen der Datei mit angeben. Die Funktion, welche das Öffnen für uns erledigt, heißt `fopen`. Wenn wir beispielsweise die Datei `example.txt` erzeugen und zum Schreiben öffnen möchten, geschieht dies mittels der folgenden Zeilen:

```
FILE *file;
file = fopen("example.txt", "w");
```

Das erste Argument von `fopen` ist ein String, welcher den Dateinamen und gegebenenfalls den Pfad zu der Datei enthält. Das zweite Argument ist ein Flag, das die Art der
Dateioperation angibt, die ausgeführt werden soll. Dieses Flag ist vom Typ `char[]`,
daher wird der Wert in Anführungszeichen gesetzt. Der Rückgabewert von `fopen` ist
im Erfolgsfall die Adresse des Datenobjekts, über das später alle Dateizugriffe erfolgen.
Konnte die Datei aus irgendeinem Grund nicht geöffnet werden, wird statt dessen `NULL`
zurückgegeben. Daran kann man also unterscheiden, ob nun Dateizugriffe überhaupt
möglich sind.

Gibt man wie im vorangehenden Beispiel nur einen Dateinamen ohne Pfad an,
so wird die Datei im gleichen Verzeichnis geöffnet wie das laufende Programm. Die
Pfadangabe wird unter UNIX-artigen Systemen und unter Windows unterschiedlich
gehandhabt. So gibt es unter Linux beispielsweise keine Laufwerke. Außerdem wird
als Trennzeichen zwischen Verzeichnissen unter Linux ein Slash verwendet, unter Windows ist es ein Backslash. Allerdings gibt es beim Programmieren einen gemeinsamen
Nenner, der Slash als Trennzeichen ist universell einsetzbar. Legen wir unter Linux
und Windows die Datei `example.txt` jeweils im Ordner `Documents` des Benutzers `MrX`
an, so lauten die Pfadangaben jeweils:

```
char pathUNIX[] = "/home/MrX/Documents/example.txt";
char pathWin[] = "C:/Users/MrX/Documents/example.txt";
```

Wir sehen hier das erste Mal, dass ein Programm eventuell nicht portabel ist, also
nicht auf jedem Betriebssystem laufen wird. Der Grund ist dabei die unterschiedliche
Verzeichnisstruktur auf den verschiedenen Systemen. Unter Umständen müssen für
verschiedene Betriebssysteme verschiedene Versionen eines Programms geschrieben
werden, sodass es sich empfiehlt, möglichst universelle Pfade zu nutzen, beispielsweise relativ zur Datei des Programms selbst. Wer ausschließlich unter Windows pro-
grammiert und als Trennzeichen im Pfad den gewohnten Backslash nutzen will, muss
allerdings beachten, dass der Backslash eine Art Sonderzeichen ist. Mit diesem Zeichen
wird eine sogenannte Escape Sequenz eingeleitet, um ein Zeichen darzustellen, das
anders nicht darstellbar ist. Beispielsweise kennen wir schon das Zeilenende, welches
mit \n dargestellt werden muss. Der Compiler wird also folgende Pfadangabe falsch
verstehen:

```
char pathWin[] = "C:\Users\MrX\Documents\example.txt"; // falsch
```

Vielmehr muss man den Backslash selbst mit Hilfe einer Escape Sequenz darstellen,
sodass in diesem Fall ein doppelter Backslash nötig ist. Richtig wäre also:

```
char pathWin[] = "C:\\Users\\MrX\\Documents\\example.txt"; // richtig
```

Das ist augenscheinlich etwas unübersichtlicher als bei Verwendung eines einfachen Slash als Trennzeichen. Zumindest hierbei sollte man auf eine gewisse Einheitlichkeit bezüglich verschiedener Betriebssysteme setzen. Die verschiedenen möglichen Flags für die Dateioperationen sind in der folgenden Tabelle aufgeführt:

Tab. 8.3: Flags für das Öffnen einer Datei

Flag	Bedeutung
r	Öffnen zum Lesen
w	Erstellen einer Datei zum Schreiben, vorhandene Datei wird überschrieben
a	Öffnen zum Schreiben, Inhalt wird ans Ende angehängt
r+	Öffnen zum Lesen und Schreiben, Datei muss schon existieren
w+	Öffnen zum Lesen und Schreiben, Datei wird neu angelegt oder überschrieben
a+	Öffnen zum Lesen und Schreiben, neuer Inhalt wird ans Ende gehängt

Natürlich lassen sich mehrere Dateien auch parallel öffnen. Allerdings ist die Anzahl begrenzt, und die maximal mögliche Zahl offener Dateien steht in einer Konstante, die den Namen FOPEN_MAX trägt. Der Wert dieser Konstante kann auf verschiedenen Systemen unterschiedlich sein, mindestens 8 Dateien können aber immer gleichzeitig geöffnet werden.

Wenn eine Datei nicht mehr bearbeitet wird, sollte man sie schließen, da das Programm den Zugriff sonst für andere Prozesse blockiert. Die dafür nötige Funktion heißt fclose, und sie nimmt als Argument nur den Pointer auf den geöffneten Datenstrom entgegen:

```
fclose(file);
```

Auch diese Funktion hat wieder einen Rückgabewert. Im Erfolgsfall wird 0 zurückgegeben, sonst EOF.

8.3.2 Lesen und Schreiben

Wenn eine Datei erfolgreich geöffnet wurde, kann man ihren Inhalt bearbeiten. Wir kennen schon drei Funktionen für das Lesen und Schreiben auf den Standard-Streams, nämlich printf, scanf und fgets. Letztere Funktion kann unverändert auch zum Einlesen ganzer Textzeilen aus einer Datei verwendet werden. Um in Dateien formatiert zu lesen oder zu schreiben, gibt es die beiden Funktionen fprintf und fscanf. Sie arbeiten analog zu ihren Pendants, aber da sie nicht auf die Standard-Streams zugreifen, benötigen sie als zusätzliches Argument den Pointer auf das FILE-Objekt. Schauen wir ein kleines Beispiel an. Die bekannte Datei example.txt wird erzeugt und geöffnet (falls das möglich ist), und anschließend werden einige Daten in diese

Datei geschrieben und auch wieder gelesen. Nach dem Schreibvorgang befindet sich der FILE-Pointer am Ende der Datei, sodass wir zuerst an den Anfang zurückkehren müssen, bevor wir etwas lesen können. Am Schluss schließen wir die Datei und das Programm wird beendet.

Beispiel 8.10

```c
#include <stdio.h>

#define N 100

int main()
{
    FILE *file;
    char filename[] = "example.txt";
    char str[] = "Dieser String\nbesteht aus 2 Zeilen.";
    if ((file = fopen(filename, "w+")) != NULL)
    {
        fprintf(file, "%s", str);
        rewind(file);
        while(feof(file) == 0)
        {
            fgets(str, N, file);
            printf("%s", str);
        }
        printf("\n");
    }
    else
    {
        printf("Konnte Datei %s nicht öffnen!\n", filename);
        return 1;
    }
    fclose(file);
    return 0;
}
```

Wir lesen die gesamte Datei zeilenweise, wobei wir nach jeder Zeile mittels feof prüfen, ob wir das Ende schon erreicht haben. Auch fgets selbst wäre eine Möglichkeit, da am Dateiende 0 zurückgegeben wird. Um den Programmablauf zu verändern, kann man nach einem ersten Durchlauf die vorhandene Datei mit einem Schreibschutz versehen (das geht am einfachsten in einem Dateibrowser). Lässt man dann das Programm nochmal laufen, erscheint die vorbereitete Fehlermeldung.

Die Funktion fscanf kann man nur dann auf Dateien anwenden, wenn das Format der Daten in der Datei bekannt ist. Für unstrukturierte Texte mit Leerzeichen ist fscanf nicht geeignet, ein Anwendungsfall ist beispielsweise das Lesen einer Konfigurationsdatei (siehe hierzu Aufgabe 8.4). Die Daten jeder Zeile lassen sich beispielsweise wie folgt auslesen:

```
str key[100] = {};
int value;
fscanf(file, "%99s %d", key, &value);
```

Voraussetzung ist nur, dass der String und die ganze Zahl durch Leerzeichen getrennt sind und sich sonst nichts in der Zeile befindet. Und wie immer bei Benutzereingaben gilt, dass die Daten geprüft werden müssen, bevor sie im Programmfluss genutzt werden. Sonst könnte eine geschickt manipulierte Konfigurationsdatei einem Angreifer die Tür öffnen.

8.3.3 Position innerhalb einer Datei

Liest oder schreibt man in einer Datei, ändert man darin die Position. Es ist möglich, die aktuelle Position abzufragen und auch zu einem bestimmten Punkt in der Datei zu springen. Dafür gibt es die beiden Funktionen `fgetpos` und `fsetpos`. Beim Aufruf wird zum einen natürlich die Datei benötigt, repräsentiert durch ein FILE-Objekt. Außerdem wird die Position an die beiden Funktionen übergeben, und diese besitzt einen eigenen Datentyp mit dem Namen `fpos_t`. Eine Variable dieses Typs belegt man mit einem Wert, indem man in der Datei bis zu einer bestimmten Stelle liest oder schreibt, und dann die Position abfragt. Später kann man an diese Stelle wieder zurückspringen. Dies geschieht mit den folgenden Zeilen:

```
fpos_t position;
FILE *file;
// Lese- und Schreibvorgänge
...
// Position merken
fgetpos(file, &position);
// wieder lesen oder schreiben
...
// Position neu setzen
fsetpos(file, &position);
```

8.4 Lesen und Schreiben von Strings

Nicht nur Dateien können als Resource für Daten dienen. Es ist auch möglich, beliebige Daten zu formatieren und das Ergebnis in einem String zu speichern. Ebenso kann man gemäß einer Formatangabe Daten von einem String wieder lesen. Dazu benötigen wir die beiden Funktionen `sprintf` und `sscanf`, welche sich im Header `stdio.h` befinden. Sie werden genauso verwendet wie die entsprechenden dateiorientierten Funktionen `fprintf` und `fscanf`, nur dass statt des Zeigers auf die Datei ein String (also ebenfalls ein Zeiger) angegeben werden muss. Damit kann man beispielsweise gemäß einer Schablone die aktuelle Temperatur in einen Satz verpacken:

```
char str[100] = {};
float t = 23.6;
sprintf(str, "Die Temperatur beträgt %3.1f Grad Celsius.", t);
```

Schwieriger ist das in Abschnitt 8.2.4.1 angesprochene Problem des dynamisch erzeugten Formatstrings. Ziel ist, eine Formatierung für einen String zu erzeugen, dessen Länge durch eine Variable festgelegt wird. Im Formatstring dürfen aber nur literale Zahlen stehen, keine Variablen. Daher muss der Formatstring aus dem einleitenden Prozentzeichen, der variablen Zahl und dem Spezifizierer `s` zusammengesetzt werden. Da `sprintf` für das formatierte Schreiben selbst wieder einen Formatstring verwendet, der ein Prozentzeichen enthält, müssen wir dieser Funktion mitteilen, dass eines dieser Prozentzeichen in den Zielstring geschrieben werden soll, während das andere für die Formatierung des Zahlenwertes verwendet wird. Das Ergebnis sieht wie folgt aus:

Beispiel 8.11

```
#include <stdio.h>

#define N 10

int main()
{
    char format[N] = {};

    sprintf(format, "%%%ds", N-1);
    printf("%s", format);

    return 0;
}
```

Die Zeichenkette %%%ds wird von `sprintf` wie folgt verstanden: Das doppelte Prozentzeichen zu Beginn ist die Anweisung, ein einzelnes Prozentzeichen in den Zielstring zu schreiben. Das dritte (und damit einzelne) Prozentzeichen wird in Verbindung mit dem folgenden `d` als Formatierungsanweisung interpretiert, und damit an diese Stelle die Zahl `N-1` geschrieben (am Ende wird automatisch ein Terminator eingefügt, daher ein Zeichen weniger). Das `s` am Schluss wird als ASCII-Zeichen in den Zielstring geschrieben. Auf der Konsole steht somit:

```
%100s
```

Diesen String, der in der Variable `format` gespeichert ist, kann man nun als Formatierungsanweisung in den Schreib- und Lesefunktionen verwenden:

```
char str[N] = {};
scanf(format, str);
printf("%s\n", str);
```

Man teste diese Erweiterung einmal selbst. Gibt man mehr als 9 Zeichen ein, wird der Rest nicht mehr auf dem Bildschirm ausgegeben, wie es der Formatierungsstring vorsieht. Dann bleibt natürlich wieder etwas im Puffer der Standardeingabe zurück, aber dieses Problem haben wir ja schon gelöst.

i Aufgaben

Aufgabe 8.1. *Groß- und Kleinschreibung*
Schreiben Sie zwei Funktionen convertToLower und convertToUpper, welche in einem gegebenen String alle Großbuchstaben durch Kleinbuchstaben verwandeln bzw. umgekehrt. Nutzen Sie dabei die besondere Anordnung von Groß- und Kleinbuchstaben in der ASCII-Tabelle 8.1.

Aufgabe 8.2. *Finde alle „n"*
Schreiben Sie ein Programm, welches die Position von jedem „n" innerhalb des Strings „Dieser String soll nun durchsucht werden." findet und auf der Konsole ausgibt.

Aufgabe 8.3. *Taschenrechner*
Entwickeln Sie einen einfachen Taschenrechner, der die vier Grundrechenarten beherrscht und Daten in der folgenden Form entgegen nimmt und verrechnet:

```
Ihre Kalkulation:
23+65
             88.000000
-52
             36.000000
*8
           288.000000
=
Ergebnis: 288.000000
```

Allgemein soll in jeder Zeile außer der ersten der Operator und ein Operand eingegeben werden, der andere Operand ist das bisherige Ergebnis. Dieses soll zur Kontrolle nach jeder Rechnung auf der Konsole ausgegeben werden. Auf Klammern oder die Berücksichtigung der Regel Punkt-vor-Strich wird also verzichtet. Gehen Sie von einem gutmütigen Anwender aus, und verzichten Sie für dieses Beispiel auf eine umfangreiche Prüfung der Eingabedaten.

Aufgabe 8.4. *Konfigurationsdatei*

Viele Programme speichern ihre Einstellungen in einer Konfigurationsdatei. In dieser Aufgabe soll eine solche Datei mit dem Namen „config.dat" von dem zu entwickelnden Programm beim Start eingelesen werden. Der Nutzer erhält im Anschluss eine Übersicht der Konfigurationsparameter. Wir betrachten in dieser Aufgabe insgesamt 4 solcher Parameter, und sie heißen WindowColor, BufferSize, MaxThreads und TimeOut. Die Parameter werden in der Konfigurationsdatei in folgendem Format zusammen mit ihren Werten gespeichert:

```
WindowColor 46378926
BufferSize 512
MaxThreads 4
TimeOut 3600
```

Die Reihenfolge der Parameter darf beim Einlesen keine Rolle spielen. Da in der Realität sehr viele solcher Parameter existieren können, ist ein Array für alle Parameterwerte sinnvoll. Wenn eine Zeile nicht richtig eingelesen werden kann, soll der Nutzer einen entsprechenden Hinweis erhalten. Damit dennoch alle Parameter mit Werten initialisiert werden, sollen sie schon vor dem Einlesen der Konfigurationsdatei Standardwerte erhalten.

9 Strukturen

Die meisten Datentypen, die wir in diesem Buch bisher kennengelernt haben, gehören zu den sogenannten primitiven Typen. Darunter fallen sämtliche Zahlendarstellungen und ASCII-Zeichen (welche letztlich auch als Zahlen interpretierbar sind). Strings sind nichts anderes als Felder von ASCII-Zeichen und damit eine Menge von Daten des gleichen Typs. Eine Ausnahme bildet der Typ FILE. Dieser Datentyp bietet die Möglichkeit, eine Menge unterschiedlicher Informationen in einem einzigen Datenobjekt abzulegen. Man spricht von einer Struktur, und dieser neue Typ soll im vorliegenden Kapitel besprochen werden.

9.1 Deklaration von Strukturen

Beginnen wir mit einem Beispiel, welches wir im alltäglichen Leben finden, einem Artikel im Supermarkt. Egal worum es sich dabei handelt, hat jeder Artikel mehrere Eigenschaften. Dazu gehört der Name, eine eindeutige Nummer und ein Preis. Informationstechnisch gesehen sind diese Eigenschaften von unterschiedlichen Datentypen. Der Name ist ein String, der Preis eine Fließkommazahl und die Artikelnummer eine ganze Zahl. Alle diese Datentypen sind jedoch im Artikel vereinigt, sodass man (ebenfalls wieder informationstechnisch) sagen kann, dass der Artikel einen eigenen Typ besitzt. Wahrscheinlich gibt es im Supermarkt auch ein computerbasiertes Lagerhaltungssystem, sodass es für einen Programmierer nötig ist, den realen Artikel auf einen passenden Datentyp in einem Programm abzubilden. In C nennen wir einen solchen Datentyp eine Struktur. Wir legen nun eine Variable an, welche alle Eigenschaften eines Artikels bündelt und geben dieser Variablen den Namen art. Die Syntax dafür lautet:

```
struct {
    char name[80];
    int id;
    float price;
} art;
```

Um eine Struktur zu deklarieren, beginnt man immer mit dem Schlüsselwort struct. In geschweiften Klammern folgen dann die einzelnen Eigenschaften, die in der Struktur gebündelt werden. Wie man sieht, läuft dies genauso ab wie bei der Deklaration einzelner Variablen, nur wird dem Compiler durch das verwendete Schlüsselwort mitgeteilt, dass die einzelnen Variablen als Verbund zu betrachten sind. Nach der geschlossenen geschweiften Klammer steht der Name der Strukturvariablen, gefolgt von einem Semi-

https://doi.org/10.1515/9783110486292-010

kolon. Wenn wir dies ein wenig abstrakter schreiben, erkennen wir, dass es sich auch dabei nur um eine gewöhnliche Deklaration handelt:

```
STRUKTURTYP Variablenname;
```

Hinter dem Datentyp STRUKTURTYP verbirgt sich das Schlüsselwort struct und alles in den folgenden geschweiften Klammern. Diese Darstellung soll auch verdeutlichen, dass man das Semikolon nach dem Variablennamen nicht vergessen darf.

Unsere Variable art besitzt jetzt also mehrere Eigenschaften, auf die wir natürlich auch zugreifen und sie mit Werten versehen wollen. Dafür verwendet man Punktoperator:

```
art.price = 7.99;
art.id = 26543287;
```

Bei der Eigenschaft name müssen wir etwas anders vorgehen, und zwar aus einem schon bekannten Grund. Die Eigenschaft name ist ein String, und Strings darf man nur in der Zeile der Deklaration, nicht aber danach mit einem Wert versehen. Und name wurde schon beim Anlegen der Strukturvariable art deklariert. Folgendes wäre also falsch und würde vom Compiler mit einem Fehler quittiert:

```
art.name = "Apfel"; // falsch, keine Zuweisung nach der Deklaration
```

Wir kennen aber eine Funktion, mit der wir einen String in eine Variable hinein kopieren können: strcpy. Und diese nutzen wir, um den Artikel mit seinem Namen zu versehen:

```
strcpy(art.name, "Apfel");
```

Wir müssen nur bedenken, dass dazu der Header string.h eingebunden sein muss. Außerdem gilt wie immer die übliche Vorsicht beim Umgang mit Strings hinsichtlich der Größe. In unserem Fall darf der Name nicht länger als 79 Zeichen sein, damit am Ende noch Platz für den Terminator bleibt.

Jetzt wollen wir aber nicht nur einen Artikel, sondern mehrere erzeugen. Wie bei jeder Deklaration von Variablen schreibt man auch bei Strukturtypen alle Namen in eine einzige Zeile:

```
struct {
    char name[80];
    int id;
    float price;
} art1, art2, art3;
```

Die verschiedenen Artikel besitzen jetzt alle die gleichen Eigenschaften, aber `art1.id` und `art2.id` belegen im Speicher verschiedene Plätze. Daher können die beiden IDs auch verschiedene Werte besitzen. Erst in Verbindung mit der jeweiligen Strukturvariablen kann man die Variable `id` überhaupt ansprechen. Man kann sich die Deklaration des Strukturtyps auch als eine Art Blaupause vorstellen, nach deren Bauplan der Compiler die eigentlichen Datenobjekte `art1`, `art2` und `art3` im Speicher erstellt. Die Blaupause selbst liegt nicht im Speicher und man kann somit auch nicht auf ihre Elemente zugreifen. Allerdings erkennen wir einen Nachteil in unserem bisherigen Vorgehen. Alle benötigen Artikel müssen an einer einzigen Stelle deklariert werden. Nachträglich könnten wir also keinen weiteren Artikel hinzufügen. Der Grund ist, dass wir keinen Namen für den Datentyp der Struktur erstellt haben, nur für die Variablen dieses Typs. Und ohne einen Typnamen (wie `int` oder `char`) lässt sich keine Variable ins Leben rufen. Daher trennen wir jetzt die Deklaration des Datentyps von der Deklaration der Variablen. Der Typ heiße `Article` und er wird wie folgt angelegt:

```
struct Article {
    ...
};
```

Um Variablen von diesem Typ zu deklarieren, müssen wir allerdings ein wenig anders vorgehen als bei den primitiven Typen. Da es sich um einen zusammengesetzten Typ handelt, muss immer das Schlüsselwort `struct` vorangestellt werden:

```
struct Article art1, art2, art3;
```

Für ein Lagerhaltungssystem fehlt allerdings noch eine einfache Verwaltung der ganzen Variablen. Sicher ist es nicht sinnvoll, für mehrere hundert Artikel auch entsprechend viele Variablen anzulegen. Aber wir wissen schon, wie es einfacher geht: mit Hilfe eines Arrays. Auch Strukturen sind nur Datenobjekte, sodass wir auch ein Array von vielen solcher Objekte anlegen können:

```
struct Article art[1000];
```

Die Variable `art` beinhaltet jetzt 1000 Datenobjekte vom Typ `Article`. Auf die Eigenschaften eines speziellen Objekts greift man zu, indem man zuerst seine Speicheradresse dereferenziert, dann folgen die Eigenschaften:

```
art[103].id = 525466;
```

Und noch etwas können wir an unserer Datenstruktur verbessern. Der Preis besitzt keine Bezugsgröße. Wird ein Apfel also pro Stück oder pro Kilogramm abgerechnet? Es wäre sinnvoll, statt der Eigenschaft `price` mit dem einfachen Typ `float` eine aussagekräftigere Eigenschaft zu nutzen, welche neben dem Wert auch angibt, worauf sich dieser Wert bezieht. Das klingt schon wieder nach einer Struktur, und es ist in C auch möglich, Strukturen zu schachteln. Dazu müssen wir zuerst eine Preisstruktur deklarieren, weil diese in der Artikelstruktur danach verwendet wird:

```
struct Price {
    float value;
    char reference[10];
};

struct Article {
    char name[100];
    int id;
    struct Price price;
};
```

Nun können wir wieder eine Variable vom Typ Article erzeugen und den Preis samt Referenzgröße festlegen:

```
struct Article art;
art.price.value = 3.99;
strcpy(art.price.reference, "kg");
```

Wenn nur bestimmte Elemente einer Strukturvariablen beim Erzeugen derselben bekannt sind (beispielsweise die Artikelnummern und die Artikelnamen), können diese wie folgt definiert werden:

```
struct Article art = {
    .id = 525466,
    .name = "Apfel"
};
```

Dabei ist das Komma zwischen den einzelnen Elementen sowie der Punkt vor jedem Element zu beachten. Dieses Vorgehen hat Ähnlichkeiten mit der Initialisierung eines Arrays. Elemente, welche nicht mit Werten initialisiert werden, sind automatisch 0. Außerdem ist zu beachten, dass dem String name der Wert mittels einer Zuweisung gegeben wurde, nicht über die Funktion strcpy. Hier deklarieren wir die Strukturvariable aber auch erst, statt wie oben das Element zu initialisieren, nachdem die Struktur schon angelegt war. Und auch geschachtelte Elemente kann man (gegebenenfalls teilweise) initialisieren:

```
struct Article art = {
    .price.value = 3.99
};
```

9.2 Übergabe an Funktionen

Strukturen bieten im Zusammenspiel mit Funktionen einen großen Vorteil. Statt einer Menge von Parametern übergibt man einer Funktion lediglich eine Struktur, welche alle Parameter als Elemente enthält. Das folgende Beispiel zeigt eine Möglichkeit, wie man Strukturen an Funktionen übergeben kann. Wir weisen den Elementen in der Hauptfunktion Werte zu, verändern diese in der Funktion change und lesen sie aus. Nach dem Rücksprung in die Hauptfunktion lesen wir die Werte nochmal aus.

Beispiel 9.1

```c
#include <stdio.h>

struct Simulation {
    double duration;
    double accuracy;
    int maxIter;
};

void change(struct Simulation simulation)
{
    simulation.duration *= 2.0;
    printf("change: duration = %lf\n", simulation.duration);
    printf("change: accuracy = %lf\n", simulation.accuracy);
    printf("change: maxIter = %d\n", simulation.maxIter);
    return;
}

int main()
{
    struct Simulation simulation = {
        .duration = 600.0,
        .accuracy = 1.0e-3,
        .maxIter = 200
    };
    printf("main: duration = %lf\n", simulation.duration);
    printf("main: accuracy = %lf\n", simulation.accuracy);
    printf("main: maxIter = %d\n", simulation.maxIter);
    change(simulation);
    printf("main: duration = %lf\n", simulation.duration);
    printf("main: accuracy = %lf\n", simulation.accuracy);
    printf("main: maxIter = %d\n", simulation.maxIter);
    return 0;
}
```

Zuerst können wir sehen, dass ein Funktionsaufruf mit Strukturen nicht anders abläuft als bei der Übergabe eines primitiven Datentyps. In der Funktionsdeklaration muss man eben bedenken, dass das Schlüsselwort `struct` nicht fehlen darf. Die Ausgabe dieses Programms sieht wie folgt aus:

```
main: duration = 600.000000
main: accuracy = 0.001000
main: maxIter = 200
change: duration = 1200.000000
change: accuracy = 0.001000
change: maxIter = 200
main: duration = 600.000000
main: accuracy = 0.001000
main: maxIter = 200
```

Offenbar wurde die Struktur vollständig an die Funktion `change` übergeben, die Werte werden richtig ausgelesen. Doch zurück in der Hauptfunktion werden die ursprünglich gesetzten Werte wieder ausgegeben. Das heißt, dass wir in den beiden Funktionen zwei verschiedene Variablen manipulieren. Beim Aufruf der Funktion `change` wird nämlich eine Kopie der übergebenen Struktur erstellt. Diese Diskussion haben wir schon in Abschnitt 6.3.3 geführt, allerdings im Zusammenhang mit primitiven Datentypen. Gleiches gilt auch für Strukturen. Nur sollten wir bedenken, dass es ein größerer Aufwand ist, eine Struktur mit vielen Elementen im Speicher zu duplizieren, als nur eine einzelne Zahl. Auch wenn uns also nicht daran gelegen sein sollte, die Struktur in der Funktion zu verändern, ist es dennoch ratsam, einen Zeiger auf die Struktur zu übergeben. Dieses Vorgehen spart ganz einfach Rechenzeit. Dazu muss die Funktion `change` ein wenig abgewandelt werden:

```
void change(struct Simulation *simulation)
{
    (*simulation).duration *= 2.0;
    printf("change: duration = %lf\n", (*simulation).duration);
    printf("change: accuracy = %lf\n", (*simulation).accuracy);
    printf("change: maxIter = %d\n", (*simulation).maxIter);
    return;
}
```

Im Funktionskopf wird die Strukturvariable auf die gewohnte Art als Pointer deklariert. Beim Zugriff auf die Elemente muss das Programm zuerst einmal an die Adresse der Struktur springen, weil der Pointer selbst keine Elemente besitzt. Anderes ausgedrückt: Der Pointer wird dereferenziert. Dies erfordert eine Klammer um die Variable, weil der darauf folgende Punktoperator eine höhere Priorität besitzt, aber später ausgewertet werden soll. Der Funktionsaufruf in der Hauptfunktion ist wieder leichter zu verstehen, mittels des Adressoperators übergeben wir die Adresse der Strukturvariable:

```
change(&simulation);
```

Durch diese Veränderungen läuft der Funktionsaufruf zum einen schneller ab und zum anderen lässt sich der Inhalt einer Struktur mit Hilfe von Funktionen verändern. Das ist beispielsweise ratsam, wenn vor dem Setzen eines neuen Wertes noch eine Gültigkeitsprüfung durchgeführt werden soll.

Die Syntax für den Zugriff auf die Elemente über einen Pointer ist zwar logisch nachvollziehbar, dennoch wird man vielleicht etwas länger benötigen, um ein solches Sprachkonstrukt zu entziffern. Doch es gibt noch eine andere Schreibweise, die etwas kürzer und intuitiver ist:

```
// erste Möglichkeit:
(*simulation).duration *= 2.0;
// zweite Möglichkeit:
simulation->duration *= 2.0;
```

Die zweite Schreibweise nutzt keinen Punkt für den Elementzugriff, sondern einen Operator, der an einen Pfeil erinnert. Damit soll ausgedrückt werden, dass die Variable `simulation` nicht selbst das Element `duration` enthält, sondern vielmehr auf dieses hinzeigt. Im Hintergrund macht der Compiler das gleiche wie im ersten Fall: Die Zeigervariable wird erst dereferenziert, und dann wird das Element der Struktur manipuliert. Die zweite Schreibweise ist der ersten aus Gründen der Einfachheit vorzuziehen, und es gibt sogar IDEs, welche bei Eingabe eines Punktoperators diesen schon beim Schreiben in einen Pfeil umwandeln.

9.3 Unions

Eine enge Verwandte der Struktur ist die Union. Dabei handelt es sich um einen Datentyp, der wie eine Struktur mehrere Elemente besitzt, von denen aber immer nur eines verwendet werden kann. Um das zu verstehen, starten wir mit einem einfachen Beispiel, das sowohl die Syntax als auch das Konstrukt selbst erklärt:

```
union {
    double x;
    int n;
} varNumber;
```

Statt des Schlüsselworts `struct` wird `union` verwendet, die Deklaration der einzelnen Felder und auch die Instanziierung einer Variablen vom Typ der Union läuft ganz wie bei einer Struktur auch ab. Der Zugriff auf die Feldelemente geschieht wieder mittels des Punktoperators:

```
varNumber.n = 34385;
```

Soweit sind also beide Datenobjekte gleich. Doch wie wir schon erwähnt haben, kann bei einer Union immer nur ein einziges Element mit einem Wert versehen werden. Auf die anderen Elemente besteht dann kein definierter Zugriff. Weisen wir also nacheinander wie bei einer Struktur den Feldern Werte zu und lassen sie uns auf der Konsole ausgeben:

Beispiel 9.2

```c
#include <stdio.h>

int main()
{
    union {
        double x;
        int n;
    } varNumber;
    varNumber.x = 534.3;
    varNumber.n = 1998;
    printf("%lf\n", varNumber.x); // undefiniert, da Feld gerade nicht verwendet
    printf("%d\n", varNumber.n);  // Feld n wurde mit einem Wert belegt
    return 0;
}
```

Dies kann zu folgender Ausgabe führen:

```
534.299805
1998
```

Obwohl das Feld x mit einem Wert versehen wurde, weicht die Ausgabe ganz leicht von diesem ab. Um das verstehen zu können, müssen wir uns die Speicherstruktur einer Union ansehen. Eine Union belegt immer so viel Platz wie ihr größtes Element, also in diesem Fall die Fließkommazahl x. Versieht man dieses größte Element mit einem Wert, werden 8 Byte in den Speicher geschrieben. Initialisiert man hingegen das Feld n, so sind es nur 4 Byte. Die verbleibenden 4 Byte werden bei diesem Schreibvorgang nicht verändert und behalten daher die davor schon vorhandenen Daten. Im letzten Beispiel ist also folgendes passiert: Zuerst wurde die Zahl 534.3 als 8 Byte großes Datenobjekt in den Speicher geschrieben, womit der Speicherbereich der Union vollständig gefüllt wurde. Danach wurden 4 Byte davon mit der ganzen Zahl 1998 überschrieben. Die printf-Anweisungen lesen danach unterschiedliche Teile des Speicherbereichs der Union aus (einmal vollständig, einmal nur die Hälfte), wobei die ganze Zahl nach der Initialisierung nicht mehr überschrieben wurde. Somit wird sie auch richtig wieder ausgelesen. Von der Fließkommazahl hingegen sind nur noch 4 Byte unverändert vorhanden. Der Ausgabe folgend sind es jedoch genau jene 4 Byte, welche die führenden Ziffern angeben. Lediglich die hinteren Nachkommastellen stimmen nicht mehr. Das genaue Verhalten des Programms hängt allerdings von der verwendeten Hardware und auch dem Compiler selbst ab, weil dies alles Einfluss auf die Anordnung der Daten im Speicher hat. Fassen wir diese Erkenntnisse in einer kleinen Merkregel zusammen:

! Eine Union besitzt wie eine Struktur mehrere Elemente. Sie belegt im Speicher immer genau so viel Platz wie das größte ihrer Elemente, sodass immer genau ein Element definiert im Speicher gehalten werden kann. Die restlichen Werte sind nicht definiert. Es ist aber auch nicht ausgeschlossen, dass mehrere (kleine) Datenobjekte gleichzeitig richtig abgelegt werden. Darauf darf man sich aber auf keinen Fall verlassen, auch wenn ein Programm auf einem konkreten Rechner richtig zu laufen scheint. Auf einer anderen Hardware kann das Ergebnis ganz anders aussehen.

Doch wozu sind Unions zu gebrauchen? Tatsächlich kommen sie in der Praxis nicht sehr häufig vor. Da sie weniger Speicherplatz belegen als eine Struktur, aber in gewisser Hinsicht unterschiedliche „Formen" annehmen kann, ist ein mögliches Szenario die Verwaltung verschiedener Varianten von Daten, die sich gegenseitig ausschließen. Im folgenden Beispiel geht es um die Materialien, aus denen die Oberfläche eines bestimmten Produkts bestehen kann. Ein Produkt kann immer nur eine Art von Oberfläche besitzen, und wir wollen viele solcher Produkte verwalten.

_i_ Beispiel 9.3

```
#include <stdbool.h>
#include <string.h>

int main()
{
    enum MaterialType {WOOD, PLASTIC, METAL};

    // Jede Art von Material wird in einer eigenen Struktur definiert
    struct Wood {
        char name[100];
        unsigned int roughness;
        unsigned int finish;
    };

    struct Plastic {
        char colour[100];
        unsigned int hardness;
```

```
        unsigned int roughness;
    };

    struct Metal {
        char name[100];
        bool polished;
    };

    // Mehrere mögliche Varianten des Materials,
    // aber nur eine kann ausgewählt werden
    union Material {
        struct Wood wood;
        struct Plastic plastic;
        struct Metal metal;
    };

    // Die Struktur Surface fasst alle Daten zur
    // gewählten Oberfläche zusammen
    struct Surface {
        enum MaterialType type;
        union Material material;
    };

    // Beispielhaft sollen 3 verschiedene Produkte
    // verwaltet werden
    struct Surface surfaces[3];

    // Initialisiere die Produkte mit Werten
    surfaces[0].type = WOOD;
    strcpy(surfaces[0].material.wood.name, "Buche");
    surfaces[1].type = METAL;
    strcpy(surfaces[1].material.metal.name, "Edelstahl");
    surfaces[2].type = PLASTIC;
    strcpy(surfaces[2].material.plastic.colour, "türkis");

    return 0;
}
```

Zunächst werden die Eigenschaften aller möglichen Materialien in eigenen Strukturen zusammengefasst. Daraus baut sich die Union Material auf, in der alle möglichen Varianten für das Material gebündelt werden. Die Oberfläche ist letztlich wieder eine Struktur (mit dem Namen Surface), in welcher der gewählte Typ des Materials sowie die Union aller Materialien steht. Mit der Eigenschaft type erreicht man, dass man einer Struktur vom Typ Surface direkt ansieht, welche Art von Material verwendet wird, sodass man dessen Eigenschaften korrekt manipulieren kann. Jede Struktur für die einzelnen Materialien besitzt schließlich unterschiedliche Felder, sodass der

Zugriff darauf vom Materialtyp abhängig gemacht werden muss. Wie die Eigenschaften verschiedener Oberflächen festgelegt werden, sieht man bei der Initialisierung.

Natürlich könnte man statt einer Union auch eine Struktur verwenden. Diese belegt aber etwa dreimal soviel Speicher wie die Union. Mit wachsender Zahl möglicher Materialien wird dieser Faktor noch größer. Stellen wir uns nun vor, dass bei guter Konjunktur sehr viele Produkte verkauft werden und das Array `surfaces` entsprechend groß wird. Dann könnte man eine solche Platz sparende Lösung in einer realen Anwendung durchaus in Betracht ziehen.

i Aufgaben

Aufgabe 9.1. *Lagerhaltung*
Die folgende Aufgabe ist als ein kleines Projekt zu betrachten und besitzt nicht nur eine Lösung, sondern kann auch noch beliebig erweitert werden. Wir greifen die Lagerhaltung im Supermarkt noch einmal auf und wollen ein Programm schreiben, mit dem die Bestände verschiedener Artikel erfasst werden können. Ein Artikel soll durch die folgende Struktur beschrieben werden:

```
struct Article {
    char name[100];
    int id;
    float minQuantity;
    float currentQuantity;
    struct Price price;
};
```

Mit diesen Elementen wird in jedem Artikel vermerkt, wie viel davon mindestens auf Lager sein muss und welche Menge sich aktuell im Lager befindet. Schreiben Sie in Ihrem Programm eine Funktion, welche ein Feld von Strukturen zurück gibt, das alle Artikel beinhaltet, die nachbestellt werden müssen. Diese Artikel sollen im Anschluss auf der Konsole ausgegeben werden. Das Feld mit allen existierenden Artikeln können Sie der Einfachheit halber im Programm definieren. Wer daraus eine kleine Datenbank machen will, kann die einzelnen Artikel auch in einer Datei festhalten und beim Programmstart von dort einlesen. Dazu sollte man sich aber erst ein passendes Datenformat überlegen.

10 Funktionen, Teil 2

Dieses zweite Kapitel zum Thema Funktionen beinhaltet fortgeschrittene Themen und ist als optional zu betrachten. Man kann auch ohne dessen Lektüre schon solide Programme schreiben. Sollten die Programme einmal größer werden, empfiehlt sich jedoch zumindest der Abschnitt 10.2 über Header-Dateien. Darin wird auch ein Blick in die C-Standardbibliothek geworfen, und wir lernen einige weitere nützliche Funktionen kennen. Dazu gehört die Erzeugung von Zufallszahlen, das Messen von Zeiten oder auch das Sortieren von Daten. Den Abschluss dieses Kapitels und damit auch des ganzen Buches bildet eine größere Übungsaufgabe, welche beliebig ausgestaltet werden kann und daher wie die Aufgabe zur Lagerhaltung in Kapitel 9 als kleines Programmierprojekt betrachtet werden darf.

10.1 Speicherklassen

In Abschnitt 7.4 haben wir gelernt, dass der Arbeitsspeicher aus Sicht eines Programms in verschiedene Teile zerfällt. Der größere davon heißt Heap, hier werden alle Daten abgelegt, welche zur Laufzeit des Programms erzeugt werden. Das sind Datenfelder, für die man dynamisch Speicher mittels `malloc` anfordert (und später mittels `free` wieder freigeben muss). Neben dem Heap gibt es ein sehr kleines Speichersegment, den Stack. Alle lokalen Variablen, die wir bisher verwendet haben und die dem Compiler schon beim Übersetzen bekannt sind, landen in diesem wenige MB großen Bereich. Sie existieren dort nicht die ganze Zeit, sondern werden dann auf den Stapel gelegt, wenn der Programmablauf an der Deklaration einer solchen Variablen vorbei kommt. Da die Stapelgröße sehr begrenzt ist, sind größere Felder problematisch. Sie bringen den Stapel schnell zum Überlaufen. Neben den Variablen liegen aber auch die Adressen der Funktionsaufrufe auf dem Stack. Jeder Aufruf wird als Adresse oben auf den Stapel gelegt, sodass sich dadurch der gesamte Zustand des Programms nachvollziehen lässt. Zu viele Funktionsaufrufe bringen den Stack ebenfalls zum Überlaufen (was bei Rekursionen schnell passieren kann).

Wir haben aber die globalen Variablen noch außen vor gelassen. Dabei handelt es sich um Datenobjekte, welche über die gesamte Laufzeit des Programms zur Verfügung stehen, deren Größe aber schon beim Übersetzen bekannt ist. Der Stack ist für die Ablage von globalen Variablen ungeeignet, denn dort ist ja immer nur die aktuell verwendete Variable sichtbar. Auch der Heap wird nicht dafür genutzt, denn dort liegen ja nur dynamisch erzeugte Daten. Es gibt aber noch einen weiteren Speicherbereich, den statischen Speicher, welcher für Objekte genutzt wird, die die ganze Zeit existieren. In diese Klasse fallen globale Variable. Sie werden beim Programmstart in den statischen Speicher geladen und sind damit während der gesamten Laufzeit und von überall im

https://doi.org/10.1515/9783110486292-011

Programm sichtbar. Eine Variable ist global, sobald man sie außerhalb aller Funktionen deklariert.

Aber auch lokale Variable lassen sich so deklarieren, dass sie die ganze Laufzeit über existieren. Schauen wir uns das folgende Programm an:

Beispiel 10.1

```c
#include <stdio.h>

void increase()
{
   static int i = 0;
   printf("%d\n", i);
   i++;
   return;
}

int main()
{
   for(int i=0; i<3; i++)
   {
      increase();
   }
   return 0;
}
```

In der Funktion `increase` wird eine einzige Variable `i` deklariert, bei jedem Aufruf wird ihr Wert ausgegeben und dieser danach inkrementiert. Die Funktion wird dann dreimal aufgerufen. Da `i` eine lokale Variable ist, würde man erwarten, dass bei jedem Aufruf der Wert 0 ausgegeben wird. Tatsächlich sieht die Ausgabe aber so aus:

```
0
1
2
```

Offenbar hat `i` seinen Wert auch nach Beenden der Funktion `increase` behalten. Dafür haben wir mit dem Schlüsselwort `static` bei der Deklaration gesorgt. Eine statische lokale Variable liegt nicht auf dem Stack, sondern ebenfalls im statischen Speicher. Daher existiert sie die ganze Zeit, aber nur in der Funktion `increase` kann man auf sie zugreifen. Das unterscheidet sie von globalen Variablen, die von überall aus erreichbar sind. Neben dem Schlüsselwort `static` muss man beachten, dass eine statische Variable auch mit einem Wert initialisiert werden muss. Bei jedem weiteren Funktionsaufruf wird die Deklarationsanweisung dann übersprungen. Statische Variablen sind nützlich, wenn die Funktion einen Status des letzten Aufrufs speichern muss, um die Arbeit an diesem Punkt wieder aufzunehmen.

Variablen lassen sich nicht nur als statisch deklarieren, es gibt auch noch die Schlüsselworte `auto`, `extern` und `register`. Mittels `auto` wird angegeben, dass eine Variable automatisch auf den Stack gelegt und nach Verlassen des Gültigkeitsbereichs auch wieder entfernt wird. Das ist also das Verhalten, dass wir schon kennen, und die Verwendung von `auto` ist damit überflüssig. Das Schlüsselwort `extern` werden wir im Abschnitt 10.2 kennenlernen. Eine Deklaration in Verbindung mit `register` ermöglicht es, dass die Variable nach Möglichkeit in einem Register des Prozessors gehalten wird und nicht bei jeder Verwendung aus dem Arbeitsspeicher ausgelesen wird. Prozessorregister arbeiten deutlich schneller als der Arbeitsspeicher, weil hier die Kommunikationswege viel kürzer sind (alles geschieht innerhalb der CPU). Allerdings hat ein Prozessor nur eine begrenzte Zahl an Registern, und der Compiler entscheidet letztlich selbst, wo er die Variable ablegt. Er kann sich an die Programmanweisung halten, muss das aber nicht. Außerdem optimieren Compiler heute schon sehr viel von selbst, sodass sich derartige Anweisungen eigentlich nicht rentieren.

Auch Funktionen lassen sich als `static` oder `extern` deklarieren, was wir ebenfalls im Abschnitt 10.2 diskutieren werden.

10.2 Strukturierung größerer Projekte

Große Programme mit viel Quellcode werden sinnvollerweise nicht mehr in einer einzigen Datei entwickelt. Mehrere Entwickler müssen unabhängig voneinander Quellcode schreiben können, und daher sollte der Code entsprechend zerteilt werden. Außerdem ist auch eine Ordnerstruktur für die Quelldateien sinnvoll, da verschiedene Teile des Quellcodes verschiedenen Aufgaben zugeordnet werden können. Beispielsweise wird es in einem Buchhaltungssystem einen Teil geben, der für die Datenbankorganisation zuständig ist, ein anderer wird die graphische Benutzeroberfläche bereitstellen, und auch eine Netzwerkanbindung sollte nicht fehlen. Ordnet man die Quelldateien in einer thematischen Struktur an, findet man sich als Entwickler auch leichter darin zurecht. Auch die in diesem Buch immer wieder verwendete Standardbibliothek wird in verschiedenen Dateien bereit gestellt. Wie man ein Programmierprojekt strukturiert und welche Möglichkeiten die Standardbibliothek noch bietet, werden wir im Folgenden besprechen.

10.2.1 Verwendung mehrerer Quelldateien

Zunächst werden wir in den Grundzügen lernen, wie man ein Projekt bestehend aus mehreren Dateien in eine einzige ausführbare Datei übersetzt. Da es sich hierbei um ein Gebiet handelt, wo man neben dem eigentlichen Zweck (Übersetzen mehrerer Dateien und Zusammenführen zu einer ausführbaren Datei) auch noch einiges über die IDE lernen muss, werden wir für diesen Teil unsere gewohnte IDE Geany beiseite legen und wieder mit der Kommandozeile arbeiten. Jede IDE stellt andere Möglichkeiten bereit, ein Projekt aus mehreren Dateien zu übersetzen, und wir konzentrieren uns daher nur auf das Übersetzen selbst.

Zuerst erstellen wir zwei Dateien mit den Namen file1.c und file2.c. In die Datei file1.c schreiben wir folgenden Code:

```
void greet();

int main()
{
    greet();
    return 0;
}
```

Und der Inhalt von file2.c sieht so aus:

```
#include <stdio.h>

void greet()
{
    printf("Hallo!\n");
    return;
}
```

Die jeweiligen Inhalte werden wir uns gleich näher ansehen, zunächst wollen wir daraus ein ausführbares Programm erzeugen. Dazu geben wir auf der Kommandozeile (im Verzeichnis der beiden Dateien) den folgenden Befehl ein:

```
gcc file1.c file2.c -o compound
```

Wir sehen, dass dies nur eine kleine Erweiterung darstellt zu dem Befehl, mit dem wir unser allererstes Programm mittels Kommandozeile übersetzt haben. Statt einer einzigen zu übersetzenden Datei werden nacheinander alle Dateien aufgelistet, das fertige Programm wird mit Hilfe des Flags -o als compound bezeichnet. Führen wir diese Datei im Anschluss aus, werden wir auf der Konsole mit einem freundlichen Hallo! gegrüßt. Wir sehen, dass das reine Erstellen eines Programms aus mehreren Dateien nicht grundsätzlich schwieriger ist als wenn nur eine einzige Datei im Spiel ist. Professionelle Projekte können allerdings auf hunderte Dateien anwachsen, sodass man gut beraten ist, die Möglichkeiten der IDE zu nutzen. Sonst verliert man einfach den Überblick, und es macht sicher keinen Spaß, jede Datei samt Pfad einzeln in die

Befehlszeile zu schreiben. Oft nutzt man für diese Tätigkeit ein Hilfsmittel wie make. Das ist ein eigenständiges Programm, welches aus einer speziellen Textdatei Informationen zu den zu übersetzenden Dateien entnimmt und dann den Compiler damit startet. Auch Geany besitzt die Möglichkeit, make zu verwenden. Wir werden aber in dieser kleinen Einführung nicht soweit gehen können, die entsprechende Konfiguration zu erläutern. Der Leser sei hier auf die Hilfeseiten von Geany (oder der gerade verwendeten IDE) verwiesen.

Für uns ist vielmehr wichtig, was sich beim Programmieren ändert, wenn mehrere Dateien verwendet werden. file2.c beinhaltet eine Funktion namens greet, welche für die Begrüßung sorgt. Damit dies funktioniert, wird der bekannte Header stdio.h verwendet. Die Hauptfunktion, von wo aus greet aufgerufen wird, befindet sich in der Datei file1.c. Die erste Zeile in dieser Datei ist ein Prototyp der Funktion greet. Diesen benötigen wir, weil diese Funktion innerhalb von main verwendet wird und der Compiler daher wissen muss, worum es sich handelt, wenn er zum Aufruf von greet kommt. Zwar wird die Funktion in der Datei file2.c definiert, der Compiler übersetzt aber jede Datei einzeln und unabhängig von allen anderen Dateien. Daher muss jede in einer Datei verwendete Funktion zu Beginn zumindest deklariert werden.

Nun kommen wir zu den Schlüsselworten extern und static. Funktionen werden immer auf globaler Ebene definiert und können daher von überall im Programm aufgerufen werden. Um dem Programmierer deutlich zu sagen, dass eine Funktion schon in einer anderen Datei definiert wird, kann man vor den Prototypen das Schlüsselwort extern schreiben. Somit könnte die erste Zeile in file1.c auch lauten:

```
extern void greet();
```

Für den Compiler macht das zusätzliche Schlüsselwort tatsächlich keinen Unterschied. Aber beim Lesen des Quellcodes wird deutlich, dass eine Funktion aus einer anderen Datei verwendet wird. Neue Möglichkeiten bietet uns das aber nicht. Nützlicher ist hingegen das Schlüsselwort static in Verbindung mit Funktionen. Wenn wir dieses vor die Definition von greet in der Datei file2.c schreiben, können nur noch Funktionen, die sich in der gleichen Datei befinden, auf greet zugreifen. Folglich würden wir einen Fehler beim Erstellen der ausführbaren Datei erhalten. Denn main befindet sich in einer anderen Datei und kann greet somit nicht aufrufen. Wenn man eine Funktion als statisch deklariert, möchte man diesen Programmteil gewissermaßen vom Rest des Programms (und vielleicht auch vor den Kollegen) abschotten. Daher lohnt sich dieses Konzept bei Funktionen, die nur innerhalb einer Datei eine Bedeutung besitzen, dort aber von mehreren Stellen aus aufgerufen werden.

Während das Schlüsselwort extern für den Compiler keine Bedeutung besitzt, kann man statisch deklarierte Funktionen nutzen, um ihren Gültigkeitsbereich auf eine einzige Datei zu beschränken. **!**

Für globale Variablen gilt etwas ähnliches wie für Funktionen. Eine globale Variable wird an einer einzigen Stelle im Programm definiert. Wenn diese Variable in anderen Dateien verwendet werden soll, muss sie darin jeweils nochmal deklariert werden, was mit dem Zusatz `extern` geschieht. Hier kommt diesem Schlüsselwort allerdings eine Bedeutung zu. Denn damit wird zwischen der Definition der Variablen, also der Erklärung ihrer Existenz und der damit bedingten Speicherreservierung, und der Deklaration, also der bloßen Existenzerklärung ohne Speicheranforderung, unterschieden. Speicher darf nur ein einziges Mal reserviert werden, aber in jeder Datei, welche eine globale externe Variable nutzt, muss sie durch nochmalige Deklaration bekannt gemacht werden. Definieren wir eine Variable `x` in der Datei `file1.c` als global und nutzen sie ebenfalls global in der Datei `file2.c`, so müssen wir also folgende Erweiterungen schaffen. Zunächst die Datei `file1.c`:

```
void greet();
double x;

int main()
{
    greet();
    return 0;
}
```

Und die Datei `file2.c`:

```
#include <stdio.h>
extern double x;

void greet()
{
    printf("Hallo!\n");
    return;
}
```

Nach der Deklaration kann der Variable jeder beliebige Wert zugewiesen werden, nur nicht in der Zeile der Deklaration selbst (denn sonst wäre es eine weitere Definition). Im Gegensatz zu externen globalen Variablen sind statische globale Variablen genauso zu verstehen wie statische Funktionen: Sie sind nur innerhalb der Datei gültig, in der sie definiert werden. Daher eignen sie sich ebenfalls zum Verstecken von Informationen gegenüber dem Rest des Programms.

10.2.2 Header-Dateien

Die Entwickler der Programmiersprache C haben nun eine geschickte Möglichkeit gefunden, wie man mit Deklarationen von Funktionen und auch Variablen umgehen kann, wenn man mit vielen Dateien und auch noch vielen Funktionen zu tun hat. Wie wir gesehen haben, ist lediglich eine Deklaration nötig, damit innerhalb einer Datei auf externe Funktionen und Variablen zugegriffen werden kann. Solche Deklarationen bündelt man üblicherweise in Dateien, die wir schon lange kennen und nutzen. Man nennt sie Header-Dateien. In unserem aktuellen Beispiel mit den beiden Dateien `file1.c` und `file2.c` wird der Header `stdio.h` genutzt. In dieser Datei befinden sich die Prototypen sämtlicher Funktionen, die wir für die Ein- und Ausgabe verwenden. Das sind noch deutlich mehr als wir bisher schon kennen gelernt haben. Und damit man nicht all diese Funktionsdeklarationen einzeln zu Beginn einer Datei einfügen muss, nutzt man die Anweisung `#include`. Der Compiler ersetzt jede solche Zeile mit dem kompletten Inhalt der jeweiligen Header-Datei, sodass ihm anschließend alle Deklarationen zur Verfügung stehen. Auch wir können eine solche Header-Datei erstellen, in der allerdings nur eine einzige Deklaration steht, nämlich die der Funktion `greet`. Damit erhalten wir insgesamt drei Dateien. Der Inhalt von `file2.c` bleibt unverändert:

```
#include <stdio.h>
void greet()
{
    printf("Hallo!\n");
    return;
}
```

Dazu gibt es nun eine Header-Datei `file2.h`, in der sich die Deklaration der Funktion `greet` befindet:

```
void greet();
```

Diese Header-Datei binden wir nun in `file1.c` ein:

```
#include "file2.h"
int main()
{
    greet();
    return 0;
}
```

Die Anführungszeichen nutzen wir, damit der Compiler beim Übersetzen (der Befehl dazu bleibt unverändert) im aktuellen Verzeichnis nach dem Header sucht. Alle anderen bisher verwendeten Header sind in einem Standardverzeichnis abgelegt, in welchem der Compiler per Voreinstellung sucht. Solche Header werden mir eckigen Klammern kenntlich gemacht.

Natürlich bietet eine Header-Datei in diesem Fall keinen Vorteil, da wir lediglich eine einzige Funktion auslagern. Erst wenn wir eine große Zahl von Funktionen aus verschiedenen Bereichen verwalten müssen, macht sich die Trennung der Deklarationen und Definitionen wirklich positiv bemerkbar. Um Header-Dateien selbst zu erstellen, sollte man sich aber unbedingt noch mit dem Thema Header Guards auseinandersetzen. Wir verzichten hier darauf, da wir lediglich ein Verständnis schaffen wollen, wozu es Header-Dateien gibt und wie sie verwendet werden. Es sei nur noch angemerkt, dass ein Header Guard dazu dient, mehrfache Definitionen einer Funktion zu verhindern, was immer dann passiert, wenn in einem Header die Funktion nicht nur deklariert, sondern auch definiert wird und der Header mehrfach in einer Datei eingebunden wird.

10.2.3 Beispiele aus der Standardbibliothek

Das Prinzip, Quellcode nach Themen zu strukturieren und ihn in mehreren Dateien bereit zu stellen, ist sehr nützlich, und wir machen davon ständig Gebrauch. Funktionen zum Vergleichen von Strings, zur Ein- und Ausgabe von Daten oder zur Durchführung mathematischer Berechnungen nutzen wir die ganze Zeit, ohne den Quellcode dafür je selbst geschrieben zu haben. Das haben die Entwickler der C-Standardbibliothek für uns getan. Der Quellcode befindet sich in Dateien an einem definierten Ort auf der Festplatte, und wenn wir die Funktionen nutzen wollen, müssen wir nur ihre Prototypen unserem Programm bekannt machen. Dafür binden wir die jeweiligen Header-Dateien ein. Der C-Standard sieht eine größere Menge an Funktionen für sehr unterschiedliche Zwecke vor, und da jeder Programmierer sich an dieser Sammlung bedienen kann, nennt man sie eben eine Bibliothek. Neben der Tatsache, dass man als Programmierer viele Funktionalitäten einfach nutzen kann und nicht im Detail verstehen muss, hat eine Bibliothek auch andere Vorteile. Programme lassen sich sehr schlank halten, da man nur den Teil der Bibliothek einbindet, den man auch benötigt. Das war auch eines der Ziele bei der Entwicklung von C. Außerdem können Fehler in einer Standardfunktion schnell durch die zuständigen Entwickler ausgebessert werden. Jedes Programm, welches eine fehlerhafte Funktion nutzt, wird dann durch erneutes Übersetzen sofort fehlerfrei. Eine Bibliothek kann unabhängig entwickelt werden, wodurch sich die Komplexität eines Softwareprojekts reduzieren lässt.

10.2.3.1 Zeiten und Daten
Nun wollen wir noch ein paar weitere Funktionalitäten aus der Standardbibliothek aufzählen, welche häufig verwendet werden. Dazu gehört die Angabe von Zeiten oder auch von Zeitdifferenzen. Sämtliche Funktionen zu diesem Themengebiet werden im

Header `time.h` deklariert. Eine Aufgabe lautet beispielsweise, das heutige Datum auszugeben. Wir stellen den nötigen Quellcode jetzt vor und besprechen die verwendeten Funktionen und Datentypen im Anschluss.

Beispiel 10.2

```c
#include <stdio.h>
#include <time.h>

int main()
{
    time_t computerTime;
    struct tm *timeInformation;

    time(&computerTime);
    timeInformation = localtime(&computerTime);
    printf("Zeit in Sekunden seit 1.1.1970: %ld\n", computerTime);
    printf("Datum und Uhrzeit: %s\n", asctime(timeInformation));
    return 0;
}
```

Dieses Programm liefert folgende Ausgabe:

```
Zeit in Sekunden seit 1.1.1970: 1568725154
Datum und Uhrzeit: Tue Sep 17 14:59:14 2019
```

Beginnen wir mit der wichtigsten Variable in diesem Programm, `computerTime`. Diese ist vom Typ `time_t`, was im Grunde nichts anderes als eine lange Ganzzahl ist. Die zweite Variable, `timeInformation`, ist eine Struktur vom Typ `struct tm*` (also genauer gesagt ein Pointer auf eine solche Struktur). Während `computerTime` die Anzahl der Sekunden seit dem 1.1.1970 speichert[17], kann man durch Verwendung von `timeInformation` das Datum und die Uhrzeit in eine etwas leichter verständliche Form bringen. Schließlich denken wir in Jahren, Monaten und Tagen besser als in Milliarden Sekunden. Zuerst müssen wir aber die Sekunden ermitteln, und dies geschieht mittels der Funktion `time`. Diese nimmt die Adresse von `computerTime` entgegen, damit an diese ein Wert geschrieben werden kann. Nun muss aus dieser Zahl das aktuelle Jahr, der Monat, Wochentag und die genaue Uhrzeit ermittelt werden. Dafür nutzen wir die Funktion `localtime`, welche einen Pointer vom Typ `struct tm*` zurück gibt. Die einzelnen Elemente der Struktur enthalten die Bestandteile des Datums als ganze Zahlen (Jahr, Monat, vergangene Tage seit Sonntag ...). Somit kann man jede dieser Informationen bedarfsgerecht abrufen. Um daraus einen String zu formen, verwendet

---

17 Das ist gewissermaßen der Beginn des Computerzeitalters und dient daher als Referenz, wenn es um Zeiten und Daten geht.

man die Funktion `asctime` zur Umwandlung der Zahlen. Die Anordnung der Informationen in diesem String ist aber fest vorgegeben, auch die englischen Bezeichnungen lassen sich nicht austauschen.

Neben dem aktuellen Zeitpunkt lassen sich auch Differenzen zwischen zwei Zeitpunkten bestimmen. Dadurch lässt sich beispielsweise die Rechenzeit eines Programmteils ermitteln. Da Vorgänge im Computer aber sehr schnell ablaufen, muss man die momentane Zeit etwas anders ermitteln. Zunächst einmal sollte die Zeit eher im Bereich Millisekunden gemessen werden können, und außerdem ist es nicht sinnvoll, den 1.1.1970 als Bezugspunkt zu verwenden. Der Zeitpunkt des Programmstarts genügt völlig, und man hat dadurch nicht mit unnötig großen Zahlen zu tun. Im folgenden Beispiel, das wir im Anschluss wieder detailliert diskutieren, wird auf der Konsole insgesamt 1000 mal die Zeile Lots of work and no joy make Joe a dull boy. ausgegeben, und dabei die Zeit gemessen.

i **Beispiel 10.3**

```c
#include <stdio.h>
#include <time.h>

int main()
{
    clock_t ticks;
    ticks = clock();
    for(int i=0; i<1000; i++)
    {
        printf("Lots of work and no joy make Joe a dull boy.\n");
    }
    ticks = clock() - ticks;
    float elapsedTime = ((float) ticks)/CLOCKS_PER_SEC;
    printf ("Benötigte Zeit in Sekunden: %f\n", elapsedTime);
    return 0;
}
```

Die letzte ausgegeben Zeile lautet bei jedem Programmaufruf etwas anders, beispielsweise so:

Benötigte Zeit in Sekunden: 0.003387

Das sind also etwas mehr als 3 Millisekunden, um 1000 Zeilen auf die Konsole zu schreiben. Das ist vergleichsweise lang im Vergleich zu anderen Funktionen, welche keine Ausgabe tätigen, sondern nur Zahlen verrechnen. Man sollte das im Hinterkopf behalten, wenn man vorhat, größere Datenmengen auf die Konsole zu schreiben. Solche Schreibvorgänge verlangsamen das Programm um Größenordnungen. Um zu diesem Ergebnis zu kommen, nutzen wir die Funktion `clock`, welche ein Ergebnis vom Typ clock_t zurückgibt. Dieser Rückgabewert ist als die Anzahl von Prozessortakten zu verstehen, die seit Programmstart verwendet wurden, um die Programmanweisungen auszuführen. Wie viele solcher Takte pro Sekunde vergehen (also wie schnell die CPU arbeitet), gibt die Konstante CLOCKS_PER_SEC an. Wir setzen die Variable ticks vor der Schleife auf den aktuellen Wert der vergangenen Takte, und nach der Schleife bilden wir die Differenz zwischen dem neuen und dem alten Taktwert. Damit erhalten wir die Anzahl der Takte für den Schleifendurchlauf, und diese Zahl müssen wir noch durch die Anzahl der Takte pro Sekunde teilen. Das liefert schließlich die verstrichene Zeit.

Man darf aber nicht davon ausgehen, dass clock mit der Zeit immer größere Werte liefert. Der Rückgabewert gibt an, wieviel Rechenzeit die CPU für das Programm tatsächlich verwendet. Wartet das Programm beispielsweise auf eine Benutzereingabe, schläft die CPU und es vergeht auch keine Prozessorzeit. Somit eignet sich clock also nicht, um die Dauer einer Benutzereingabe zu messen. Berechnungen in Schleifen fordern hingegen permanent die Leistung der CPU, sodass in diesem Fall die Prozessorzeit und die real vergangene Zeit etwa übereinstimmen.

10.2.3.2 Zufallszahlen

Für viele Anwendungen werden zufällig erzeugte Zahlen benötigt, beispielsweise in der physikalischen Simulation oder auch für die zufällige Benennung einer nur temporär verwendeten Datei. Die Erzeugung von Zufallszahlen ist ein größeres Gebiet in der Informatik und um gleich zu Beginn zwei Dinge deutlich zu machen: Der Computer erzeugt keine echten Zufallszahlen, und die gleich vorgestellte Bibliothek kann auch keine besonders guten Zufallszahlen generieren. Der erste Punkt ist schnell erklärt. In einem Prozessor passiert nichts zufällig, kein einziger Transistor wird Spannungen in unvorhersehbarer Weise schalten. Daher liefert eine CPU zwar ein äußerst komplexes Verhalten, aber keineswegs ein zufälliges. Auch die Programme, welche auf der CPU ausgeführt werden, haben eine unveränderbare Struktur, sodass auch die einprogrammierten Algorithmen immer gleich ablaufen. Mit einer kleinen Abwandlung der Aufgabenstellung lässt sich aber eine sehr brauchbare Lösung finden. Wir sollten nicht verlangen, dass Zahlen zufällig erzeugt werden. Es genügt, wenn sie so aussehen, als seien sie durch Zufall entstanden. Und für diese Problemstellung gibt es tatsächlich eine Reihe von sehr guten Algorithmen, welche nacheinander Zahlen erzeugen, die sehr nach Zufall aussehen (auch im streng mathematischen Sinn). In der Standardbibliothek befindet sich ein sehr einfacher Zufallsgenerator, der für viele Anwendungen auch brauchbar ist (beispielsweise für die Erzeugung von zufälligen Dateinamen). Man sollte ihn nur nicht verwenden, wenn man vorhat, kryptographische Funktionen zu schreiben oder auch längere physikalische Simulationen, die viele gute Zufallszahlen benötigen.

Um den Zufallsgenerator verwenden zu können, binden wir den Header stdlib.h ins Programm ein. Das Schema zur Erzeugung von Zufallszahlen ist auch bei anderen Generatoren ähnlich. Zuerst muss der Generator initialisiert werden, und dann wird jeder Aufruf des Generators eine weitere Zufallszahl ausgeben. Schauen wir uns ein einfaches Programm dazu an. Die Zufallszahlen sind vom Typ int und bewegen sich zwischen 0 und einem maximalen Wert RAND_MAX. Skaliert man die Zahlen mit diesem Maximalwert, liegen sie zwischen 0 und 1:

Beispiel 10.4

```
#include <stdio.h>
#include <time.h>
#include <stdlib.h>

int main()
{
    time_t t;
    time(&t);
    srand(t);
    printf("Ganzzahlige Zufallswerte:\n");
    for(int i=0; i<5; i++)
    {
        printf("%d\n", rand());
    }
    printf("Zufallszahlen zwischen 0 und 1:\n");
    for(int i=0; i<5; i++)
    {
        printf("%lf\n", ((double)rand())/RAND_MAX);
    }
    return 0;
}
```

Die Ausgabe dazu lautet:

```
Ganzzahlige Zufallswerte:
171954822
137663422
1382225578
1271583296
1694594515
Zufallszahlen zwischen 0 und 1:
0.721679
0.685070
0.107213
0.633441
0.024974
```

Der erste Schritt ist die Initialisierung des Generators mit einem sogenannten Seed. Das ist eine beliebige Zahl, und wir verwenden dafür den Wert der aktuellen Computerzeit, welche mit der Funktion `time` ermittelt wird. Für die Initialisierung selbst wird die Funktion `srand` aufgerufen. Danach liefert jeder Aufruf der Funktion `rand` eine neue Zufallszahl. Oft wird man Zahlen aus einem bestimmten Intervall benötigen, sodass eine Skalierung mit dem Maximalwert in irgend einer Form nötig wird. Um Fließkommazahlen zwischen 0 und 1 zu erhalten, dividieren wir die ausgegebenen Zufallszahlen durch den Maximalwert.

Es sei noch angemerkt, dass der Zufallsgenerator `rand` nach einer bestimmten Zahl von Aufrufen wieder die gleiche Folge von Zahlen ausgibt. Das ist eine Eigenschaft jedes Generators. In unserem Fall werden maximal so viele Zahlen ausgegeben, wie man mit dem Typ `int` darstellen kann, also etwas mehr als 4 Milliarden. Es gibt jedoch sehr gute Generatoren, welche extrem große Periodenlängen besitzen, sodass man mit keinem Programm der Welt jemals alle Zufallszahlen daraus ausschöpfen könnte. Durch das Seed startet man an einer bestimmten Stelle innerhalb der periodischen Zahlenfolge. Wenn man also immer das gleiche Seed verwendet, werden auch immer die gleichen Zufallszahlen geliefert. Das ist nützlich, wenn man eine Simulation trotz Verwendung von Zufallszahlen immer gleich ablaufen lassen möchte, beispielsweise um Fehler zu finden. In diesem Fall ist man darauf angewiesen, dass der Zufallsgenerator jedesmal die gleichen Zahlen produziert.

10.3 Pointer auf Funktionen

Daten liegen im Arbeitsspeicher und sind über ihre Adressen erreichbar. Mit Funktionen verhält es sich ganz ähnlich. Das ist auch nicht verwunderlich, denn eine Funktion ist eine Abfolge von Anweisungen, die ebenfalls im Arbeitsspeicher untergebracht werden müssen. Auf den Beginn dieser Anweisungen kann man ebenfalls über eine Adresse zugreifen. Und das nennt man einen Pointer auf eine Funktion. Die Deklaration ist allerdings ein wenig umfangreicher als im Fall von Daten. Deklarieren wir als Beispiel einen Pointer auf eine Funktion, welche eine ganze Zahl zurückgibt und zwei Pointer vom Typ `void*` entgegennimmt. Der Pointer heiße `fcnPtr`:

```
int (*fcnPtr) (const void*, const void*);
```

Diesen Pointer kann man anschließend auf eine Funktion mit eben dieser Signatur zeigen lassen. Um das Beispiel weiter auszubauen, entwerfen wir eine Funktion mit dem Namen `compareInt`, welche die beiden übergebenen Datenobjekte als ganze Zahlen auffasst (also eine Typumwandlung durchführt) und diese dann vergleicht. Aus der Hauptfunktion des Programms rufen wir `compareInt` dann nicht direkt auf, sondern über den Umweg des Zeigers, der auf `compareInt` verweist.

Beispiel 10.5

```c
#include <stdio.h>

int compareInt(const void *d1, const void *d2)
{
    int a = *((int*) d1);
    int b = *((int*) d2);
    if (a<b) return -1;
    if (a>b) return 1;
    return 0;
}

int main()
{
    int (*fcnPtr) (const void*, const void*);
    fcnPtr = compareInt;
    int a = 3, b = 6;
    int n = (fcnPtr)(&a, &b);
    printf("compare liefert %d\n", n);
    return 0;
}
```

Wie man der Zeile `fcnPtr = compareInt` entnehmen kann, steht der Name einer Funktion für eine Adresse, und diese kann einem Funktionenpointer zugewiesen werden. Beim Aufruf der Funktion über einen Pointer muss man die Klammern um die Zeigervariable beachten.

Wir haben dieses Beispiel bewusst gewählt, weil wir damit einen flexiblen Sortieralgorithmus nutzen können, den uns ebenfalls die Standardbibliothek bereitstellt. Es handelt sich um die Funktion `quicksort`, welche im Header `stdlib.h` deklariert ist. Wie der Name suggeriert, kann man mit dieser Funktion Daten sortieren, und zwar besonders schnell. Allerdings beinhaltet der Algorithmus keine Funktion für den Vergleich zweier Datenobjekte, und das aus gutem Grund. Schließlich lassen sich nicht nur Zahlen vergleichen und in eine Ordnung bringen, sondern jede Art messbarer Datenobjekte, also Farben, Nummernschilder oder Matrizen. Man benötigt nur eine Definition des Vergleichs zweier solcher Objekte. Die Signatur unserer Funktion `compareInt` ist in dieser Hinsicht offen gehalten, weil über die Parameterliste beliebige Daten übergeben werden können. Wir haben die Funktion so gestaltet, dass eben ganze Zahlen verglichen werden können. Sobald wir andere Daten vergleichen wollen, schreiben wir eine neue Funktion mit der gleichen Signatur und lassen `fcnPtr` darauf zeigen. Die Funktion `quicksort` benötigt den Pointer auf die Vergleichsfunktion und erlaubt eben durch diese Auslagerung des Vergleichs das Sortieren jeder Art von Daten, die messbar sind. Die nun folgende Erweiterung unseres Beispiels dient dazu, ein Array von ganzen Zahlen mittels `quicksort` zu sortieren.

Beispiel 10.6

```c
#include <stdio.h>
#include <stdlib.h>

int compare(const void *d1, const void *d2)
{
   int a = *((int*) d1);
   int b = *((int*) d2);
   if (a<b) return -1;
   if (a>b) return 1;
   return 0;
}

int main()
{
   int values[] = {64, -2372, 1042, 8919, -541, 7179};
   int n = sizeof(values) / sizeof(int);
   int (*fcnPtr) (const void*, const void*);
   fcnPtr = compare;
   qsort(values, n, sizeof(int), fcnPtr);
   // oder auch direkt ohne weitere Variable:
   // qsort(values, n, sizeof(int), compare);
   for(int i=0; i<n; i++)
   {
      printf ("%d ",values[i]);
   }
   return 0;
}
```

An diesem Beispiel kann man erkennen, was quicksort für seine Arbeit alles benötigt. Das erste Argument sind die Daten, die als Pointer übergeben werden müssen, der aber auf beliebige Typen zeigen darf. Das zweite Argument ist die Anzahl der Daten, denn diese lässt sich aus dem übergebenen Pointer auf die Daten nicht herauslesen. Das dritte Argument ist die Speichergröße eines Datenobjekts, und zum Schluss darf natürlich der Pointer auf die Vergleichsfunktion nicht fehlen. Das Feld values wird von quicksort überschrieben und enthält danach die Daten in sortierter Form.

Mit Quicksort haben wir zum einen eine wichtige Anwendung für Pointer auf Funktionen kennengelernt und zum anderen eine sehr nützliche Funktionalität der Standardbibliothek.

10.4 Funktionen mit einer variablen Listen von Argumenten

Wenn wir uns die Funktionen printf und scanf sowie ihre Verwandten ansehen, wird uns eine Besonderheit gegenüber anderen Funktionen, wie jenen aus der Mathematik-bibliothek, auffallen. Üblicherweise hat nämlich jede Funktion eine fest definierte Liste von Parametern, welche man übergeben muss, nicht jedoch die Funktionen für die formatierte Ein- und Ausgabe. Hier ist die Parameterliste variabel. Der Formatstring darf eine beliebige Menge an Platzhaltern beinhalten, und für jeden Platzhalter muss eine weitere Variable in die Parameterliste aufgenommen werden. Es ist in C also möglich, Funktionen mit undefinierten Parameterlisten zu definieren. Das folgende Beispiel zeigt das Gerüst eines solchen Programms:

ℹ Beispiel 10.7

```
#include <stdarg.h>
#include <stdio.h>

int sum (int count, ...)
{
    int result = 0;
    // Liste für die (variable) Menge der Parameter deklarieren
    va_list list;
    // Liste mit der gegebenen Zahl von Elementen initialisieren
    va_start(list, count);
    // Alle Parameter der Liste durchgehen
    for (int i=0; i<count; i++)
    {
        result += va_arg(list, int);
    }
    // Speicher aufräumen
    va_end(list);
    return result;
}

int main()
{
    int n = sum(4, 65, -2, 5, -9);
    printf("Summe: %d\n", n);
    return 0;
}
```

Um eine Funktion mit einer variablen Zahl von Parametern ins Leben rufen zu können, benötigen wir zuerst den Header stdarg.h, weil hier die gleich verwendeten Funktionen für den Zugriff auf die Parameter definiert werden. Bei der Deklaration muss folgendes beachtet werden: Mindestens ein Parameter (im Beispiel heißt er count) muss fest sein, am Schluss folgen 3 Punkte für den variablen Parameterteil. In unserer Funktion sum wird zu Beginn eine Variable list vom Typ va_list deklariert. Diese soll die Liste der Parameter beinhalten. Genauer zeigt list nur auf den Beginn der Parameterliste, wie es auch bei einem Array der Fall ist. Das Anlegen folgt mit dem Aufruf va_start(list, count). Die Variable count wird allerdings nicht verwendet, um die Größe der Liste vorzugeben. Vielmehr wird damit die Adresse der Parameterliste ermittelt, weil count im Speicher direkt vor diesen Parametern liegt. Beim Aufruf von va_start ist also das zweite Argument immer der letzte Parameter vor der variablen Liste. Jetzt können wir auf die Parameterwerte zugreifen, was über die Funktion va_arg geschieht. Diese nimmt natürlich die Listenvariable entgegen, außerdem muss man den Datentyp des Parameters angeben, auf den man gerade zugreift. Nach jedem Aufruf von va_arg wird der Zeiger auf das nächste Element in der Parameterliste vorgeschoben. Somit könnte man auch verschiedene Datentypen aus der Liste extrahieren, man muss nur immer den richtigen Typ angeben. Mit den extrahierten Werten kann man anschließend die gewünschten Berechnungen durchführen. Am Schluss (also vor dem Rücksprung aus der Funktion) muss man aber den Speicher aufräumen, was mit einem Aufruf von va_end erledigt wird.

Die so definierte Funktion sum kann man beispielsweise aus main heraus aufrufen und eine beliebige Menge an (ganzen!) Zahlen übergeben. Mit derart viel Variabilität erwächst natürlich eine Fülle an Möglichkeiten. Aber gerade deshalb ist auch große Vorsicht angebracht, variable Parameterlisten bergen nämlich auch Gefahren. Beim Aufruf einer Funktion mit einer festen Zahl von Parametern wird sich der Compiler beschweren, falls der Funktionsaufruf nicht mit der Funktionssignatur übereinstimmt. Versuchen Sie doch einmal, statt eines Wertes eine Pointer an die Funktion sqrt aus der Mathematikbibliothek zu übergeben. Der Compiler erkennt, dass der falsche Datentyp übergeben wird und meldet einen Fehler beim Übersetzen. Eine solche Typenkontrolle ist seitens Compiler nicht möglich, wenn die Parameter zum Zeitpunkt des Übersetzens noch gar nicht bekannt sind. Ersetzen Sie doch im letzten Beispiel den Aufruf von sum durch die folgende Zeile:

```
int n = sum(4, 65.0, -2, 5, -9);
```

Statt den Wert 65 als ganze Zahl zu übergeben, wird durch die Definition als Fließkommazahl der verwendete Speicherblock mit anderen Daten gefüllt. Innerhalb von sum werden die Daten aber als ganze Zahl interpretiert, sodass das Ergebnis ein anderes ist als das erwartete. Der Compiler kann diesen Fehler nicht erkennen. Die Funktionen printf und scanf lösen dieses Problem, indem die Datentypen der variablen Parameterliste im Formatstring kodiert werden. Dieser spezielle Fall ist dem Compiler bekannt, sodass er tatsächlich eine Typprüfung vornehmen kann und eine Warnung ausgibt, falls die Typen im Formatstring nicht zu den Typen in der Parameterliste passen. Ebenso muss die Anzahl der übergebenen Parameter mit der Zahl der eingelesenen Werte übereinstimmen. Wir haben in unserem Beispiel durch die Variable count diese Anzahl übermittelt.

Man sollte also Funktionen mit variablen Parameterlisten nur verwenden, wenn man sie unbedingt benötigt und genau weiß, worauf man sich einlässt. Es zeugt immer von gutem Programmierstil, wenn man einfache Lösungen findet, statt größere Raketen zu bauen, die gar nicht nötig sind.

Aufgaben

Aufgabe 10.1. *Kopfrechnen*
Diese Aufgabe ist wieder als kleines Projekt zu betrachten und kann auch noch erweitert werden. Es soll ein Kopfrechenprogramm erstellt werden, welches Sie am Anfang auffordert auszuwählen, ob Sie multiplizieren, dividieren, addieren oder subtrahieren möchten. Dann sollen Sie wählen, wie viele Aufgaben Sie lösen möchten und Sie sollen auch eingeben, welchen Zahlenraum Sie abdecken wollen. Am Ende wird Ihnen eine statistische Auswertung über die Übungssequenz angezeigt. Diese soll beinhalten, wie viele Aufgaben richtig waren und wie lange Sie insgesamt benötigt haben. Eine beispielhafte Ausgabe könnte wie folgt aussehen:

```
Hallo, und willkommen beim Kopfrechnen!
Welche Rechenarten dürfen abgefragt werden?
Addition (j/n)? j
Subtraktion (j/n)? j
Multiplikation (j/n)? j
Division (j/n)? j
Größter Summand / Faktor / Divisor? 7
Wie viele Übungsaufgaben sollen gestellt werden? 4

OK, los geht's!
Berechne bitte: 3 * 5 = 15
Toll, das ist richtig!
Berechne bitte: 1 - 3 = 2
Leider falsch, richtig ist -2.
Berechne bitte: 1 * 2 = 2
Toll, das ist richtig!
Berechne bitte: 42 / 6 = 7
Toll, das ist richtig!

Richtige Antworten: 3
Falsche Antworten: 1
Benötigte Zeit: 10s
```

Lösungen der Übungsaufgaben

Lösung 1.1: Zahlen umrechnen

Die Binärdarstellung von 528 lautet 1000010000, die Zahl 1001011 lautet dezimal 75.

Lösung 1.2: Sekantenverfahren

Die ersten Iterationen lauten:

Iterationsschritt n	x_1	x_2	x^*	$f(x^*)$
0	−3.0	0.0	−1.3	9.503
1	−1.3	0.0	−1.909557	4.127414
2	−1.909557	0.0	−2.122584	1.314400
3	−2.122584	0.0	−2.185555	0.374808
4	−2.185555	0.0	− − 2.203124	0.103445

Lösung 1.3: Integration

Mit 3 Stützstellen erhält man für das Integral einen Wert von 1.851852, und mit vier Stützstellen 1.96875.

Lösung 1.4: Differentialgleichung

Die ersten vier Iterationen lauten:

n	t_n	y_n	$f(y_n, t_n)$	Δy
0	0.0	1.0	1.0	0.1
1	0.1	1.1	1.11	0.111
2	0.2	1.211	1.266521	0.126652
3	0.3	1.337652	1.489313	0.148931

Lösung 2.1: Kegelvolumen

```c
#include <stdio.h>

int main()
{
    double radius, volume, height;
    const double pi = 3.141592654;

    printf("Bitte den Radius eingeben: ");
    scanf("%lf", &radius);
```

https://doi.org/10.1515/9783110486292-012

```
printf("Bitte die Höhe eingeben: ");
scanf("%lf", &height);

volume = 0.3333333 * height * pi * radius * radius;

printf("Volumen: %lf", volume);
printf("\n");

return 0;
}
```

Lösung 2.2: Programmierfehler
Das Programm enthält drei Fehler: Der Funktionsname `Main` wurde groß geschrieben. Eine solche Funktion darf es zwar geben, aber der Compiler findet keine Funktion `main`, diese fehlt. Weiterhin fehlt hinter `printf` das Semikolon und nach `return` muss ein Zahlenwert angegeben werden.

Lösung 3.1: Datentypen abhängig vom Verwendungszweck
1. Monatliche Kosten für Lebensmittel in Euro: `float` ist von der Genauigkeit her passend.
2. Anzahl der täglich verkauften Exemplare einer Zeitung: Bei einer Millionenauflage benötigt man `int`.
3. Anzahl der Mitglieder in einem weltweiten sozialen Netzwerk: Bei mehr als 4 Milliarden sollte man über `long int` nachdenken.
4. Wert der Gravitationskonstante $G = 6.67 \cdot 10^{-11} \, \mathrm{m^3 kg^{-1} s^2}$: `const float G = 6.67e-11`.
5. Farbwerte aus einer begrenzten Menge (bspw. rot, indigo, magenta ...): `enum Colour {RED, INDIGO, MAGENTA}`

Lösung 4.1: Aussagenlogik

```
(true || false) ? 't' : 'f';   // 't'
1024 >> 8;                      // 4
3 << 6;                         // 192
0x3 & 0x1;                      // 1
0x4 | 0x1;                      // 5
7 > 9 && false;                 // false
true || 3 > 8;                  // true
```

Lösung 4.2: Ganzzahldivision

Das Ergebnis ist 15.0, da zuerst die Ganzzahldivision 7 / 2 ausgeführt wird, was 3 ergibt. Erst bei der nachfolgenden Multiplikation findet eine implizite Umwandlung nach double statt. Richtig ist folgendes:

```
int a = 7, b = 2;
double x = 5.0;
double y = ((double) a) / ((double) b) * x;
```

Lösung 4.3: Außenbereich eines Rechtecks
Erste Möglichkeit:

```
x < 0 || x > 20 || y < 0 || y > 7;
```

Zweite Möglichkeit:

```
!(x >= 0 && x <= 20 && y >= 0 && y <= 7);
```

Lösung 4.4 Ternärer Operator

```
double x;
...
x >=0 ? 1 : -1;
```

Lösung 4.5: Logarithmus

```
#include <stdio.h>
#include <math.h>

int main()
{
    double x;
    printf("Welche Zahl soll logarithmiert werden? ");
    scanf("%lf", &x);
    x != 0 ?
        printf("ln |%lf| = %lf\n", x, log(fabs(x)))
    :
        printf("0 kann nicht logarithmiert werden.\n");
    return 0;
}
```

Lösung 4.6: Lineare Gleichung

```c
#include <stdio.h>
#include <math.h>

int main()
{
    double a, b;
    printf("Lineare Gleichung ax + b = 0\n");
    printf("Bitte Koeffizienten eingeben:\n");
    printf("a = ");
    scanf("%lf", &a);
    printf("b = ");
    scanf("%lf", &b);

    a != 0 ?
        printf("Nullstelle liegt bei x = %lf\n", -b/a)
    :
        printf("Keine Nullstelle für a = 0.\n");
    return 0;
}
```

Lösung 5.1: Abfragen
Um die Diskussion zu vereinfachen sei der Quellcode noch einmal abgedruckt:

```c
bool condition1 = false, condition2 = true;
if (condition1)
    if (condition2)
        printf("condition2 ist wahr.\n");
    else
        printf("condition1 ist nicht wahr.\n");
```

Die erste if-Anweisung prüft condition1. Ist diese wahr, springt das Programm in die nächste if-Anweisung und prüft condition2. Ist auch diese wahr, wird auf der Konsole condition2 ist wahr. ausgegeben. Ist condition2 hingegen nicht wahr, geht die Ausführung bei else weiter, welches zum letzten if-Block gehört. Da aber schon condition1 nicht wahr ist, wird auf der Konsole nichts ausgegeben. Um dies als Programmierer genauso leicht zu verstehen wie der Compiler, ist die Verwendung von geschweiften Klammern hilfreich und das Programm würde in der folgenden Form besser aussehen:

```c
bool condition1 = false, condition2 = true;
```

```
if (condition1)
{
    if (condition2)
    {
        printf("condition2 ist wahr.\n");
    }
    else
    {
        printf("condition1 ist nicht wahr.\n");
    }
}
```

Erinnerung: Um den Datentyp `bool` verwenden zu können, muss der Header `stdbool.h` eingebunden werden.

Lösung 5.2: Enumeration und switch

```
#include <stdio.h>

int main()
{
    enum Month {JAN, FEB, MAR, APR, MAY, JUN,
                JUL, AUG, SEP, OCT, NOV, DEC};
    enum Month myMonth = OCT;

    switch (myMonth)
    {
        case JAN:
        case FEB:
            printf("Tiefer Winter.\n");
            break;
        case MAR:
            printf("Ist der Spaten vom letzten Jahr noch gut?\n");
            break;
        case APR:
            printf("Gut zu wissen, was man will.\n");
            break;
        case MAY:
            printf("Alles neu macht der Mai.\n");
            break;
        case JUN: ;
        case JUL:
```

```
            printf("Der Urlaub naht...\n");
            break;
        case AUG:
            printf("Ferienzeit!");
            break;
        case SEP:
            printf("Endlich kühler!\n");
            break;
        case OCT:
            printf("Apfelernte...\n");
            break;
        case NOV:
        case DEC:
            printf("Das Jahr geht zu Ende.\n");
            break;
    }
    return 0;
}
```

Lösung 5.3: Summation

```
#include <stdio.h>

int main()
{
    int n = 0;
    int sum = 0;

    while (n <= 0)
    {
        printf("Bitte die Grenze n>0 eingeben: ");
        scanf("%d", &n);
    }

    for (int i=1; i<=n; ++i)
    {
        sum += i;
    }
    printf("Summe von 1 bis %d : %d\n", n, sum);

    return 0;
}
```

Lösung 5.4: Integration

```c
#include <stdio.h>

int main()
{
    double a, b;
    double x, dx;
    double A = 0;
    int n;

    printf("Grenzen a und b:\n");
    printf("a = ");
    scanf("%lf", &a);
    printf("b = ");
    scanf("%lf", &b);
    printf("Anzahl der Stützstellen n:\n");
    printf("n = ");
    scanf("%d", &n);

    dx = (b-a)/n;

    x = a;
    while (x < b)
    {
        A += x*x*dx;
        x += dx;
    }

    printf("Flächeninhalt A = %lf", A);

    return 0;
}
```

Lösung 5.5: Rechengenauigkeit
Das folgende Programm zeigt ein Darstellungsproblem bei Fließkommazahlen auf:

```c
#include <stdio.h>

int main()
{
    double dx = 0.1, x = 0.0;
```

```
for (int i=0; i<10000000; ++i)
{
    x += dx;
}
printf("Ergebnis: %lf\n", x);

return 0;
}
```

Die Ausgabe lautet: Ergebnis: 999999.999839.

Lösung 6.1: Einheiten umrechnen I

```
double convert(double temperature)
{
    return temperature + 273.15;
}
```

Lösung 6.2: Einheiten umrechnen II

```
#include <stdio.h>

enum Conversion {K2C, C2K};

double convert(double temperature, enum Conversion c)
{
    double result;
    switch (c)
    {
        case K2C:
            result = temperature - 273.15;
            break;
        case C2K:
            result = temperature + 273.15;
            break;
    }
    return result;
}

int main()
{
```

```
    printf("%lf\n", convert(2, K2C));
}
```

Lösung 6.3: Integration

```
#include <stdio.h>

double f(double x)
{
    return x*x;
}

double integrate(double a, double b, int N)
{
    double dx, A;
    dx = (b-a)/N;
    A = 0;
    for(int i=0; i<N; i++)
    {
        A += f(i*dx)*dx;
    }
    return A;
}

int main()
{
    double a, b;
    double A;
    int N;
    printf("Bitte Grenzen und Anzahl der Stützstellen vorgeben:\n");
    printf("a = ");
    scanf("%lf", &a);
    printf("b = ");
    scanf("%lf", &b);
    printf("N = ");
    scanf("%d", &N);

    A = integrate(a, b, N);
    printf("A = %lf\n", A);

    return 0;
}
```

Lösung 6.4: Differentialgleichung

```c
#include <stdio.h>

double f(double y, double t)
{
    return 0.01*y;
}

void solveODE(double t0, double tEnd, double y0, double dt)
{
    double y = y0;
    double t = t0;
    double dy;
    while(t<=tEnd)
    {
        dy = f(y, t) * dt;
        y += dy;
        t += dt;
        printf("%lf   %lf\n", t, y);
    }
}

int main()
{
    double dt, tEnd;
    double t0, y0;
    t0 = 0.0;
    y0 = 2.0;
    dt = 0.1;
    tEnd = 0.5;

    solveODE(t0, tEnd, y0, dt);

    return 0;
}
```

Lösung 6.5: Pointer

```c
int a, b;
const int c;
double x;
```

```
const int *ptr1 = &a;
*ptr1 = 2; // ptr1 wurde als Zeiger auf Konstante deklariert,
           // Wertänderung nicht zulässig
int *const ptr2 = &b;
ptr2 = &a; // Adresse ptr2 ist konstant,
           // ptr2 kann auf keine neue Adresse zeigen
int *ptr3 = &x; // keine Zuweisung *double nach *int möglich
```

Lösung 6.6: Rekursion

Die Rekursion läuft endlos weiter, da vor dem Selbstaufruf in `func` keine Prüfung vorgenommen wird, ob die Funktion auch aufgerufen werden soll. Praktisch bricht das Programm aber ab, wenn zu viele Funktionen auf dem Stapel liegen.

Lösung 6.7: B-Splines

```
#include <stdio.h>

double calcBSpline(int n, double x)
{
    double value;
    if (n == 0)
    {
        if (x >= 0 && x < 1) value = 1.0; else value = 0.0;
    }
    else
    {
        value = (n + 1.0 - x) / n * calcBSpline(n-1,x-1) +
                x / n * calcBSpline(n-1, x);
    }
    return value;
}


int main()
{
    double x;
    int n;

    printf("Bitte Ordnung des B-Splines und x-Wert eingeben:\n");
    printf("n = ");
    scanf("%d", &n);
```

```
    printf("x = ");
    scanf("%lf", &x);

    printf("B%d(%lf) = %lf\n", n, x, calcBSpline(n, x));
    return 0;
}
```

Lösung 7.1: Geschachtelte Indizes
Die Ausgabe lautet:

```
13
0
17
3
4
```

Lösung 7.2: Sieb des Eratosthenes

```
#include <stdio.h>
#include <stdbool.h>
#include <stdlib.h>

int main()
{
    int N;
    bool *isPrime;
    int lastPrime = 2;
    int factor = 2;

    printf("Obere Grenze für die Primzahlsuche:\n");
    printf("N = ");
    scanf("%d", &N);

    isPrime = (bool*) malloc(N);

    for(int i=0; i<N; i++)
    {
        isPrime[i] = true;
    }
    isPrime[0] = false;
    isPrime[1] = false; // Definition: 1 ist keine Primzahl
```

```
    while(lastPrime<N)
    {
        while(factor*lastPrime < N)
        {
            isPrime[factor*lastPrime] = false;
            factor++;
        }
        factor = 2;
        printf("%d\n", lastPrime);
        lastPrime++;
        while( !isPrime[lastPrime]  && lastPrime<N ) lastPrime++;
    }
    return 0;
}
```

Lösung 7.3: Speicherschutzverletzung

Das folgende Programm deklariert ein Feld mit 100 Einträgen und greift auf maximal
10000 Einträge zu. Lässt man das Programm mehrmals laufen, wird man in nicht vor-
hersehbarer Weise unterschiedlich viele Zahlen aus dem Speicher auslesen, der nicht
für das Programm reserviert wurde. Schließlich wird das Programm auf eine Adresse
zugreifen wollen, die für einen anderen Prozess reserviert ist und das Betriebssystem
beendet das Programm.

```
#include <stdio.h>

int main()
{
    double x[100];
    for(int i=0; i<100; i++)
    {
        x[i] = 13.0;
        printf("x[%d] = %lf\n", i, x[i]);
    }
    for(int i=0; i<10000; i++)
    {
        printf("x[%d] = %f\n", i, x[i]);
    }
    return 0;
}
```

Lösung 7.4: Speicherleck oder nicht?

Dieses Programm beinhaltet eine Funktion `duplicate`, welche ein Array (genauer gesagt nur einen Pointer) entgegennimmt, Speicher für ein ebenso großes Array allokiert, die Eingangsdaten dorthin kopiert und den Pointer auf das in der Funktion erzeugte Array als Rückgabewert ausgibt. Der allokierte Speicher wird nicht in der Funktion `duplicate` freigegeben. Das ist kein Speicherleck, denn die Adresse ist im Programm auch nach dem Rücksprung immer noch bekannt. Es handelt sich dabei ja gerade um den Rückgabewert, der in `main` weiter verwendet wird. Allerdings sollte hier der Speicher dann noch freigegeben werden, auch wenn das Programm nach der Schleife gleich beendet wird. Man verstößt sonst gegen eine Regel, die man ausnahmslos beachten soll.

Lösung 7.5: Bubble Sort

```c
#include <stdio.h>
#include <stdlib.h>

void bubblesort(int *array, int nElements)
{
    while(nElements>0)
    {
        for(int i=0; i<nElements-1; i++)
        {
            if(array[i] > array[i+1])
            {
                int tmp = array[i+1];
                array[i+1] = array[i];
                array[i] = tmp;
            }
        }
        nElements--;
    }
}

int main()
{
    int array[] = {50, -12, 3, 10, 78, 53, -26, 653, 2};
    int n = sizeof(array)/sizeof(int);

    bubblesort(array, n);
    for(int i=0; i<n; i++)
    {
```

```
        printf("%d\n", array[i]);
    }
    return 0;
}
```

Lösung 8.1: Groß- und Kleinschreibung

```
#include <stdio.h>

void convertToLower(char *str)
{
    int i = 0;
    while (str[i] != 0)
    {
        if (str[i] > 64 && str[i] < 91)
        {
            str[i] += 32;
        }
        i++;
    }
    return;
}


void convertToUpper(char *str)
{
    int i = 0;
    while (str[i] != 0)
    {
        if (str[i] > 96 && str[i] < 123)
        {
            str[i] -= 32;
        }
        i++;
    }
    return;
}

int main()
{
    char str[] = "Test: Grenzen a, z, A, Z.";
    convertToLower(str);
```

```
    printf("%s\n", str);
    convertToUpper(str);
    printf("%s\n", str);
    return 0;
}
```

Lösung 8.2: Finde alle „n"

```
#include <stdio.h>
#include <string.h>

int main()
{
    char str[] = "Dieser String soll nun durchsucht werden.";
    int i;
    char c = 'n';
    char *position = str;

    printf("Positionen von %c:\n", c);
    while ((position = strchr(position, c)) != NULL)
    {
        i = position - str + 1;
        printf("%d\n", i);
        position++;
    }
    return 0;
}
```

Lösung 8.3: Taschenrechner

```
#include <string.h>
#include <stdio.h>
#include <stdbool.h>

#define N 100

double calculate(double x, double y, char op)
{
    switch (op)
    {
        case '+':
            x += y;
```

```c
            break;
        case '-':
            x -= y;
            break;
        case '*':
            x *= y;
            break;
        case '/':
            x /= y;
            break;
    }
    return x;
}


int main()
{
    double x = 0, y = 0;
    char c;
    char str[100] = {};

    printf("Ihre Kalkulation:\n");
    fgets(str, N, stdin);
    sscanf(str, "%lf %c %lf", &x, &c, &y);
    x = calculate(x, y, c);
    printf("%100lf\n", x);
    while (true)
    {
        fgets(str, N, stdin);
        if(str[0] == '=')
        {
            break;
        }
        else
        {
            sscanf(str, "%c %lf", &c, &y);
            x = calculate(x, y, c);
            printf("%100lf\n", x);
        }
    }
    printf("Ergebnis: %lf\n", x);
    return 0;
}
```

Lösung 8.4: Konfigurationsdatei

```c
#include <stdio.h>
#include <string.h>
#include <stdbool.h>

#define N 100

int main()
{
    char fileName[] = "config.dat";
    FILE *file;
    char keys[][N] = {
        {"WindowColor"},
        {"BufferSize"},
        {"MaxThreads"},
        {"TimeOut"}
    };
    int values[] = {
        654246,
        256,
        2,
        1200
    };

    char key[N];
    char str[N];
    int value;
    int n;

    file = fopen(fileName, "r");
    if (file != NULL)
    {
        int i = 1;
        fpos_t position;
        char c;
        int length = sizeof(values)/sizeof(int);
        // Leseschema: key, value, Zeilenende
        while ( (n=fscanf(file, "%99s%d%c", key, &value, &c)) != EOF)
        {
            if (n == 3 && c == 10)
            {
```

```
        bool foundKey = false;
        for (int j = 0; j<length; j++)
        {
            if (strcmp(key, keys[j]) == 0)
            {
                values[j] = value;
                foundKey = true;
                break;
            }
        }
        if (!foundKey)
        {
            printf("Zeile %d:\n", i);
            printf("Unbekannter Parameter: %s\n", key);
        }
        i++;
        fgetpos(file, &position);
    }
    else
    {

        printf("Konnte Zeile %d nicht lesen:\n", i);
        fsetpos(file, &position);
        fgets(str, N, file);
        printf("%s\n", str);
        i++;
    }
}
fclose(file);
printf("\nKonfigurationsparameter:\n");
for (int j=0; j<length; j++)
{
    printf("%s %d\n", keys[j], values[j]);
}
}
else
{
    printf("Konnte %s nicht öffnen!\n", fileName);
}
return 0;
}
```

Lösung 9.1: Lagerhaltung

```c
#include <stdio.h>
#include <stdlib.h>
#include <string.h>

#define N 3

struct Price {
    float value;
    char reference[10];
};

struct Article {
    char name[100];
    int id;
    float minQuantity;
    float currentQuantity;
    struct Price price;
};

struct Article *getArticlesRunningLow(
                struct Article *articles, int m, int *n)
{
    struct Article *low;
    low = (struct Article*) malloc(1*sizeof(struct Article));
    int k = *n;
    k = 0;
    void *ptr;
    ptr = realloc(low, k * sizeof(struct Article));
    for(int i=0; i<m; i++)
    {
        if(articles[i].currentQuantity < articles[i].minQuantity)
        {
            ptr = realloc(low, (k+1) * sizeof(struct Article));
            if(ptr != 0)
            {
                strcpy(low[k].name, articles[i].name);
                low[k].id = articles[i].id;
                low[k].minQuantity = articles[i].minQuantity;
                low[k].currentQuantity = articles[i].currentQuantity;
                low[k].price.value = articles[i].price.value;
```

```
                strcpy(low[k].price.reference,
                        articles[i].price.reference);
                k++;
            }
            else
            {
                printf("Kann keinen Speicher allokieren.\n");
                return NULL;
            }
        }
    }
    *n = k;
    return low;
}

int main()
{
    struct Article *low = NULL;
    struct Article articles[N];

    strcpy(articles[0].name, "Äpfel");
    articles[0].id = 57843;
    articles[0].minQuantity = 40;
    articles[0].currentQuantity = 26;
    articles[0].price.value = 1.99;
    strcpy(articles[0].price.reference, "kg");
    strcpy(articles[1].name, "Pasta");
    articles[1].id = 38943;
    articles[1].minQuantity = 20;
    articles[1].currentQuantity = 30;
    articles[1].price.value = 2.99;
    strcpy(articles[1].price.reference, "Stk");
    strcpy(articles[2].name, "Milch");
    articles[2].id = 132673;
    articles[2].minQuantity = 40;
    articles[2].currentQuantity = 10;
    articles[2].price.value = 1.49;
    strcpy(articles[2].price.reference, "l");

    int nLow = 0;
    low = getArticlesRunningLow(articles, N, &nLow);
    printf("%d Artikel müssen nachbestellt werden.\n", nLow);
```

```c
    if(nLow > 0)
    {
       for(int i=0; i<nLow; i++)
       {
          printf("%s, ID %d\n", low[i].name, low[i].id);
       }
    }
    // clean up
    if(low != NULL)
    {
       free(low);
       low = NULL;
    }
    return 0;
}
```

Lösung 10.1: Kopfrechnen

```c
#include <stdio.h>
#include <stdlib.h>
#include <time.h>

struct Setup {
   int nCalculations;
   char operationsAllowed[4];
   int nOperations;
   int maximum;
};

struct Results {
   int right;
   int wrong;
   int totalTime;
};

void runSingleTest(struct Setup *setup,
                   struct Results *results,
                   char operation)
{
   int maximum = setup->maximum;
   int userInput;
   int result;
```

```c
// passende Operanden für +, -, * generieren
int operand1 = rand()%maximum + 1;
int operand2 = rand()%maximum + 1;
// Operanden für Division separat erzeugen
if(operation == '/')
{
    operand1 *= operand2;
}
// jeweilige Ergebnisse intern berechnen und Aufgaben stellen
if(operation == '+')
{
    result = operand1 + operand2;
    printf("Berechne bitte: %d + %d = ", operand1, operand2);
}
if(operation == '-')
{
    result = operand1 - operand2;
    printf("Berechne bitte: %d - %d = ", operand1, operand2);
}
if(operation == '*')
{
    result = operand1 * operand2;
    printf("Berechne bitte: %d * %d = ", operand1, operand2);
}
if(operation == '/')
{
    result = operand1 / operand2;
    printf("Berechne bitte: %d / %d = ", operand1, operand2);
}
scanf("%d", &userInput);

// Auswertung der Eingabe
if(userInput==result)
{
    printf("Toll, das ist richtig!\n");
    (results->right)++;
}
else
{
    printf("Leider falsch, richtig ist %d.\n", result);
    (results->wrong)++;
}
```

```c
    return;
}


void inputUserData(struct Setup *setup)
{
    char str[3]; // Buchstabe, Zeilenende und Terminator
    int n = 0;
    printf("Hallo, und willkommen beim Kopfrechnen!\n");
    printf("Welche Rechenarten dürfen abgefragt werden?\n");
    printf("Addition (j/n)? ");
    fgets(str, 3, stdin);
    if(str[0] == 'j')
    {
        setup->operationsAllowed[n] = '+';
        n++;
    }
    printf("Subtraktion (j/n)? ");
    fgets(str, 3, stdin);
    if(str[0] == 'j')
    {
        setup->operationsAllowed[n] = '-';
        n++;
    }
    printf("Multiplikation (j/n)? ");
    fgets(str, 3, stdin);
    if(str[0] == 'j')
    {
        setup->operationsAllowed[n] = '*';
        n++;
    }
    printf("Division (j/n)? ");
    fgets(str, 3, stdin);
    if(str[0] == 'j')
    {
        setup->operationsAllowed[n] = '/';
        n++;
    }
    if(n == 0) return;
    setup->nOperations = n;
    printf("Größter Summand / Faktor / Divisor? ");
    scanf("%d", &(setup->maximum));
```

```c
    printf("Wie viele Übungsaufgaben sollen gestellt werden? ");
    scanf("%d", &(setup->nCalculations));
    printf("\n");
    printf("OK, los geht's!\n");
    return;
}


void runTests(struct Setup *setup, struct Results *results)
{
    int calc = setup->nCalculations;
    int op = setup->nOperations;
    results->right = 0;
    results->wrong = 0;
    results->totalTime = 0.0;
    if(op == 0) return;
    time_t start = time(NULL);
    for(int i=0; i<calc; i++)
    {
        // zufällig eine Rechenoperation auswählen (0...op)
        int n = rand()%op;
        runSingleTest(setup, results, setup->operationsAllowed[n]);
    }
    time_t end = time(NULL);
    results->totalTime = end - start;
    return;
}


void showResults(struct Results *results)
{
    int right = results->right;
    int wrong = results->wrong;
    int totalTime = results->totalTime;
    printf("\n");
    printf("Richtige Antworten: %d\n", right);
    printf("Falsche Antworten: %d\n", wrong);
    printf("Benötigte Zeit: %ds\n", totalTime);
    return;
}


int main()
{
    struct Setup setup;
```

```c
    struct Results results;

    // Zufalllsgenerator initialisieren
    srand(time(NULL));

    inputUserData(&setup);
    runTests(&setup, &results);
    showResults(&results);

    return 0;
}
```

Stichwortverzeichnis

https://doi.org/10.1515/9783110486292-013